U0314898

电子信息
工学结合模式
系列教材

21世纪高职高专规划教材

单片机技术及应用
——项目化教程

张建超 主 编

林祥果 王 贵 副主编

清华大学出版社
北京

内 容 简 介

本书内容基于工作过程，以项目为导向，合理选取智能小车等 7 个项目，将单片机的相关知识巧妙地分解到各个项目中，注重理论与应用相结合，让读者在项目实践中掌握相应的理论知识。

本书内容按学生的认知规律由易到难排序，新颖独特。书中的单片机理论部分以"必需、够用"为度，做到浅显易懂，以完成项目任务为主线，链接相应的理论知识，每一个项目都给出相应的知识和能力要求，并配有丰富的图表和习题，以及帮助读者学习的特色栏目，适合不同层次读者的阅读需要。

本书可作为高职高专电子信息、自动化、机电一体化、计算机、通信技术等专业相关课程教学用书，也可供广大工程技术人员阅读参考。

图书在版编目（CIP）数据

单片机技术及应用：项目化教程/张建超主编. --北京：清华大学出版社，2014
21 世纪高职高专规划教材. 电子信息工学结合模式系列教材
ISBN 978-7-302-34453-7

Ⅰ. ①单… Ⅱ. ①张… Ⅲ. ①单片微型计算机－高等职业教育－教材 Ⅳ. ①TP368.1

中国版本图书馆 CIP 数据核字（2013）第 270010 号

责任编辑：王剑乔
封面设计：傅瑞学
责任校对：袁　芳
责任印制：李红英

出版发行：清华大学出版社
　　　　　网　　　址：http://www.tup.com.cn，http://www.wqbook.com
　　　　　地　　　址：北京清华大学学研大厦 A 座　　　　邮　　编：100084
　　　　　社 总 机：010-62770175　　　　　　　　　　邮　　购：010-62786544
　　　　　投稿与读者服务：010-62776969，c-service@tup.tsinghua.edu.cn
　　　　　质 量 反 馈：010-62772015，zhiliang@tup.tsinghua.edu.cn
印 装 者：北京国马印刷厂
经　　销：全国新华书店
开　　本：185mm×260mm　　　印　张：18.75　　　字　数：429 千字
版　　次：2014 年 3 月第 1 版　　　印　次：2014 年 3 月第 1 次印刷
印　　数：1～2000
定　　价：38.00 元

产品编号：043375-01

PREFACE

21世纪是信息时代,电子技术的发展日新月异,单片机在工业控制中的机电一体化系统、电气自动化控制系统、嵌入式系统以及智能仪表、家用电器等方面的应用不断深入,对高职学生单片机技术及应用能力的要求越来越高。基于单片机技术的重要性,目前国内很多高职院校都把《单片机应用技术》作为电类主干课程。为此,作者结合多年的教学实践,通过调研"珠三角"21个通信和相近企业,走访29所兄弟院校,根据高职院校学生特点,采用"基于行动导向"的教学理念,对《单片机应用技术》课程的教学内容、教学模式重新编排,精心设计了智能小车等多个项目,将单片机的知识点分解到各个项目中。通过动手实践项目,读者能够很容易地掌握相应的单片机知识。

本书共分为两篇。

第一篇为单片机(系统开发)学习入门,着重讲解单片机的学习方法,内容包括单片机硬件电路、内部结构、引脚功能、封装、最小系统,单片机的开发流程和开发工具等基本知识。最后讲解如何通过 Protel DXP 2004 软件完成单片机系统电源电路 PCB 板的设计,并根据 PCB 板焊接和调测电路。

第二篇为单片机开发中典型的实践项目。

项目一　单片机流水灯控制器设计。首先通过 Proteus 仿真软件设计了单片机流水灯控制器的仿真电路,然后编写相应的应用程序,并利用 Protel DXP 设计并制作了单片机流水灯控制器。

项目二　电子时钟设计。本项目利用 LED 数码显示管和 DS1302 设计了一个电子时钟,具有年月日、时分秒显示和闹钟等功能。

项目三　电子密码锁设计。该项目采用 STC89C51 单片机为核心,以 4×3 非编码键盘为密码输入媒介,以 1602 点阵字符型 LCD 显示器为显示介质,设计了一个电子密码锁。

项目四　电子琴设计。该电子琴的 16 个按键矩阵设计成 16 个音,可随意弹奏想要表达的音乐;按键按下的同时,显示按键号,具有自动播放已存曲目、实时显示乐谱的功能。

项目五　模拟手机通信。该项目利用 LCD12864 显示器为显示媒介,用 SPI 总线驱动键盘和 LCD 显示器,通过串口传送信息,设计了一个简易手机信息交流终端。

项目六　数字电压表设计。该项目以 12 位的 A/D 转换 TLC2543 为数据采样系统，基于自动控制原理，实现电压量程的自动切换、数据采样、电压显示等功能。

项目七　智能小车设计。该项目基于双单片机控制 ST178H 红外光电管传感器矩阵，设计了智能小车巡线互相超车系统。该系统具有循迹、自动避障、无线收发等功能。

本书由张建超担任主编，林祥果、王贵担任副主编。其中，第一篇和第二篇的项目一由张建超编写，第二篇的项目二～项目五由林祥果编写，第二篇的项目六、项目七由王贵编写。

本书取材于实际的项目开发，可用于高职院校单片机课程教学，也可作为单片机开发人员的参考用书。本书的所有程序都通过实际运行，但由于程序代码及图表比较多，加上作者水平有限，难免有错漏之处，恳请读者批评、指正。

编　者

2013 年 10 月

CONTENTS 目录

入门篇

课程导引　单片机(系统开发)学习入门 ············· 3

0.1　单片机 ··· 3
　0.1.1　单片机及相关概念 ···························· 3
　0.1.2　单片机标号及封装 ···························· 5
　0.1.3　单片机外部引脚 ······························· 8
　0.1.4　单片机最小系统 ······························· 10

0.2　单片机开发 ·· 12
　0.2.1　单片机开发流程 ······························· 12
　0.2.2　单片机开发工具 ······························· 15
　0.2.3　安装单片机开发工具 ······················· 21

0.3　单片机电源系统设计 ································ 26
　0.3.1　创建项目文件 ·································· 26
　0.3.2　绘制单片机电源系统原理图 ··············· 26
　0.3.3　设计单片机电源系统电路 PCB 图 ········· 31
　0.3.4　调测单片机电源系统硬件电路 ············· 36

知识拓展 ··· 37
小结 ·· 39
习题 ·· 39

项目篇

项目一　单片机流水灯控制器设计 ·············· 43

1.1　仿真电路设计 ··· 44
　1.1.1　Proteus 仿真电路设计 ······················ 44
　1.1.2　发光二极管 ···································· 49
　1.1.3　单片机并行 I/O 口 ··························· 50
　1.1.4　单片机电平特性 ······························· 53

1.2   程序设计 ·· 54
  1.2.1   程序设计流程 ·· 54
  1.2.2   单片机的存储器 ·· 65
  1.2.3   单片机 C51 语言基础 ·· 68
1.3   PCB 设计及制作 ··· 80
  1.3.1   创建项目文件 ·· 80
  1.3.2   绘制原理图 ·· 81
  1.3.3   设计 PCB 图 ··· 85
  1.3.4   调测硬件电路 ·· 87
知识拓展 ·· 89
小结 ·· 90
习题 ·· 90

项目二   电子时钟设计 ·· 92

2.1   LED 数码管显示器 ··· 93
  2.1.1   LED 数码管显示器的结构 ···································· 93
  2.1.2   LED 数码管显示器的工作原理 ································ 94
2.2   LED 数码管显示器显示控制 ······································ 95
  2.2.1   LED 数码管显示器静态显示控制 ······························ 95
  2.2.2   LED 数码管显示器动态显示控制 ······························ 97
  2.2.3   74HC573 显示电路设计 ····································· 101
2.3   DS1302 时钟芯片 ··· 103
  2.3.1   引脚功能表及内部结构图 ······································ 103
  2.3.2   DS1302 的寄存器及数据读写时序 ····························· 105
2.4   电子时钟设计实践 ··· 115
  2.4.1   仿真电路设计 ·· 115
  2.4.2   程序设计 ·· 117
小结 ·· 124
习题 ·· 124

项目三   电子密码锁设计 ·· 126

3.1   键盘检测 ·· 127
  3.1.1   键盘工作原理 ·· 127
  3.1.2   线性键盘检测 ·· 129
  3.1.3   矩阵键盘检测 ·· 132
3.2   通用型 1602 液晶 ··· 140
  3.2.1   1602 液晶的工作原理 ··· 140
  3.2.2   1602 液晶显示控制 ··· 142

3.3　电子密码锁设计 ……………………………………………… 149
　　3.3.1　继电器 ……………………………………………… 149
　　3.3.2　蜂鸣器 ……………………………………………… 150
　　3.3.3　仿真电路设计 ……………………………………… 151
　　3.3.4　程序设计 …………………………………………… 153
小结 ………………………………………………………………… 162
习题 ………………………………………………………………… 162

项目四　电子琴设计 ………………………………………………… 163

4.1　单片机的中断系统 …………………………………………… 164
　　4.1.1　中断的基本概念 …………………………………… 164
　　4.1.2　MCS-51 系列单片机中断控制 …………………… 165
4.2　单片机的定时器/计数器 …………………………………… 175
　　4.2.1　定时器/计数器概述 ……………………………… 175
　　4.2.2　定时器/计数器控制 ……………………………… 176
　　4.2.3　利用定时器播放音乐 ……………………………… 188
4.3　电子琴设计实践 ……………………………………………… 193
　　4.3.1　Proteus 仿真电路设计 …………………………… 193
　　4.3.2　程序设计 …………………………………………… 195
小结 ………………………………………………………………… 198
习题 ………………………………………………………………… 199

项目五　模拟手机通信 ……………………………………………… 200

5.1　12864 液晶认知与实践 ……………………………………… 200
　　5.1.1　12864 液晶的工作原理 …………………………… 200
　　5.1.2　12864 液晶显示控制 ……………………………… 202
5.2　串口通信认知与实践 ………………………………………… 214
　　5.2.1　串口通信基础 ……………………………………… 214
　　5.2.2　串行通信的接口电路 ……………………………… 217
　　5.2.3　51 单片机的串行口与编程 ………………………… 218
5.3　模拟手机通信设计 …………………………………………… 226
　　5.3.1　通信模块设计 ……………………………………… 226
　　5.3.2　按键与显示模块设计 ……………………………… 227
小结 ………………………………………………………………… 228
习题 ………………………………………………………………… 229

项目六　数字电压表设计 …………………………………………… 230

6.1　A/D 和 D/A 工作原理 ……………………………………… 230

6.1.1　基本概念 ··· 230

6.1.2　A/D 转换器概述 ·· 233

6.1.3　D/A 转换器概述 ·· 235

6.2　A/D 转换器接口电路及程序设计 ································· 236

6.2.1　8 位 A/D 芯片 ADC0809 接口电路及程序设计 ········· 236

6.2.2　12 位 A/D 芯片 TLC2543 接口电路及程序设计 ········· 241

6.3　D/A 转换器接口电路及程序设计 ································· 247

6.3.1　8 位 D/A 芯片 DAC0832 接口电路及程序设计 ········· 247

6.3.2　12 位 D/A 芯片 TLC5618 接口电路及程序设计 ········· 251

小结 ··· 254

习题 ··· 254

项目七　智能小车设计 ·· 256

7.1　直流电机工作原理 ··· 257

7.2　常见传感器 ··· 263

7.2.1　光电传感器 ·· 263

7.2.2　超声波传感器 ··· 264

7.2.3　温度传感器 ·· 265

7.3　智能小车设计实践 ··· 274

7.3.1　系统方案设计与比较 ·· 275

7.3.2　理论分析与计算 ··· 278

7.3.3　电路与程序设计 ··· 280

7.3.4　测试方法与测试结果 ·· 287

7.3.5　结论 ··· 288

小结 ··· 289

习题 ··· 289

参考文献 ··· 290

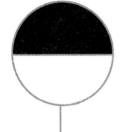

入 门 篇

单片机(系统开发)学习入门

单片机又称单片微控制器,它不是完成某一个逻辑功能的芯片,而是把一个计算机系统集成到一块芯片上。电脑是大家都熟知的个人计算机,还有一类计算机,大多数人不太熟悉,就是把智能赋予各种机械的单片机(也称微控制器)。顾名思义,这种计算机的最小系统只是一片集成电路,即可进行简单运算和控制。由于它体积小,通常都藏在被控机械的"肚子"里。它在整个装置中起着犹如人类头脑的作用,如果它出了毛病,整个装置就瘫痪了。现在,这种单片机的使用领域已十分广泛,如智能仪表、实时工控、通信设备、导航系统,还有我们最熟悉的家用电器,如智能型洗衣机等。

学习内容导引

要想开发单片机系统,首先要学习单片机的相关内容,包括单片机硬件电路、内部结构、引脚功能、封装、最小系统;然后学习单片机系统开发方面的知识,主要包括单片机的开发流程和开发工具两个方面;最后学习如何利用 Protel DXP 2004 软件完成单片机系统电源电路 PCB 板的设计,并根据 PCB 板焊接和调测电路。

通过本单元的学习,应能够掌握以下技能。

- 安装 Keil μVision、Protel DXP 2004、Proteus 等常用开发工具。
- 使用 Protel DXP 2004 熟练设计单片机电源电路。
- 识别单片机最小系统的元器件。
- 熟练焊接、装配和调测单片机电源电路。

0.1 单片机

0.1.1 单片机及相关概念

1. 单片机简介

单片机又称单片微型计算机(Sing Chip Microcomputer),是典型的嵌入式微控制器(Microcontroller Unit),简称微控制器(MCU)。由于它是在一块硅片上集成了微处理器、存储器及各种输入/输出接口的芯片,因此具有计算机的属性。用通俗的话来说,单片机就是一个具有无限潜能(一些特殊的功能)的智能机器人,而其潜能(能力)必须通过程序员编程来实现。因其加载的外围电路(通过单片机的各个引脚与之相连,例如外接红外传感器)不同,编写的程序不同,单片机具有不同的能力。典型的单片机内部结构如图0-1所示。

下面简单说明组成单片机的五个基本部件。

(1)程序存储器。

单片机的程序存储器用于存放应用程序代码,例如编好的程序和表格常数。

(2)数据存储器。

单片机的芯片内部有 RAM 和 ROM 两类存储器,即所谓的内部 RAM 和内部 ROM。

图 0-1   单片机内部结构图

(3)中央处理器。

中央处理器是单片机的核心,完成运算和控制功能。

(4)输入/输出接口。

输入/输出接口是中央处理器与外部设备之间交换信息的连接电路,它们通过总线与CPU 相连,简称 I/O 接口。

(5)定时/计数系统。

用于产生单片机工作所需要的时钟信号,或者对外部脉冲信号进行统计。

2. 单片机的应用领域

相对个人计算机而言,单片机具有体积小、功能强大、简单易学、性能可靠、价格低廉等优点,因此自从 1971 年 Intel 公司研制出世界上第一个 4 位的单片机以来,单片机便在智能仪器仪表、工业控制、家用电器、计算机网络和通信、医用设备,以及各种大型电器、汽车设备等领域获得了大量的应用。可以说,单片机早已渗透到我们生活的各个领域,几乎很难找到哪个领域没有单片机的踪迹。

3. 单片机常用芯片介绍

自从第一片单片机诞生以来,经过几十年的发展,单片机厂商和芯片型号有很多种,如图0-2所示。

图 0-2   不同型号的单片机

目前市场上较有影响力的单片机主要有 TI 公司的 51 系列单片机、ATMEL 51 系列单片机;Motorola 公司的 68HC×× 系列;PHILIPS 公司的 51PLC 系列;Microchip 公司的 16C×/6×/7×/8× 系列等。常用的单片机芯片及厂商如表 0-1 所示。

表 0-1　常用单片机芯片及厂商

厂商名称	单片机芯片型号
TI	MSP430F135，MSP430F1121，TMS320F28335，TS320LF2460
ATMEL	AT89C51，AT89S51，AT89C52，AT89S52，AT89S8252，AT89C53，AT89S53，AT90S1200，AT90S2313，AT90S4414，AT90S4434，AT90S8515，AT90S8535
PIC	PIC10F200，PIC12C508，PIC14000，PIC16C54，PIC18，PIC24F，PIC24H
EMC	EM78P153，EM78P156E，EM78P458，EM78156E，EM78576，EM78448
STC	STC89C51RC，STC89C52RC，STC89C53RC，STC89LE51RC，STC89LE52RC
PHILIPS 51PLC	P80C54，P89C51UBAA，P89C51UFPN，P89C51RA＋，P87C51，P87C52，P87C51FC，P87C54，P87C51RD＋，P89C58UBAA

　　(1) TI 公司单片机：TI(德州仪器)公司提供了 TMS320 和 MSP430 两大系列通用单片机。TMS320 系列单片机是 8 位 CMOS 单片机，具有多种存储模式、多种外围接口模式，适用于复杂的实时控制场合；MSP430 系列单片机是一种超低功耗、功能集成度较高的 16 位单片机，特别适用于要求功耗低的场合。

　　(2) ATMEL 单片机：ATMEL 公司的 8 位单片机有 AT89、AT90 两个系列。AT89 系列是 8 位 Flash 单片机，与 8051 系列单片机相兼容，静态时钟模式；AT90 系列单片机是增强 RISC 结构，全静态工作方式，内载在线可编程 Flash 的单片机，也叫 AVR 单片机。

　　(3) PIC 单片机：是 Microchip 公司的产品，其突出的特点是体积小，功耗低，精简指令集，抗干扰性好，可靠性高，有较强的模拟接口，代码保密性好。大部分芯片具有兼容的 Flash 程序存储器。

　　(4) EMC 单片机：是台湾义隆公司的产品，有很大一部分与 PIC 8 位单片机兼容，且相兼容产品的资源相对比 PIC 的多，价格便宜，有很多系列可选，但抗干扰能力较差。

　　(5) STC 单片机：STC 公司的单片机主要是基于 8051 内核，是新一代增强型单片机，指令代码完全兼容传统 8051，速度快 8～12 倍，带 ADC，4 路 PWM，双单口，有全球唯一 ID 号，加密性好，抗干扰性强。

　　(6) PHILIPS 51PLC 系列单片机(51 单片机)：PHILIPS 公司的单片机是基于 80C51 内核的单片机，嵌入了掉电检测、模拟以及片内 RC 振荡器等功能，使 51PLC 在高集成度、低成本、低功耗的应用设计中可以满足多方面的性能要求。

0.1.2　单片机标号及封装

1. 单片机芯片的标号

　　不知大家拿到单片机的时候有没有留意到，在每一片单片机芯片的上面都有一些字母和数字的标号。其实，每一片芯片上面的标号都代表着一定的信息，读懂它们对于我们学习单片机具有很大帮助。下面以 STC 单片机(STC89C51RC40C-PDIP0627CT1209.00D，如图 0-3 所示)为例进行说明，其他厂商的产品大同小异。

　　图 0-3 所示单片机芯片标识所代表的信息如

图 0-3　STC89C51RC40C-PDIP

下所述。

（1）STC：前缀，表示该芯片为 STC 公司生产的产品。

（2）8：表示芯片内核为 8051。

（3）9：表示内部含 Flash E^2PROM 存储器。

（4）C：表示该器件为 CMOS 产品。如果为 LV 和 LE，都表示该芯片为低压产品（通常为 3.3V）。

（5）5：固定不变。

（6）1：表示该芯片内部程序存储器空间大小，1 为 4KB，2 为 8KB，3 为 12KB，即该数乘以 4KB。

（7）RC：STC 单片机内部 RAM（随机读写存储器）为 512B。

（8）40：表示外部晶振最高为 40MHz。

（9）C：产品级别，表示芯片使用温度范围。C 为商业级，0～70℃。如果是 I，表示工业用产品，温度范围为－40～85℃；A 表示汽车用产品，温度范围为－40～125℃；M 表示军用产品，温度范围为－55～150℃。

（10）PDIP：封装型号。PDIP 表示双列直插式。目前绝大多数中小规模集成电路（IC）均采用 PDIP 封装形式。

（11）0627：表示芯片生产日期为 2006 年第 27 周。

2. 单片机的封装

所谓芯片的封装，就是把硅片上的电路引脚用导线接引到外部接头处，以便与其他器件连接。封装形式是指安装半导体集成电路芯片用的外壳，除了起着安装、固定、密封、保护芯片及增强电热性能等方面的作用之外，通过芯片上的接点用导线连接到封装外壳的引脚，这些引脚又通过印制电路板上的导线与其他器件相连接，从而实现内部芯片与外部电路的连接。封装技术的好坏直接影响到芯片自身性能的发挥和与之连接的 PCB（印制电路板）的设计和制造。

常见的芯片封装有双列直插式封装（Dual In-line Package，DIP）、塑料方形扁平式封装（Plastic Quad Flat Package，PQFP）和塑料扁平组件式封装（Plastic Flat Package，PFP）、插针网格阵列封装（Pin Grid Array Package，PGAP）、球栅阵列封装（Ball Grid Array Package，BGAP）、CSP 芯片尺寸封装和 MCM 多芯片模块等类型。常见集成电路（IC）芯片的封装如表 0-2 所示。

表 0-2　常见集成电路（IC）芯片的封装

封 装 名 称	示　例	描　述
金属圆形封装 TO-99	TO-90	最初的芯片封装形式，引脚数 8～12，散热好，价格高，屏蔽性能良好，主要用于高档产品

续表

封 装 名 称	示 例	描 述
单列直插式封装（Single In-line Package，SIP）		引脚中心距通常为 2.54mm，引脚数为 2～23，多数为定制产品。造价低，且安装便宜，广泛用于民品
双列直插式封装（Dual In-line Package，DIP）		绝大多数中小规模 IC 均采用这种封装形式，其引脚数一般不超过 100 个。适合在 PCB 板上插孔焊接，操作方便。塑封 DIP 应用最广泛
双列表面安装式封装（Small Out-line Package，SOP）		引脚有"J"形和"L"形两种形式，中心距一般分 1.27mm 和 0.8mm 两种，引脚数 8～32。体积小，是最普遍的表面贴片封装
塑料方形扁平式封装（Plastic Quad Flat Package，PQFP）		芯片引脚之间距离很小，管脚很细，一般大规模或超大型集成电路都采用这种封装形式，其引脚数一般在 100 个以上。适用于高频线路，一般采用 SMT 技术在 PCB 板上安装
插针网格阵列封装（Pin Grid Array Package，PGAP）		插装型封装之一，其底面的垂直引脚呈阵列状排列，一般要通过插座与 PCB 板连接。引脚中心距通常为 2.54mm，引脚数 64～447。插拔操作方便，可靠性高，可适应更高的频率

续表

封 装 名 称	示　　例	描　　述
球栅阵列封装（Ball Grid Array Package，BGAP）		表面贴装型封装之一，其底面按阵列方式制作出球形凸点用以代替引脚。适应频率超过 100MHz，I/O 引脚数大于 208。电热性能好，信号传输延迟小，可靠性高
薄型 QFP（Low-profile Quad Flat Package，LQFP）		封装本体厚度为 1.4mm

学一招：IC 芯片的封装信息是进行 PCB 电路图设计的基础。在 IC 芯片的数据手册里可查阅到 IC 芯片的具体封装参数。而 IC 芯片的数据手册可从网站上查阅。国内常用的 IC 资料查询网站主要有 21IC 电子网（http://www.21ic.com/）、维库电子市场网（http://www.dzsc.com/）、IC 交易网（http://www.ic.net.cn/）等。

0.1.3　单片机外部引脚

尽管各类单片机很多，但无论是从世界范围或是从国内范围来看，使用最为广泛的应属 51 单片机。基于这一事实，本书以应用最为广泛的基于 8051 内核的单片机进行讲解。请大家注意，不同单片机的引脚数量和功能不完全相同，当要用到单片机的时候，请查阅相关数据手册的引脚功能定义。以 DIP 封装的 51 单片机为例，既有 40 引脚的，也有 20、28、32、44 引脚的 51 单片机。但基于 8051 内核的单片机，若引脚相同，或是封装相同，它们的功能是相通的。AT89C51 内核单片机实物图和引脚图如图 0-4 和图 0-5 所示。

如图 0-5 所示，AT89C51 单片机包括 40 个引脚，大致分为电源、时钟、I/O 口（输入/输出口）、控制信号引脚几部分。下面详细描述。

（1）电源引脚

V_{SS}（20 脚）：接地线。

V_{CC}（40 脚）：单片机＋5V 电源输入端。

（2）时钟振荡引脚

XTAL1（19 脚）和 XTAL2（18 脚）：单片机时钟脉冲信号连接端。当单片机使用内部时钟时，XTAL1 和 XTAL2 外接石英晶体（通常为 6～12MHz）和微调电容（通常为 5～33pF）。

图 0-4 AT89C51 单片机实物

图 0-5 AT89C51 单片机引脚

外接晶振与单片机内部的高增益反相放大器构成自激振荡器。单片机振荡频率为晶振频率,如图 0-6 所示。当单片机使用外部时钟时,用于接外部时钟脉冲信号,如图 0-7 所示。

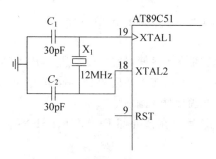

图 0-6 使用内部振荡器时钟电路

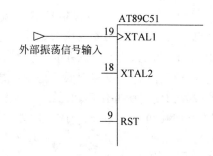

图 0-7 使用外部时钟源电路

注意:单片机的几个周期

① 时钟周期:也称振荡周期,为单片机最小的时间单位,定义为时钟频率的倒数。如外接晶体振荡器的频率为 1MHz,则单片机的时钟周期为 $1\mu s$。在一个时钟周期内,CPU 仅完成一个基本的动作。

② 状态周期:连续的两个时钟脉冲称为一个状态,即状态周期为单片机时钟周期的 2 倍。

③ 机器周期：单片机完成一项基本操作(如读/写存储器)的时间单位，由 6 个状态周期(12 个时钟周期)组成。

④ 指令周期：执行一条指令所需的时间，依据指令的不同而不同，一般为 1～4 个机器周期。

（3）I/O 口引脚

P0.0～P0.7：P0 口 8 位双向口线。

P1.0～P1.7：P1 口 8 位双向口线。

P2.0～P2.7：P2 口 8 位双向口线。

P3.0～P3.7：P3 口 8 位双向口线。

单片机内部的 P0、P1、P2、P3 口都可与外设直接相连，无须另外的接口芯片。既可以按字节输入或输出，也可以按位进行输入或输出。

其中，P3 口除了双向 I/O 口功能外，还具有第二功能，如表 0-3 所示。

表 0-3　P3 口各引脚与第二功能表

标号	引脚	第二功能	信号名称
P3.0	10	RXD	串行数据接收
P3.1	11	TXD	串行数据发送
P3.2	12	$\overline{\text{INT0}}$	外部中断 0 申请
P3.3	13	$\overline{\text{INT1}}$	外部中断 1 申请
P3.4	14	T0	定时器/计数器 0 的外部输入
P3.5	15	T1	定时器/计数器 1 的外部输入
P3.6	16	$\overline{\text{WR}}$	外部 RAM 写选通
P3.7	17	$\overline{\text{RD}}$	外部 RAM 读选通

（4）控制信号引脚

① RST/V_{PD}（9 脚）：复位信号输入端。当 RST 输入的复位信号保持 2 个机器周期以上高电平时，单片机完成复位初始化操作。

② ALE（30 脚）：地址锁存允许信号。在访问外部存储器时，ALE 用于 P0 口输出的低 8 位地址锁存信号，以实现低位地址和数据的隔离。在不访问外部存储器时，可作为外部时钟或外部定时脉冲使用，ALE 以晶振 1/6 的固定频率输出。

③ $\overline{\text{PSEN}}$（29 脚）：外部程序存储器读选通信号。在读外部 ROM 时，$\overline{\text{PSEN}}$引脚产生负脉冲，以实现外部 ROM 单元的读操作。

④ $\overline{\text{EA}}$（31 脚）：为访问片内/片外程序存储控制信号。当$\overline{\text{EA}}$信号为低电平时，对 ROM 的读操作限定在外部程序存储器；而当$\overline{\text{EA}}$信号为高电平时，将针对片内 ROM 进行操作。

0.1.4　单片机最小系统

单片机最小系统是指用最少的元件能够使单片机工作的最基本电路系统，一般包括单片机、电源电路、时钟电路、复位电路，有时也将按键输入、显示输出归为单片机最小系统,如图 0-8 所示。最小系统结构简单、体积小、功耗低、成本低,在简单的应用系统中获得了广泛应用。

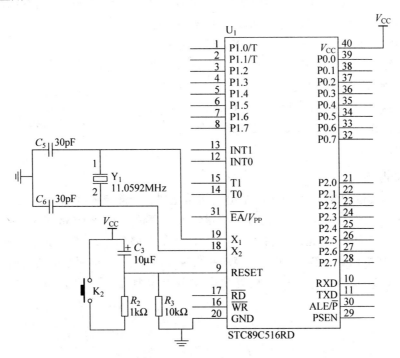

图 0-8　单片机最小系统

1. 电源电路

对于一个完整的电子设计来说,首要的问题就是为整个系统提供电源供电模块。电源模块的稳定可靠是系统平稳运行的前提和基础。51 单片机在实际使用中,一个典型的问题就是容易受到干扰而出现程序"跑飞"现象,为此必须为单片机系统配置一个稳定可靠的电源供电模块。单片机最小系统电源电路以 L7805 为核心,将直流电源电压(+12V 以上)转换成+5V,为单片机提供工作电压。单片机最小系统的电源电路原理图如图 0-9 所示,LED$_1$ 为电源指示灯,可根据 LED$_1$ 来判断电源部分是否工作,K$_1$ 为电源开关,J$_1$ 为直流插座,输入+12V 以上电压,C$_2$、C$_4$ 为滤波电容,R$_1$ 为限流电阻。可变直流稳压电源经 L7805 稳压后输出+5V 直流稳压电源,驱动单片机工作。

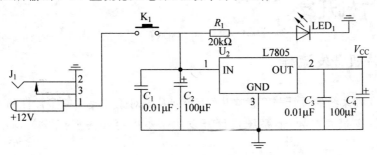

图 0-9　单片机系统电源电路

2. 时钟电路

前面讲过，单片机既可以采用内部时钟，也可以外接时钟信号。在通常的应用中，都采用单片机的内部时钟信号。由于单片机内部带有振荡电路，所以外部只要在 XTAL1 和 XTAL2 引脚之间接一个晶振和两个电容构成自激振荡器，为单片机系统提供时钟，如图 0-10 所示。时钟电路中的电容一般取 30pF 左右，晶体振荡器频率范围为 1.2～24MHz，89C51 单片机通常采用 11.0592MHz 的晶体振荡器作为振荡源。

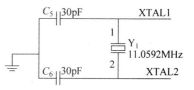

图 0-10　单片机时钟电路

3. 复位电路

单片机的置位和复位，都是为了把电路初始化到一个确定的状态。一般来说，单片机复位电路的作用就是把单片机内的各寄存器装入厂商预设的一个值，即让单片机从程序的第一条指令（0000H 单元）开始执行。单片机复位电路的原理就是在单片机的复位引脚 RST 上外接电阻和电容，让 RST（9 脚）端出现高电平，并保持两个机器周期以上，单片机内部就会执行复位操作。单片机复位电路分上电复位和手动复位两种，如图 0-11 所示。

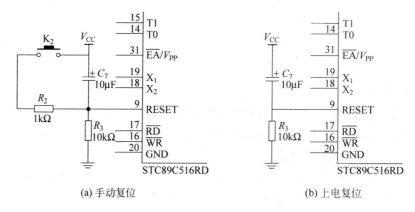

(a) 手动复位　　　　　　　　　　　　(b) 上电复位

图 0-11　单片机复位电路

0.2　单片机开发

0.2.1　单片机开发流程

对于单片机系统的设计与开发来讲，由于涉及的对象和要求的多样性和专用性，其硬件和软件结构有很大差异，但系统设计开发的基本内容和主要步骤是基本相同的，如图 0-12 所示。

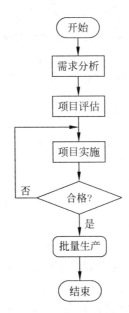

图 0-12 单片机系统开发流程图

1. 需求分析

所谓"需求分析",就是指对要解决的问题进行详细分析,弄清楚问题的要求,包括要输入什么数据,要得到什么结果,最后应输出什么。具体来说,就是指根据用户的要求,确定要单片机系统"做什么"。需求分析包括功能需求、性能需求、可靠性和可用性要求等内容。常用的需求分析方法有跟班作业、开会调查、请专人介绍、询问、设计调查表请用户填写、查阅记录等。需求分析要充分了解用户对系统的技术要求、使用环境状况以及使用人员的技术水平,进而明确任务,确定系统的技术指标,包括系统必须具有哪些功能等。这是系统设计的出发点,它将贯穿于系统设计的全过程,也是产品设计开发工作成败、好坏的关键,因此必须认真做好这项工作。

2. 项目评估

在需求分析的基础上制订出初步的技术开发方案,据此做出预算,包括可能的开发成本、样机成本、开发耗时、样机制造耗时、利润空间等,然后根据开发项目的性质和细节评估风险,以决定项目是否落实资金上马。

3. 项目实施

在项目设计任务和技术指标确定以后,即可进行项目的实施,一般包括以下几个步骤。

（1）芯片及开发平台的选择

芯片的选择主要包括单片机芯片、外围电路芯片和器件的选择。从前面的学习知道,市场上的单片机芯片和型号非常多,性能和价格差异很大,单片机芯片选择得好坏直接关系到产品开发的进度和成功与否。那么,应该如何选择单片机芯片呢? 单片机芯片的选择应适合于应用系统的要求。不仅要考虑单片机芯片本身的性能是否能够满足系统的需要,如执行速度、中断功能、I/O 驱动能力与数量、系统功耗以及抗干扰性能等,还要考虑开发和使用是否方便、市场供应情况与价格、封装形式等其他因素。

外围电路芯片和器件的选择主要包括输入部分(按键、A/D 和 D/A 转换、各种类型的传感器与输入接口转换电路)、输出部分(指示灯、LED 显示、LCD 显示、各种类型的传动控制部件)、存储器(用于系统数据记录与保存)、通信接口(用于向上位机交换数据,构成联网应用)、电源供电等电路芯片的选择。在进行外围电路芯片和器件的选择上要充分考虑这些不同的单元涉及的模拟、数字、弱电、强电,以及它们相互之间的协调配合、转换、驱动、抗干扰,甚至产品结构、生产工艺等。

开发平台的选择主要包括开发语言、仿真器、开发板、集成开发环境。对于开发平台的选择,应该充分考虑项目团队的知识水平,项目的可移植性,编程效率的高低,芯片是否支持相应的开发环境等内容。

(2) 硬件系统设计

硬件系统设计主要包括硬件原理图设计、印制电路板(PCB)图设计、把 PCB 图发往制板厂做板、定购开发系统和元件、装配样机等内容。电路原理图的设计要充分考虑单片机的资源分配和将来的软件架构,制订好各种通信协议,尽量避免出现当板子做好后,即使把软件优化到极限,仍不能满足项目要求的情况;还要计算各元件的参数、各芯片间的时序配合,有时候还需要考虑外壳结构、元件供货、生产成本等因素,还可能需要做必要的试验,以验证一些具体的实现方法。设计中,每一个步骤出现的失误都会在下一步骤引起连锁反应,所以对一些没有把握的技术难点,应尽量去核实。完成电路原理图设计后,根据技术方案的需要设计 PCB 图。这一步需要考虑机械结构、装配过程、外壳尺寸细节、所有要用到的元器件的精确三维尺寸、不同制板厂的加工精度、散热、电磁兼容性等。为最终完成这一步,常常需要若干次重新修改电原理图。PCB 图设计好后,将加工要求尽可能详细地写下来,与 PCB 图文件一起发给工厂制板,并保持沟通,及时解决加工中出现的相关问题。之后,便可以定购开发系统和元件了。这个时候要考虑到开发过程中可能的损耗,供货厂商的最小订货量、商业信誉、价格、服务等。具体工作包括整理购货清单、联系各供货厂商、比较技术参数、下订单、银行汇款、传真汇款底单、催货等。PCB 板拿到后开始电路装配,设计中的错漏会在装配过程开始显现,并尽量去补救。

(3) 软件系统设计

在硬件系统设计的基础上,要根据系统的功能要求和硬件电路的结构设计和编写系统软件。当然,也可以通过一些仿真软件(例如 Keil C 和 Proteus)进行电路仿真设计。作为单片机系统软件设计人员,应该具备扎实的硬件功底,不仅对系统的功能和要求有深入的了解,而且对实现的硬件系统、使用的芯片和外围电路的性能要很好地掌握。这样,才能设计出可靠的系统程序。

(4) 系统联合调测

当硬件和软件设计好后,就可以进行系统调试了。硬件电路系统调试检查分为静态检查和动态检查。硬件的静态检查主要检查电路制作的正确性,如路线、焊接等。动态检查一般首先要使用仿真系统(对于采用 ISP 技术的系统,可直接检查)输入各种单元部分的系统调试和诊断程序,检查系统各个部分的功能是否能正常工作。硬件电路调试完成后,可进行系统的软硬件联调。先将各功能模块程序分别调试完毕,然后组合,进行完整的系统运行程序调试。最后还要进行各种工业测试和现场测试,考验系统在实际应用环境中是否能正常、可靠地工作,是否达到设计的性能和指标。系统的调试往往要经过多次反复。硬件系统设计的不足、软件程序中的漏洞,都可能造成系统调试出现问题。

（5）制作样机

产品联合调试成功后就可以制作样机了。至此,项目的开发基本完成。开发人员还要对本次项目进行总结,对形成的各种技术文档归类、总结、存档,并制订产品说明书。

项目实施流程图如图 0-13 所示。

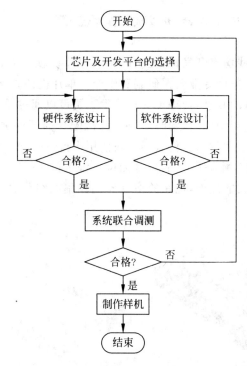

图 0-13 项目实施流程图

4. 批量生产,投放市场

先进行小批量生产,投入市场,通过市场检验产品,如有不合格或者需要升级,开发人员需根据市场的反馈信息对产品进行修改。最后,产品实现量产,再销售到市场。如有问题,一般归售后服务人员处理,处理不了的,开发人员再帮忙解决。

想想看：该如何学习单片机呢？虽然每个人的学习方法不同,但是单片机经过几十年的发展,人们总结出许多行之有效的方法,不妨到网上查询一下,一定会有意想不到的收获。

0.2.2 单片机开发工具

在单片机应用系统的开发过程中,除了首先要对所使用的单片机有全面和深入的了解外,配备和使用一套好的开发工具也是必不可缺的。在单片机应用系统的设计开发过程中,选用好的开发工具,往往能加速单片机应用系统的研制开发、调试、生产和维修,起到事半功倍的效果。不同类型的单片机使用的开发系统往往是不同的。对同一类型的单片机来讲,也有多种类型和功能的开发工具。价格便宜、性能适中的工具需要几百元,高性能的开发工具要数千元到上万元,甚至仅仅一套软件开发平台就要上万元。不同类型的单片机所支持的开发工具存在着很大的差异,但基本分为硬件开发工具和软件开发工具两类。

1. 硬件开发工具

硬件开发工具主要包括仿真器、开发板和程序烧录器。

（1）仿真器

仿真器也称实时在线仿真开发机,是指以调试单片机软件为目的而专门设计制作的一套专用的硬件装置,一般由专业公司研制和生产。单片机仿真器具有基本的输入/输出装置,具备支持程序调试的软件,使得单片机开发人员可以通过单片机仿真器输入和修改程序,观察程序运行结果与中间值,同时对与单片机配套的硬件进行检测与观察,可以大大提高单片机的编程效率和效果。仿真器一般使用串行口（COM 口或 USB 接口）或并行口（打印机口）同 PC 通信,并提供一个与目标机系统上的 MCU 芯片引脚相同的插接口（仿真口）。随着电子科技的发展,现在的仿真器往往集在线仿真调试/烧写器于一体,如图 0-14 所示。

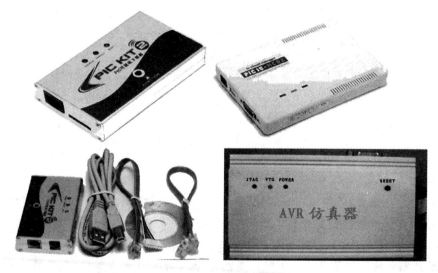

图 0-14　单片机仿真器

（2）开发板

单片机开发板是指用于学习单片机的单片机实验设备。常见配套有硬件（数码管、LED 灯、按键、蜂鸣器、液晶显示器等）、实验程序源码、电路原理图、电路 PCB 图等学习资料。市场上的开发板有很多,可到专业电子城或者淘宝网等网站购买。根据功能的不同,开发板的价钱从几十元到上万元的都有。对于单片机初学者来说,购买具有输入/输出控制等基本功能,价格在几十块到一百多元的就可以。当然,也可以自己制作单片机开发板。图 0-15 所示为不同类型的单片机开发板。

图 0-15 单片机开发板

(3) 程序烧录器

程序烧录器是指将开发人员编写生成的二进制机器代码(HEX 可执行代码)下载(写入)到单片机的工具,又称编程烧入器或者编程器。程序烧录器分专用烧录器和通用程序烧录器两种。专用烧录器是指只能烧录某种单片机程序的烧录器,通用烧录器则可以下载运行代码到多种类型和型号的单片机中。目前,性能较好的仿真器都具备对其可仿真的 MCU 的编程功能,这样就可以不用专门购置编程器设备。当单片机芯片具备 ISP 功能时,程序的下载更加简单了,一般通过 PC 的串行口或并行口,使用简单的软件,就可将编译生成的嵌入式系统的运行代码直接下载到 MCU 中。图 0-16 所示为不同类型的程序烧录器。

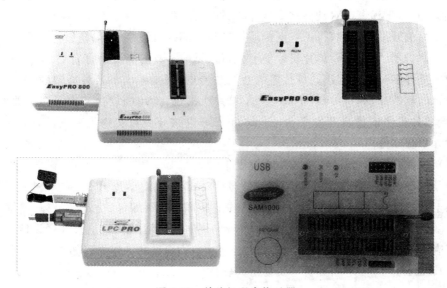

图 0-16 单片机程序烧录器

2. 软件开发工具

软件开发工具主要包括程序设计语言和软件开发平台。

单片机项目的程序设计语言主要有机器语言、汇编语言和高级语言。

（1）机器语言

机器语言是可直接跟芯片"对话"的语言，指令代码由二进制码"0"和"1"组成，具有一定的位数，并分成若干段，各段的编码含义不同，进而控制单片机等芯片执行不同的操作。用机器语言表示的程序称为机器语言程序或者目标程序，这是单片机等芯片唯一能够识别和执行的程序。但由于机器语言难记、难学、不易于理解和识别，一般不直接采用机器语言进行编程，而是采用易于识别的汇编语言和高级语言来编程，最后通过编译软件将所编写的汇编语言程序或者高级语言程序编译成机器语言，并生成二进制目标代码文件，再通过烧录器将目标代码写入单片机的程序存储器，交由单片机的 CPU 执行相应的程序操作。

（2）汇编语言

汇编语言也是面向机器的程序设计语言，它采用一些易于识别的助记符（特定的英文字符，例如"ADD R0，R1"表示 R0 和 R1 寄存器的内容相加，结果放在 R0 寄存器）来代替机器语言的二进制机器操作码。用汇编语言编写的程序称为汇编语言程序，机器不能够直接识别，必须通过编译软件编译成二进制机器代码。与机器语言相比，汇编语言易学、易记，但是由于汇编语言仍然是面向机器的，依赖于硬件体系，而且不同类单片机的机器指令不同，每一类单片机的汇编语言也不同，汇编语言程序的可读性、移植性差，开发效率低，因此在大型单片机项目开发中汇编语言用得比较少。

（3）高级语言

由于汇编语言助记符量大难记，于是人们发明了更加易用的所谓高级语言。高级语言是一种基本不依赖硬件的程序设计语言，它直接面向问题或过程，其语法和结构更类似普通英文，且由于远离了对硬件的直接操作，简单易学，可读性、可移植性高，大大缩短了单片机项目的开发周期，获得了广泛的应用。与汇编语言程序一样，高级语言程序必须编译成二进制机器语言代码，单片机才能够执行。目前常有的高级语言有 C、C++、Java 等。

国内外许多公司根据不同单片机的性能和特点，研制推出了各种类型的用于开发单片机项目的软件开发平台。对于 MCS-51 单片机来说，常用的软件开发平台主要有 Keil μVision 单片机集成仿真开发平台，Proteus ISIS 电路分析与实物仿真软件，Protel DXP 电路设计系统软件。

（1）Keil μVision 单片机集成仿真开发平台

Keil μVision 是美国 Keil Software 公司针对 8051 系列单片机出品的软件开发平台，它提供丰富的库函数和功能强大的集成调试工具，集编辑、编译、仿真于一体，界面友好，类似于微软 VC++界面，易学易用，编程效率高，同时支持汇编和 C 语言程序设计，是众多单片机应用开发软件中最优秀的软件之一。Keil μVision 的工作界面如图 0-17 所示。

（2）Proteus ISIS 电路分析与实物仿真软件

Proteus ISIS 是英国 Labcenter 公司开发的电路分析与实物仿真软件，它集模拟器件

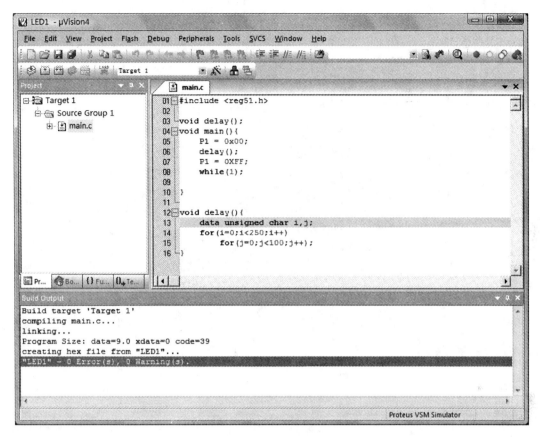

图 0-17　Keil μVision 工作界面

和集成电路仿真、分析、设计于一体,具有单片机及外围电路组成的系统仿真,键盘和 LCD 系统仿真,模拟电路、数字电路仿真,原理图绘制等功能,并提供各种虚拟仪器仪表,例如示波器、电源、信号发生器等,可以实时查看单片机的运行状态和运行效果。此外,它还提供软件调试功能,可与 Keil μVision 联合调试,具有全速、单步、设置断点等调试功能,其功能非常强大。Proteus ISIS 的工作界面如图 0-18 所示。

(3) Protel DXP 2004 电路设计系统软件

Protel DXP 2004 是 Altium 公司于 2004 年在原来 Protel 99SE 电路设计软件的基础上设计的基于 Windows 2000 和 Windows XP 操作系统的一套电路板设计软件平台,具有简单易学、操作方便、实用、功能强大等特点。它集成了 SCH(原理图)设计、SCH(原理图)仿真、PCB(印制电路板)设计、AutoRouter(自动布线器)和 FPGA 设计五大功能模块,覆盖了以 PCB 为核心的整个物理设计,具有丰富的设计功能和人性化设计环境,是一套深受电子工程师喜爱的板级设计软件。Protel DXP 2004 软件的工作界面如图 0-19 所示。与 Protel 99SE 电路设计软件相比,Protel DXP 2004 不仅在外观上显得更加豪华、人性化,而且极大地强化了电路设计的同步化,同时整合了 VHDL 和 FPGA 设计系统,其功能更加强大。Protel DXP 2004 具有如下新特点。

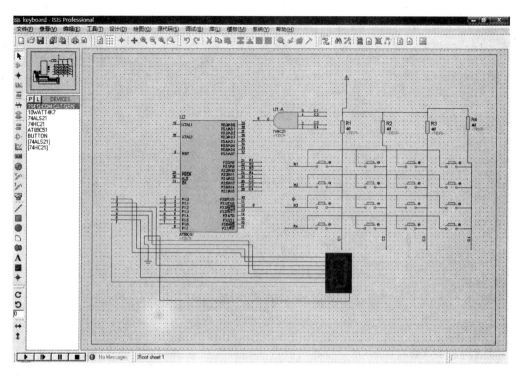

图 0-18　Proteus ISIS 工作界面

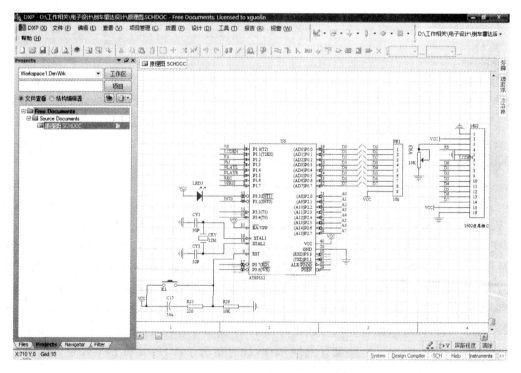

图 0-19　Protel DXP 2004 工作界面

① 通过设计文件包的方式,将原理图编辑、电路仿真、PCB 设计以及打印这些功能有机地结合在一起,提供了一个集成开发环境。

② 层次原理图设计方法,支持"自上而下"的设计思想,使得大型电路设计的工作组开发方式成为可能。

③ 整合式的元件与元件库。在 Protel DXP 2004 中采用整合式的元件,在一个元件中连接了元件符号(Symbol)、元件封装(Footprint)、SPICE 元件模型(电路仿真所使用的)、SI 元件模型(电路板信号分析所使用的)。

④ 强大的差错功能。原理图中的 ERC(电气法则检查)工具和 PCB 图的 DRC(设计规则检查)工具能够帮助设计者更快地查出并改正错误。

 试试看:到网上查阅一下,除了上面介绍的单片机开发工具,还有哪些?

0.2.3　安装单片机开发工具

1. 安装 Keil μVision 4 单片机集成仿真开发平台

运行安装软件包中的 setup. exe 文件,然后单击"Next"按钮,同意安装协议,在如图 0-20 所示界面选择安装路径。建议保持默认安装路径,然后单击"Next"按钮,输入相关用户信息,"First Name"、"Last Name"、"Company Name"可以任意填写。最后,单击"Next"按钮。

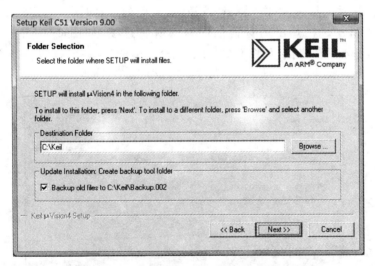

图 0-20　安装 Keil μVision 4 选择安装路径

安装完成后,启动 Keil μVision 4。选择"File"→"License Management..."，打开"License Management"对话框,在"New License ID Code"下面输入序列号,然后单击"Add LIC"按钮加入序列号,完成 Keil μVision4 的安装,如图 0-21 所示。

2. 安装 Proteus ISIS 电路分析与实物仿真软件

双击 Proteus 7.5 SP3 .exe 安装文件,然后在弹出的对话框中选择"Next"按钮,并选

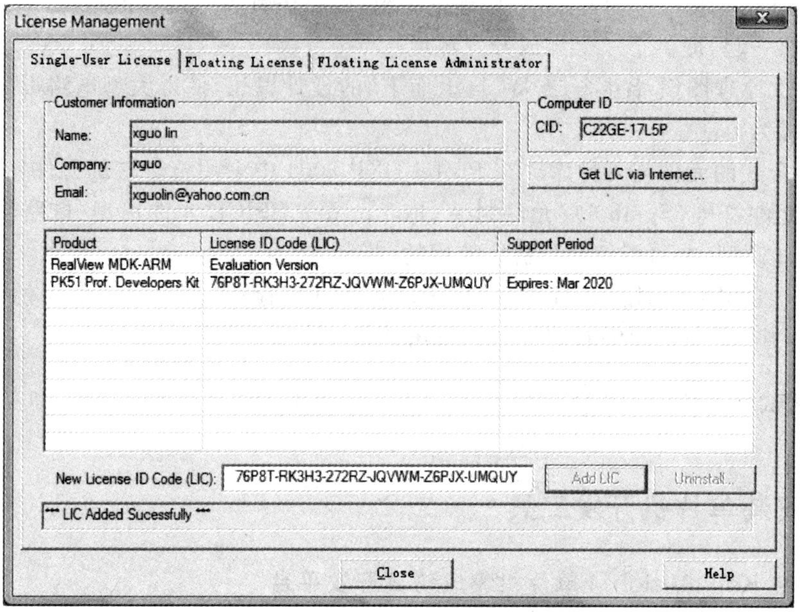

图 0-21　安装 Keil μVision 4 输入序列号

择"同意安装协议"。Proteus 7.5 提供了两种序列号的输入方式,分别为"Use a locally installed Licence Key"和"Use a licence key installed on a server"。这里选择第一种方式,如图 0-22 所示。然后,单击"Next"按钮,输入序列号,如图 0-23 所示。选择安装路径,如图 0-24 所示。在弹出的对话框中勾选所有选项,如图 0-25 所示。接着,单击"Next"按钮,进入安装界面,如图 0-26 所示。最后单击"Finish"按钮,完成软件的安装,如图 0-27 所示。

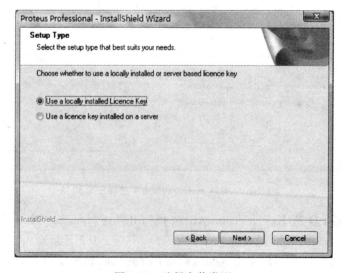

图 0-22　选择安装类型

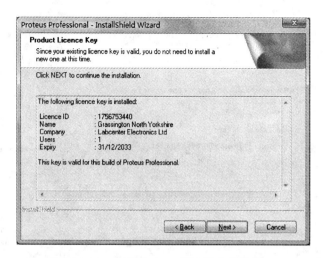

图 0-23　安装 Proteus ISIS 输入序列号

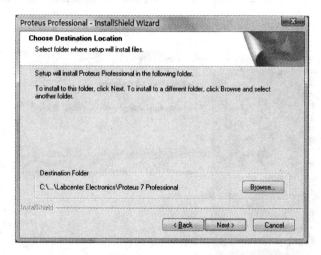

图 0-24　安装 Proteus ISIS 选择安装路径

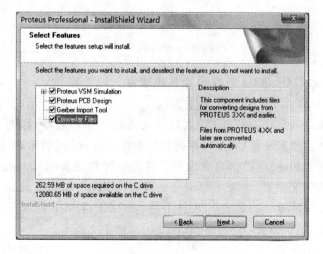

图 0-25　勾选所有选项

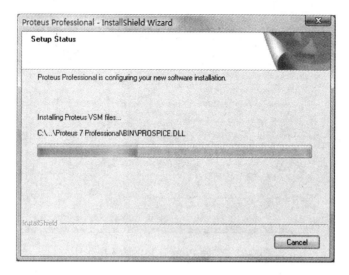

图 0-26　正在安装

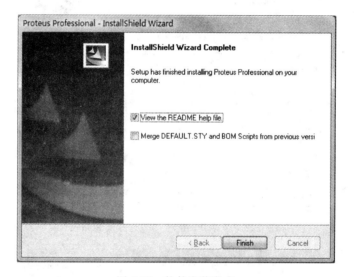

图 0-27　软件安装完成

3. 安装 Protel DXP 2004 电路设计系统软件

双击 Protel DXP 2004 的安装文件 Setup. exe,如图 0-28 所示,然后单击"Next"按钮,同意安装协议。单击"Next"按钮,然后输入任意的公司名称,如图 0-29 所示。单击"Next"按钮,然后选择安装路径,建议保持默认设置,如图 0-30 所示,单击"Next"按钮,保持默认设置,完成 Protel DXP 2004 的安装。接着运行 DXP2004SP2. exe。选择与 Protel DXP 2004 相同的安装路径,安装 SP2 补丁;再运行 DXP2004SP2_IntegratedLibraries. exe 文件,安装 SP2 元件库补丁。装上 SP2 补丁后,在 DXP 菜单下的"Preference"菜单项里选中"Use localized resources",可以把软件变为简体中文版本。

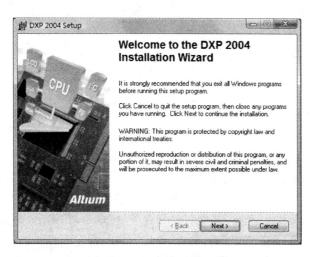

图 0-28　进入程序安装界面

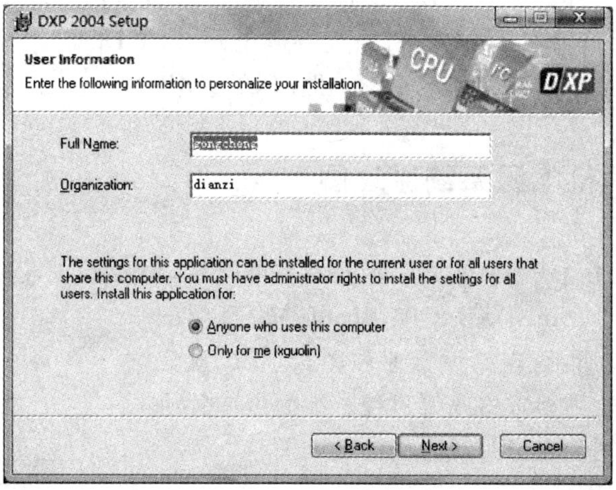

图 0-29　输入公司信息

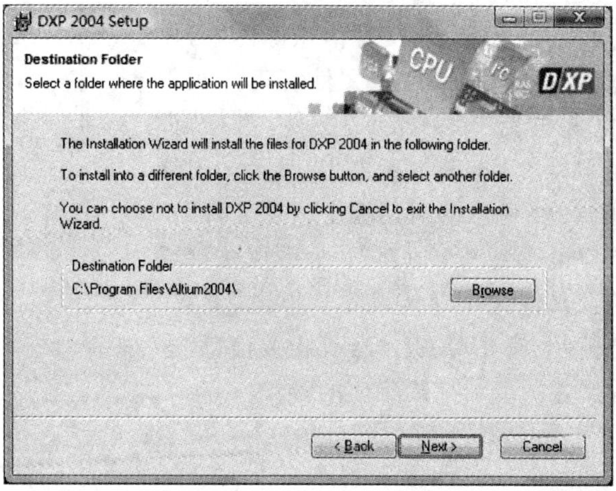

图 0-30　安装 Protel DXP 2004 选择安装路径

0.3 单片机电源系统设计

0.3.1 创建项目文件

在 D 盘或者其他盘符/文件夹下新建文件夹,并重命名为"单片机系统电源电路",以后创建的单片机系统电源电路设计文件都保存在该文件夹下面。然后启动 DXP 2004,选择"文件"→"创建"→"项目"→"PCB 项目"命令,新建一个项目文件(默认项目文件名为 PCB_Project 1.PrjPCB)。选择"文件"→"保存项目"命令,在弹出的保存文件对话框中输入项目名称"单片机系统电源电路",单击"确定"按钮,保存项目。选中新创建的单片机系统电源电路项目后,单击鼠标右键,再选择"增加新文件到项目中"→"Schematic"命令,创建一个新的原理图文件。然后,选择"文件"→"保存为"命令,将新建的原理图文件保存到项目文件夹下,并将其命名为"单片机系统电源电路.SCHDOC"。按照同样的方法新建 PCB 文件,并重命名为"单片机系统电源电路.PCBDOC"。

0.3.2 绘制单片机电源系统原理图

绘制原理图的过程就是将实际表示元器件的符号,用表示电气连接的符号或者网络标号连接起来。在 Protel DXP 2004 中,电路原理图的设计流程如图 0-31 所示,包括设置原理图选项、放置元器件、连接元器件、规则检查修改等过程。下面以单片机系统电源电路原理图的设计过程为例详细讲解。

1. 设置原理图选项

原理图选项设置就是设置电路图纸,主要包括纸张类型、图纸方向、幅面尺寸、标题栏、文件信息等内容,使得图纸符号设计规范,美观好看,便于文件管理。双击打开"单片机系统电源电路.SCHDOC"文件,执行"设计"→"文档选项"菜单命令,打开如图 0-32 所示的图纸属性对话框。在如图 0-32 所示的对话框中,在"文件名"栏输入文件名称"单片机系统电源电路","标准风格"(纸张类型)选择"A4"纸,其他保持默认设置。单击"参数"选项卡,可设置图纸标题、设计者、版本号等相关信息,这里不一一讲解,请查阅相关资料完成相应的设置。

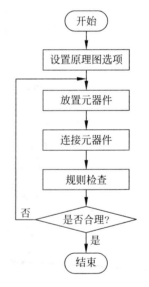

图 0-31 电路原理图的设计流程

2. 放置元器件

选择"设计"→"浏览元件库"命令,打开元件库,如图 0-33 所示。单击当前元件库下

图 0-32 图纸选项设置

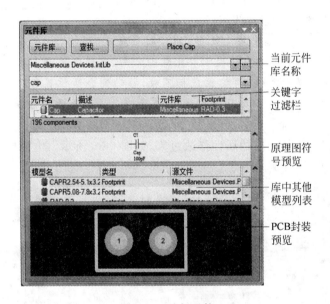

图 0-33 选择元件

拉列表框,选择元件所在的元件库(例如 Miscellaneous Devices. IntLib),然后在关键字过滤栏输入元件名称(例如 cap),则可看见元件的封装等相关信息。单击 Place Cap 并移动鼠标,出现一个电容跟着鼠标移动。当鼠标移动到合适的位置时单击,则在原理图编辑区放置一个电容。按同样的方法,放置如表 0-4 所示单片机系统电源电路模块原理图中的元件符号。

表 0-4　单片机系统电源电路模块元器件清单

序号	元件标号	元件名称	原理图元件库	元件注释	元件封装	元器件封装库
1	C_1	Cap	Miscellaneous Devices. IntLib	$0.01\mu F$	RAD-0.3	Miscellaneous Devices. IntLib
2	C_2	Cap Pol 2		$100\mu F$	POLAR0.8	
3	C_3	Cap		$0.01\mu F$	RAD-0.3	
4	C_4	Cap Pol 2		$100\mu F$	POLAR0.8	
5	R_1	Res 2		$20k\Omega$	AXIAL-0.4	
6	DS_1	LED 0		LED	LED-1	
7	P_1	Header 4		$GND+V_{CC}$	HDR1×4	
8	J_1	PWR 2.5	Miscellaneous Connectors. IntLib	power	KLD-0202	Miscellaneous Connectors. IntLib
9	K_1	SW-PB	Miscellaneous Devices. IntLib	SW-PB	SPST-2	Miscellaneous Devices. IntLib
10	U_1	L78L05CZ	ST Power Mgt Voltage Regulator. IntLib	L7805	SOT82C	ST Power Mgt Voltage Regulator. IntLib

　　可通过选择"放置"→"电源端口"命令,放置电源及接地符号;也可以通过单击配线工具栏(如图 0-34 所示)中的地线图标,来放置地线端口。

图 0-34　配线工具栏

提示:单击鼠标选中某个元件,然后按住鼠标左键不放,通过按空格键调整元件的方向,直到位置满意为止。如果需要移动元件,单击鼠标选中某个元件,再按住鼠标不放,移动到合适位置后释放鼠标;也可以按住鼠标左键,拖动鼠标选择一个区域的元件进行移动。如果要删除某个元件,选中该元件,然后按 Delete 键删除。

　　双击元件,将名称等相应的属性修改过来,如图 0-35 所示。电源电路模块元件放置完成的效果如图 0-36 所示。

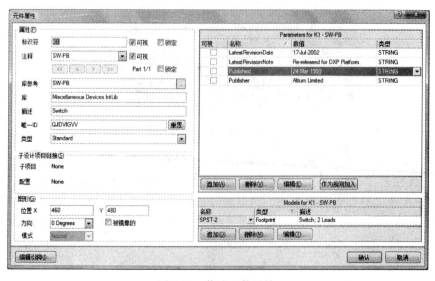

图 0-35　修改元件属性

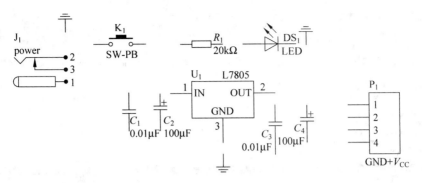

图 0-36 放置元件

3. 连接元器件

选择"放置"→"导线"命令,然后移动鼠标,此时出现一个"十"字箭头光标。移动鼠标到需要连接导线的起点位置,然后移动鼠标到其他位置,再按下鼠标左键,在这两点间便出现了一条导线。再次单击鼠标右键,即可绘制出一条直导线。如果要绘制折线,需要在导线的每个转折点处单击确认,再重复上述过程,完成绘制。绘制完一条导线后,系统仍处于绘制导线命令状态,可以按上述办法继续绘制其他导线。最后单击鼠标右键或者按Esc 键退出导线绘制命令状态。关于导线的绘制过程,可参考 Protel DXP 2004 软件帮助文档的相关说明。最终完成的电源电路模块电路原理图如图 0-37 所示。

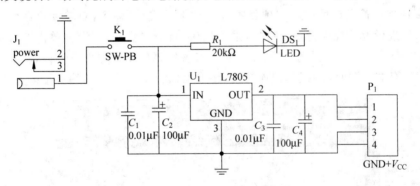

图 0-37 单片机系统电源电路原理图

 提示:在编辑原理图的时候,可以通过选择"查看"→"放大/缩小"命令,也可以按 Page Up/Page Down 快捷键来控制编辑区域的显示大小。

4. 编译项目及生成报表文件

原理图设计完成后必须进行编译,以便检查原理图的设计是否符合用户设置的规则。编译完成后,系统将提供有关网络构成、原理图层次、设计错误类型、分布等信息。

在编译之前,用户需要对项目选项进行设置。执行菜单命令"项目管理"→"项目管理选项",在弹出的项目选项中可对错误报告类型(Error Reporting)、电气连接矩阵(Connection Matrix)、差别比较(Comparator)等进行设置,如图 0-38 所示。相关选项的含义请查看参考文献,在这里保持默认设置。

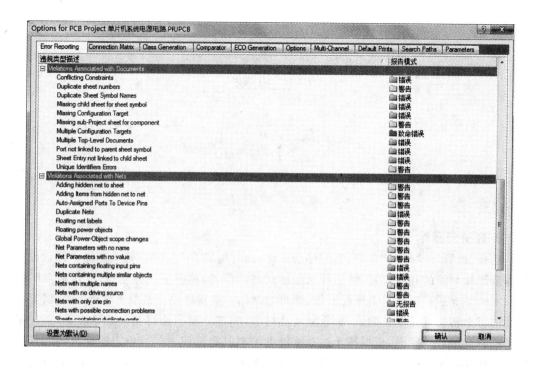

图 0-38　项目选项设置对话框

项目选项设置完成后，选择"项目管理"→"编译文档"命令，对单片机系统电源电路.SCHDOC 进行设计规则检查（在这里采用默认的设计规则）。然后，单击原理图编辑区右下角的"System"标签，再选择"Messages"，查看编译信息。如果有错误，将显示相应的错误信息。例如，当电源地线忘记连接时，将出现如图 0-39 所示的编译错误提示信息。

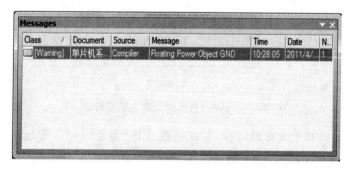

图 0-39　原理图编译信息

网络表是原理图和 PCB 电路连接的桥梁。项目编译完成后，便可以生成原理图的网络表。执行"设计"→"设计项目的网络表"→"Protel"菜单命令，Protel DXP 2004 就会生成当前项目的网络表文件"单片机系统电源电路.NET"。双击打开该网络表文件，可以发现，网络表主要包括元器件信息和连线信息两部分内容，由一行一行的文本组成。第一部分为元器件信息，用方括号分隔；第二部分为连接信息，用圆括号分隔，每对圆括号中都是连接在一起的引脚，如图 0-40 所示。

```
［C1 RAD-0.3 Cap ］
［C2 CAPPR5-5×5 Cap Pol 1 ］
［C3 RAD-0.3 Cap ］
［C4 CAPPR5-5×5 Cap Pol 1 ］
［DS1 SMD-LED LED ］
［J1 KLD-0202 power ］
［K 1SPST-2 SW-PB ］
［P1 HDR1×4 GND+Vcc］
［R1 AXIAL-0.4 Res 2 ］
［U1 ISOWATT220AB L7805 ］
（Net C1-2 C1-2 C2-1 K1-2 R1-1 U1-1 ）
（Net C3-2 C3-2 C4-1 P1-1 P1-2 U1-2 ）
（Net DS1-1 DS1-1 R1-2 ）
（Net J1-1 J1-1 J1-1A J1-1B K1-1 ）
（GND C1-1 C2-2 C3-1 C4-2 DS1-2 J1-2 J1-2A J1-2B J1-3 J1-3A J1-3B P1-3 P1-4 U1-3 ）
```

图 0-40 项目网络表

项目报表主要包括元器件采购报表、元器件自动编号报表、元器件引用参考报表、端口应用参考报表等,可通过执行菜单命令获得相应的报表。

0.3.3 设计单片机电源系统电路 PCB 图

单片机系统电源电路原理图设计完成,并生成了元器件网络表之后,便可以进行单片机系统电源电路 PCB 图设计了。PCB 图的设计流程主要包括前期准备、元器件布局、元器件布线、调整优化及制板,如图 0-41 所示。

1. 前期准备

前期准备主要包括准备元件封装库、设置环境参数、规划电路板、准备原理图和网络表、载入网络表和元器件封装等工作。元件封装代表元器件的实物外形引脚关系,与原理图的元器件符号一一对应。元件封装可以采用 Protel DXP 2004 元件封装库里的元件封装,用户也可以根据元件的实物外形自己设计。虽然 Protel DXP 2004 元件封装库很强大,但一般情况下对于一些特殊的元件,很难找到合适的,最好还是根据所选器件的标准尺寸资料自己做元件封装库。单片机系统电源电路 PCB 图采用 Protel DXP 2004 自带元件封装库就可以满足设计要求。表 0-4 给出了所有元器件的 PCB 封装,只需要在原理图中双击对应的元件(例如 U₁),然后在"元件属性"对话框元件封装模型中单击"追加"按钮,如图 0-42 所示,会弹开添加新的模型对话框。选择模型类型为"Footprint",然后单击"确认"按

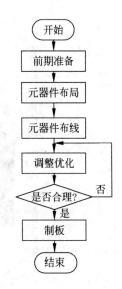

图 0-41 PCB 设计流程

钮,再在"PCB 模型"对话框的"名称"栏输入相应的元件封装(SOT82C),将出现元件的封装模型,如图 0-43 所示。

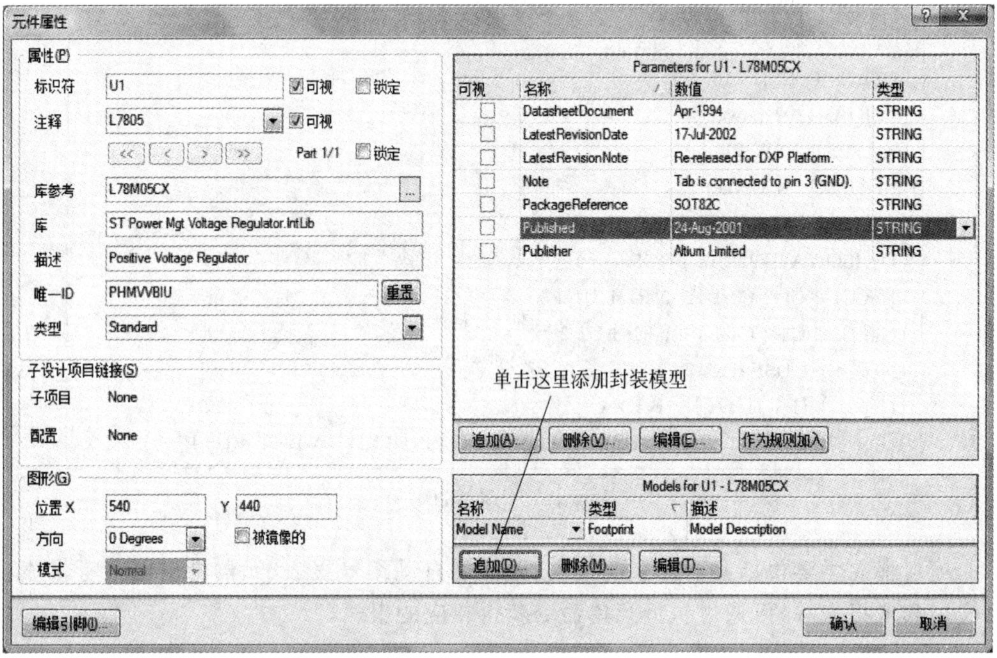

图 0-42　添加元件封装模型

图 0-43　添加 SOT82C 元件封装

注意：当元件封装发生变化后，必须重新执行"设计"→"设计项目的网络表"→"Protel 生成原理图的网络表"菜单命令。

生成网络表之后，双击打开"单片机系统电源电路.PCBDOC"文件，进入 PCB 工作界面。网络表生成后，还需要进行电路板规划、环境参数设置等准备工作，才能载入网络表和元器件封装进行元件布局。电路板规划主要包括选择电路板是单面板、双面板或多面板，规划电路板的尺寸，以及电路板与外界的接口形式。单面板为一层的电路板，可采用顶层(Top Layer)或者底层(Bottom)覆铜和放置焊盘，元器件插在没有覆铜的一面。单层板成本低，布线简单，适合布线简单的 PCB 的设计。双层板包括两个信号层，分别为顶层(Top Layer)和底层(Bottom)，两层均覆铜和布线，中间为绝缘层，两层间通过过孔走线相连。多层板包括多个工作层面，增加了电源层和接地层，以及多个中间信号层，每个层均包括信号走线。电脑主板等复杂电路大部分都采用多层电路板。Protel DXP 2004 的工作层面主要包括信号层(Signal Layer)、内部电源/接地层(Internal Planes)、机械层(Mechanical Layers)、防护层(Mask Layers)、丝印层(Silkscreen)、禁止布线层(Keep Out Layer)等。信号层包括顶层(Top Layer)、底层(Bottom)以及多个中间层(Mid Layer)，用于放置元器件和布线。顶层画出的线条为红色，底层画出的线条为蓝色。内部电源/接地层用于布置电源线和地线。机械层用于定义整个电路板外观，即整个 PCB 板的外形结构。禁止布线层用于定义可布线的边界，即定义了禁止布线层之后，在以后的布线过程中，所布的具有电气特性的线都不可以超越禁止布线层的边界。环境参数设置包括设置栅格大小、光标捕捉区域的大小、公制/英制转换、工作层的显示等。

单击"禁止布线层(Keep Out Layer)"，再选择"放置"→"禁止布线区"→"导线"菜单命令，光标变成"十"字形状，然后在 PCB 编辑区绕着边沿绘制一个矩形禁止布线区。

2. 元器件布局

选择"设计"→"Import Changes From 单片机系统电源电路.PRJPCB"(或者在单片机系统电源电路.SCHDOC 文件中选择"设计"→"Update PCB Document 单片机系统电源电路.PCBDOC")命令，载入网络表和元器件封装，如图 0-44 所示。单击"使变化生效"按钮，系统将检查元件封装的变化，并显示检查结果。如果有错误，将出现一个红色的叉。可根据检查结果调整元件封装。调整好后，单击"执行变化"按钮，关闭工程变化订单，将 PCB 元件封装载入 PCB 工作区，如图 0-45 所示，所有元件都被导入进来了。

在如图 0-44 所示工程变化订单中，如果选择了"Add Rooms"选项(加入掩盖层)，元件导入后将以错误状态绿色显示，这时单击如图 0-45 中的阴影部分选中掩盖层，然后按 Delete 键删除掩盖层，元件将恢复正常状态，或者在图 0-44 所示工程变化订单中不要勾选"Add Rooms"选项(加入掩盖层)。接下来，用鼠标选中元件(或者执行"编辑"→"移动"→"元件"菜单命令，然后在 PCB 编辑区单击鼠标左键，在弹出的选择元件对话框中选中需要移动的元件)，然后按住左键移动元件，按照想要的位置摆好所有元件，如图 0-46 所示。

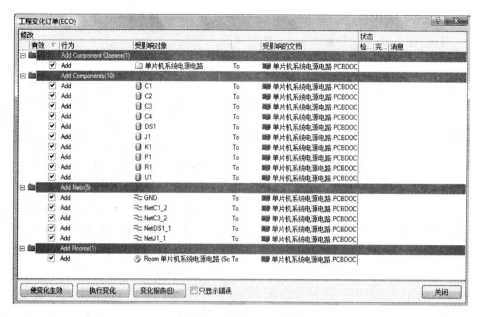

图 0-44　载入元件封装

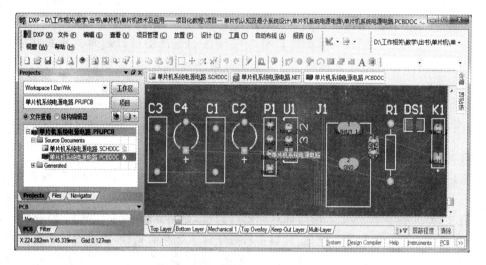

图 0-45　导入元件后的 PCB 窗口

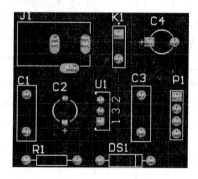

图 0-46　元器件布局

3. 元器件布线

元器件布线就是在 PCB 图中用导线将相关元器件连接起来。元件布线之前,对于不符合要求的焊盘,双击该焊盘,在弹出的"焊盘属性"对话框中按要求进行修改(焊盘孔径大小通常要求 1mm 以上)。在 PCB 窗口下方选项卡中选中禁止布线层(Keep Out Layer),然后选择"放置"→"禁止布线区"→"导线"菜单命令,根据元件布局重新绘制 PCB 边框,确定板子大小及形状,并将原来的禁止布线边框删除。禁止布线边框完成后,当启动自动布线功能时,走线就会限制在这个方框范围内。如果是手动布线,当走线靠近或者接触到禁止布线层线时,会出现绿色错误警告颜色。选择"设计"→"规则"命令,在图 0-47 所示"PCB 规则和约束编辑器"对话框中对布线电气特性等规则进行设置。布线电气特性主要包括各个网络走线宽度、线间距、过孔内径和外径大小、元件与元件间距等。

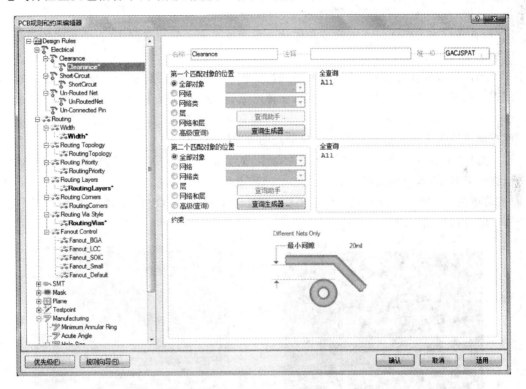

图 0-47 "PCB 规则和约束编辑器"对话框

在图 0-47 所示"PCB 规则和约束编辑器"对话框中选择"Clearance",将导线最小间距修改为"20mil";选择"Routing"→"Width"→"Width"命令,将导线宽度设置为最小值"0.508mm",优选尺寸"1mm",最大宽度"2mm"。选择"Routing Layers"→"Routing Layers"命令,将"Top Layer"的"√"去掉,只采用底层走线。选择"Routing Via Style"→"Routing Vias"命令,将过孔直径设置为最小值"1.27mm",最大值"3mm",优先值"1.27mm";过孔孔径设置为最大值"1.5mm",最小值"0.6mm",优先值"0.8mm",其他选项保存默认设置。布线规则设置完成后就可以布线了。

布线既可以采用自动方式,也可以采用手动方式。如果采用自动布线,选择"自动布线"→"全部对象"菜单命令,打开"Situs 布线策略"对话框(在该对话框中可查看或修改所有布线设置)。选择"Route All"命令,开始自动布线。布线完成后,将弹出布线结果信息对话框,可通过该对话框查看布线完成情况。元件布线完成后的效果如图 0-48 所示。

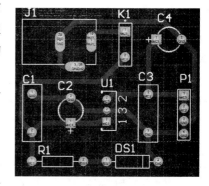

提示:可以通过"查看"→"切换单位"菜单命令进行显示单位的切换。

图 0-48 元件自动布线完成

4. 调整优化

自动布线速度快,而且只要电气规则设置适当,原理图绘制正确,自动布线就绝对不会出错。但是当元件较多的时候,自动布线会比较乱,自动布线完成后,有些地方需要通过人工修改和优化。由于本电路元件相对较少,自动布线的结果可以满足要求。

元件布线完成之后,为了提高电路的抗干扰性,要对各布线层中放置的地线网络进行覆铜。选择"放置"→"覆铜"菜单命令,在弹出的"覆铜"对话框中选择覆铜所在层为"底层(Bottom Layer)",网络连接选项设置为"连接到网 GND",然后单击"确定"按钮,沿着元件布局区放置覆铜。放置覆铜后的效果如图 0-49 所示。

选择"工具"→"设计规则检查"菜单命令,对完成的 PCB 电路图进行设计规则检查。检查结果显示,本设计结果没有违反所设计的电气规则。选择"查看"→"显示三维 PCB 板"菜单命令,可查看 PCB 板三维效果图,如图 0-50 所示。PCB 图设计完成后,就可以交给厂家进行样品生产了。

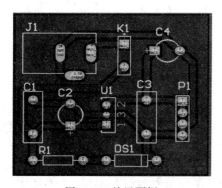

图 0-49 放置覆铜

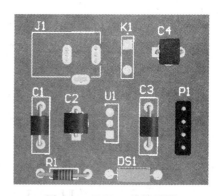

图 0-50 PCB 三维效果图

学一招:Protel DXP 是一款功能很强大的电路板设计软件,在网络上有很多相关学习视频,大家不妨下载下来学习。

0.3.4 调测单片机电源系统硬件电路

PCB 板制作完成后,就可以将元件焊接到 PCB 板并测试电路是否符合设计要求。本电路所需元器件如表 0-5 所示。

表 0-5 元器件表

序号	元器件名称	参　　数	数量	标号
1	极性电容	$100\mu F$	2	C_2、C_4
2	无极性电容	$0.01\mu F$	2	C_1、C_3
3	电阻	$20k\Omega$	1	R_1
4	三端稳压器	LM7805	1	U_1
5	轻触开关	2 点(市面通用)	1	K_1
6	1×4 插针		1	P_1
7	直流电源插座	3 点(市面通用)	1	J_1
8	电路板	40mm×40mm 单面普通板	1	B_1
9	发光二极管	单色	1	DS_1
10	焊锡	市面通用	若干	

所需工具主要包括数字万用表、电烙铁、吸锡器、镊子、尖嘴钳、斜口钳。数字万用表用于检测发光二极管的性能和引脚极性,测量电阻的阻值及电容的容值。电烙铁的作用是焊接元器件。吸锡器用于拆卸元器件,改焊时吸锡液。尖嘴钳和镊子用于放置或者拆卸元器件,斜口钳用于修剪元件引脚。焊接的时候,应遵循"先低后高、先内后外、先耐热后不耐热"的顺序。焊接过程中要注意是否存在漏焊、连焊和虚焊的情况,要避免引起短路或其他严重后果的发生。焊接的过程中要注意用电安全,严格禁止电路板带电焊接元器件。元件焊接完成后,完成表 0-6 所示的测试任务。整个调测过程中要养成良好的工作习惯,元器件和工具必须轻拿轻放,工具使用完后要放回原位,并清洁、打扫环境。

表 0-6 电源电路板测试任务

测 试 对 象	测 试 内 容	结果及其分析
Net：C1-2、C2-1、K1-2、R1-1、U1-1	是否连接在一起	
Net：C3-2、C4-1、P1-1、P1-2、U1-2	是否连接在一起	
Net：DS1-1、R1-2	是否连接在一起	
Net J1-1、K1-1	是否连接在一起	
GND：C1-1、C2-2、C3-1、C4-2、DS1-2、J1-2、J1-3、P1-3、P1-4、U1-3	是否连接在一起	
C1-2、C3-2、DS1-1、J1-1	电压值	

知识拓展

以集成电路 555 和 CD4017 为核心,利用 Protel DXP 2004 设计并制作一个简易 LED 流水灯。电路原理图如图 0-51 所示,电路所需元件及封装如表 0-7 所示。从图 0-51 可知,+5V 电源通过电阻 R_1 和 R_2 向电容器 C_3 充电。当 C_3 刚充电时,由于 555 的 2 脚处于低电平,故输出端 3 脚呈高电平;当电源经 R_1、R_2 向 C_1 充电到一定电源电压时,输出端 3 脚电平由高变低,555 内部放电管导通,电容 C_3 经 R_2 向 555 的 7 脚放电,直至 C_3 两端电压低于一定电源电压时,555 的 3 脚又由低电平变为高电平,C_3 再次充电,如此循环工作,形成振荡。555 把输出的信号输给 CD4017 作为驱动信号,再经 CD4017 内部逻辑运算,有顺序地输出信号,依次从 Q_0 至 Q_9 十路输出信号,驱动共阴极 LED 灯闪亮。为了保护 LED 灯,LED 灯串接一个 200Ω 的电阻分压、限流。此外,通过调整滑动变阻器 R_3 可改变 555 振动器的频率,产生不同的流水灯效果。

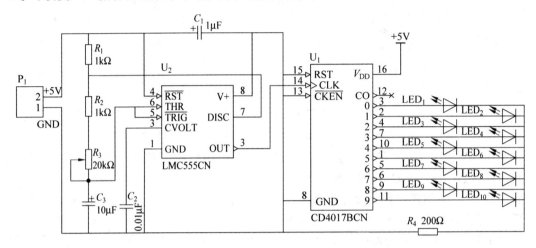

图 0-51　简易流水灯原理图

表 0-7　简易流水灯元件属性表

序号	元件标号	元件名称	原理图元件库	元件注释	元件封装	元器件封装库
1	C_1	Cap Pol 2		$1\mu F$	CAPPR5-5×5	
2	C_2	Cap		$0.01\mu F$	RAD-0.3	
3	C_3	Cap Pol 2	Miscellaneous Devices. IntLib	$10\mu F$	CAPPR5-5×5	Miscellaneous Devices. IntLib
4	R_1	Res 2		$1k\Omega$	AXIAL-0.4	
5	R_2	Res 2		$1k\Omega$	AXIAL-0.4	
6	R_3	RPot		$20k\Omega$	VR5	
7	R_4	Res 2		200Ω	AXIAL-0.4	
8	P_1	Header 2	Miscellaneous Connectors. IntLib	power	HDR1×2	Miscellaneous Connectors. IntLib
9	U_1	CD4017BCN	FSC Logic Counter. IntLib	CD4017BCN	N16E	FSC Logic Counter. IntLib
10	U_2	LMC555CN	NSC Analog Timer Circuit. IntLib	LMC555CN	N08E	NSC Analog Timer Circuit. IntLib
11	$LED_1 \sim LED_{10}$	LED1	Miscellaneous Devices. IntLib	LED_1	DSO-F2/D6.1	Miscellaneous Devices. IntLib

设计完成后的简易流水灯 PCB 图如图 0-52 所示。

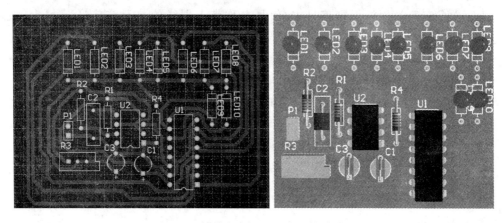

图 0-52　简易流水灯 PCB 及三维效果图

小结

1. 单片机最小系统主要包括电源电路、单片机、复位电路、时钟电路。

2. 单片机的开发语言主要有汇编语言、C 语言以及其他高级语言。与汇编语言相比，C 语言具有结构清晰、简单易学，可维护性、可移植性强等明显的优势，获得了广泛的应用。

3. 单片机的开发工具主要有 Keil C51 集成开发环境、Proteus 软件仿真平台、Protel DXP 电路设计仿真平台。

4. 单片机系统的开发流程主要包括需求分析、项目评估、项目实施、批量生产等过程。

5. Protel DXP 2004 是 Altium 公司于 2004 年开发的功能强大的 EDA 开发软件，原理图的设计流程包括设置原理图选项、放置元器件、连接元器件、规则检查修改等过程；PCB 图的设计流程主要包括前期准备、元器件布局、元器件布线、调整优化、制板等过程。

习题

一、填空题

1. 8051 单片机的内部硬件结构包括_____、_____和_____以及输入/输出接口、定时/计数系统等部件。

2. 中央处理器 CPU 是单片机的核心，它完成_____。

3. 单片机最小系统包括_____、_____、_____和单片机。

4. 单片机的正常工作电压是_____。

5. 状态周期为单片机时钟周期的_____倍。

6. MCS-51 单片机引脚信号中,信号名称带上划线的表示该信号_____或者

_____。

二、简答题

1. 单片机开发语言有哪些?请简述各自的优缺点。谈谈你对单片机开发工具的认识。

2. 什么是单片机的时钟周期、状态周期、机器周期?请描述它们之间的关系。

3. 画出单片机最小系统电路图。

4. 单片机主要应用于哪些领域?

5. 举例说明 MCS-51 有哪些典型产品?它们有什么区别?

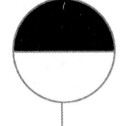

项 目 篇 ≫

单片机流水灯控制器设计

流水灯又称广告灯,是我们日常生活中常见的夜景装饰。在繁华的街市、城市的标志性建筑,随处可以看见色彩斑斓的流水灯,特别是在重要节假日的夜晚,五彩缤纷的流水灯更是点亮了城市的夜空,成为一道亮丽的风景。

本项目首先通过 Proteus 仿真软件设计了单片机流水灯控制器的仿真电路,使读者对流水灯控制器有一个感性的认识;接着介绍流水灯的工作原理;然后利用 Keil μVision 编写流水灯控制程序,并在仿真电路上进行仿真;最后利用 Protel DXP 设计并制作单片机流水灯控制器,控制 8 只发光二极管的亮灭顺序,实现五彩缤纷的广告灯效果。

项目任务描述

以 MCS-51 系列单片机为核心,采用常用电子器件,设计一个流水灯控制器。该系统具有以下功能。

(1) 具有 8 位 LED 数码管的显示功能。

(2) 8 路发光二极管显示各种流水灯。

(3) 可以完成各种奏乐、报警等发声类实验。

(4) 复位功能。

本项目对知识和能力的要求如表 1-1 所示。

表 1-1　项目对知识和能力的要求

项目名称	学习任务单元划分	任务支撑知识点	项目支撑工作能力
单片机流水灯控制器设计	仿真电路设计	①Proteus ISIS 的用户界面;②Proteus ISIS 常用菜单命令与工具按钮的使用;③电路原理图的设计与编辑;④MCS-51 单片机的并行 I/O 口电路;⑤发光二极管的工作原理;⑥发光二极管的驱动电路设计	资料筛查与利用能力;新知识、新技能获取能力;组织、决策能力;独立思考能力;交流、合作与协商能力;语言表达与沟通能力;规范办事能力;批评与自我批评能力
	程序设计	①Keil C51 的工作环境设置;②Keil C51 项目的创建和管理;③Keil C51 项目的调试与运行;④简单延时函数的编写;⑤MCS-51 单片机的存储器;⑥C51 基础知识	
	PCB 设计及制作	①流水灯控制器原理图的绘制;②流水灯控制器 PCB 图的设计;③流水灯控制器元器件的识别;④流水灯控制器的焊接和测试	

1.1　仿真电路设计

1.1.1　Proteus 仿真电路设计

利用 Proteus ISIS 进行仿真电路原理图设计与在 Protel DXP 中进行原理图设计非常相似,主要包括工作环境设置、加载元器件、元器件布局和属性修改、元器件布线、调整优化、生成网络表、电气规则检查等过程,如图 1-1 所示。

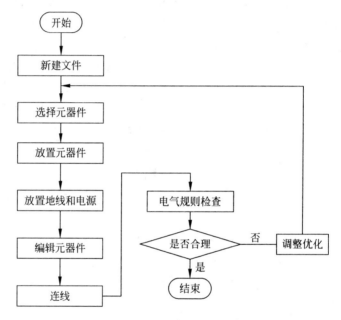

图 1-1　Proteus ISIS 原理图设计流程

1. 新建文件

为了程序调测的方便,我们往往将同一个项目的相关设计文件放到同一个文件夹里面,这样有利于项目的管理。在这里新建一个文件夹,重命名为"单片机流水灯控制器",然后执行"开始"→"程序"→"Proteus ISIS"命令,打开 Proteus ISIS 电路仿真软件。执行"文件"→"新建设计"→…菜单命令,在打开的"新建设计"对话框中选择"DEFAULT 模板",单击"OK"按钮后,进入 ISIS 用户界面。此时,对象选择窗口、原理图编辑窗口、原理图预览窗口均是空白的。单击主工具栏中的"保存"按钮,在打开的"保存 ISIS 设计文件"对话框中,选择新建设计文件的保存目录"单片机流水灯控制器"文件夹,输入新建设计文件的名称"单片机流水灯控制器",保存类型采用默认设置,然后单击"保存"按钮,保存设计文件。

2. 选择元器件

单片机流水灯控制器仿真电路主要包括单片机、复位电路、时钟电路、LED 灯电路组成。仿真电路所需元器件清单如表 1-2 所示。

表 1-2　单片机流水灯控制器元器件清单

对象属性	对象名称	大　　小	对象所属类	图中标识
元器件	AT89C51		Microprocessor ICs	U_1
	MINRES1K	$1\mathrm{k}\Omega$	Resistors	R_1
	MINRES220R	$22\mathrm{k}\Omega$		$R_2 \sim R_9$
	RESPACK-8	$10\mathrm{k}\Omega$	Resistors	R_{P1}
	LED		Optoelectronics	$D_1 \sim D_7$
	CERAMIC27P	$27\mathrm{pF}$	Capacitors	C_1, C_2
	GENELECT10U16V	$10\mu\mathrm{F}$		C_3
	CRYSTAL	$11.059\mathrm{MHz}$	Miscellaneous	X_1
终端	POWER	$+5\mathrm{V}$		
	GROUND			

单击对象选择窗口左上角的按钮 P 或执行"库"→"拾取元件/符号"→…菜单命令，打开元件浏览对话框，如图 1-2 所示。从结构上看，该对话框共分成 3 列，左侧为查找条件，中间为查找结果，右侧为原理图、PCB 图预览。

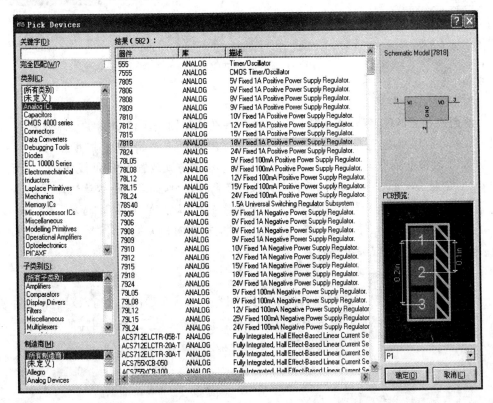

图 1-2　"Pick Devices"对话框

在图 1-2 所示的"关键字"输入框中输入"AT89C51"后，得到如图 1-3 所示元件列表结果。在元件列表中用鼠标左键双击选取 AT89C51，然后按照同样的方法选取表 1-2 所示的其他元件。选取元件后关闭"Pick Devices"对话框。

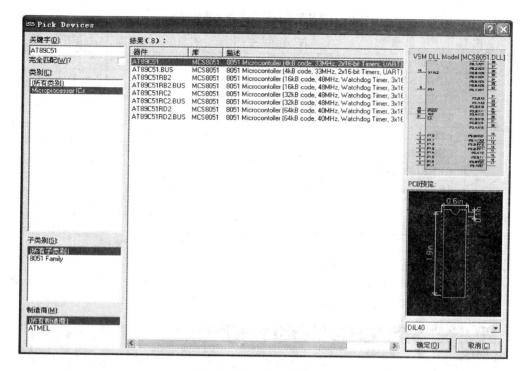

图 1-3　选取 AT89C51 元件

3. 放置元器件

所谓放置元器件,就是将所选的元器件放置在原理图编辑区中。在元件列表中(如图 1-4 所示),用鼠标左键选取 AT89C51,然后在原理图编辑窗口中单击鼠标左键,AT89C51 就被放到原理图编辑窗口中了。按照同样的方式放置表 1-2 所示的其他元件。

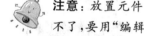　注意:放置元件时,要注意将元件放到蓝色方框内,如果不小心放到外面,鼠标用不了,要用"编辑"→"清理"菜单命令来清除,方法很简单,单击"清理"选项即可。

如果原理图中的元件方向不符合要求,可将鼠标指向相关的元件,然后右击,在弹出的对话框中选择相应的旋转方向。

4. 放置地线和电源

用鼠标左键单击模型选择工具栏中的终端图标 ，在如图 1-5 所示对话框中左键选取"GROUD(地)",然后在原理图编辑窗口中单击,放置"地"。采用同样的方法放置电源(POWER)。

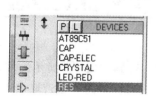

图 1-4　元件列表

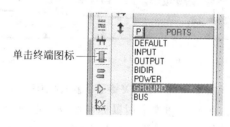

单击终端图标——

图 1-5　终端图标

5. 编辑元器件

元器件放置完成之后,元器件的标识等属性并不一定符合要求,需要进行相应的设置。要编辑元器件,只需要用鼠标左键单击模型选择工具栏中的选择图标 ![箭头],,然后在原理图中双击元件,在弹出的对话框中输入元件参考值和其他参数即可,如图 1-6 所示。采用同样的方法,将所有元件按表 1-2 所示参数进行修改。元器件布局和参数调整后的效果如图 1-7 所示。

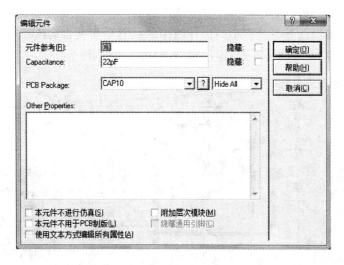

图 1-6　编辑元器件参数

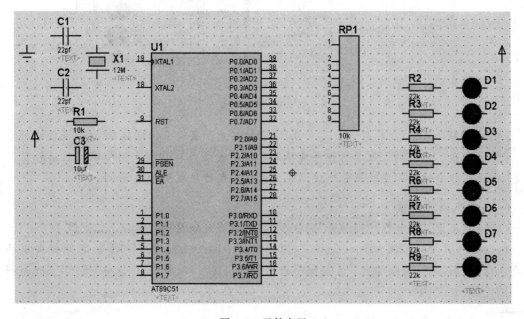

图 1-7　元件布局

6. 连线

用鼠标左键单击模型选择工具栏中的图标 ，然后将鼠标指向需要连线的元件引脚，例如 U_1（AT89C51）的 19 脚，然后单击左键，会出现一条导线。移动鼠标到相应的位置 C_1，然后单击左键，完成导线的连接。我们知道，单片机的 P0 口必须接上拉电阻，在这里采用 $10k\Omega$ 的排阻 R_{P1} 代替。由于 P0 口的连线较多，我们采用总线方式相连。用鼠标左键单击模型选择工具栏中的总线图标 ，然后在需要画总线的地方单击左键，此时便出现一条总线。移动鼠标到相应的位置后单击左键，完成总线的绘制。总线绘制完成后，用鼠标左键单击模型选择工具栏中的选择图标 ，然后切换自动连线器 ，取消自动连线，利用导线将 P0 口、R_{P1}、$R_2 \sim R_9$ 连接起来，如图 1-8 所示。

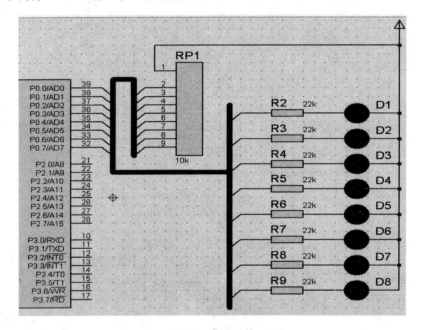

图 1-8   放置总线

 注意：此时 P0.0 引脚并没有与 R_2 连接起来。要使它们连接，通过放置连线标号实现。用鼠标左键单击模型选择工具栏中的连线标号模式图标 ，然后移动鼠标，依次在相应的引脚连线放置连接标号。最终完成的原理图如图 1-9 所示。

7. 电气规则检查

选择"工具"→"电气规则检查"命令，对电路图进行电气规则检查。如果提示"Netlist generated OK，No ERC errors found"，说明电路图电气规则检查没问题，否则将提示错误所在（注意，电气规则检查并不能够检查出逻辑错误）。最后单击"保存"按钮，完成原理图的绘制。

想想看：错误提示信息有哪些？

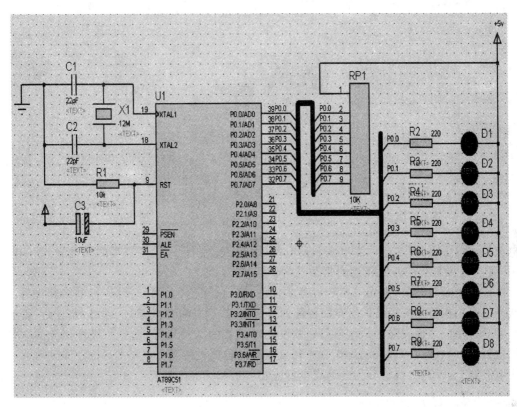

图 1-9 元件布线完成

1.1.2 发光二极管

流水灯的实质是通过改变发光二极管两端的电压,进而控制发光二极管的亮灭,根据人眼的视觉差产生不同的流水灯效果。为此,先认识一下什么是发光二极管。

发光二极管又称 LED,是一种能够将电能转化为可见光的固态半导体器件。发光二极管具有使用寿命长、工作电压低(只需要一点几伏电压)、体积小、光效高、工作电流小(有的只需要零点几毫安即可发光)、无辐射与低功耗等特点,由此在大型电子展示屏、交通信号、广告业务多媒体、城市亮化等场合获得了广泛的应用。在实际应用中,利用红、绿、蓝三基色原理,通过单片机等微控制器,使三种颜色的 LED 光源具有 256 级灰度并任意混合,从而产生 $256 \times 256 \times 256 = 16777216$ 种颜色,形成不同光色的组合变化,实现丰富多彩的动态变化效果及各种图案。

发光二极管由Ⅲ-Ⅳ族化合物等半导体制成,具有一般 P-N 结的 I-N 特性,即正向导通(正向导通电压约一点几伏,发光二极管两根引线中较长的一根为正极;如果发光二极管两根引线一样长,但管壳上有一凸起的小舌,靠近小舌的引线是正极)、反向截止、击穿特性(反向击穿电压约为 5V)。由于发光二极管的正向伏安特性曲线陡峭,使用时必须串联限流电阻,以控制通过 PN 结的电流。单片机控制发光二极管的常用电路如图 1-10、图 1-11 和图 1-12 所示。由于单片机的灌电流能力强于拉电流能力,因此直接驱动工作

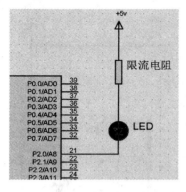
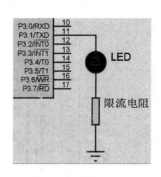
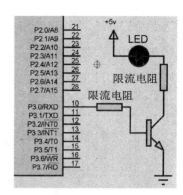

图 1-10　灌电流驱动　　　　图 1-11　拉电流驱动　　　　图 1-12　三极管扩流驱动

电流较大的 LED 时多采用灌电流驱动电路；而对于必须用高电平点亮的大电流 LED，采用 NPN 三极管扩流兼做隔离的驱动电路。

按发光颜色划分，发光二极管可分成红色、橙色、绿色（又细分黄绿、标准绿和纯绿）、蓝光发光二极管；按发光管出光面特征划分，发光二极管可分成圆灯、方灯、矩形灯、面发光管、侧向管、表面安装用微型管等；按发光二极管的结构划分，发光二极管可分为全环氧包封、金属底座环氧封装、陶瓷底座环氧封装及玻璃封装发光二极管；按发光强度和工作电流划分，发光二极管分为普通亮度发光二极管和高亮度发光二极管。

1.1.3　单片机并行 I/O 口

通过前面的学习我们知道，8051 内核的单片机有 40 个外部引脚。单片机正是通过这些外部引脚与不同的外部电路连接，通过对单片机烧录不同的应用程序，进而实现不同的功能。对单片机的控制，其实就是对 I/O 口的控制，无论单片机对外界进行何种控制，或者接受外部的控制，都是通过 I/O 口完成的。单片机总共有 P0、P1、P2、P3 四个 8 位双向输入/输出端口，每个端口都是 8 位准双向口，共占 32 根引脚，每个端口都包括一个锁存器（即专用寄存器 P0～P3，如表 1-3 所示）、一个输出驱动器和输入缓冲器。4 个 I/O 端口都能作为输入/输出口用，外设可与这些端口直接相连，无须另外的接口芯片，既可按字

表 1-3　P0～P3 专用寄存器

SFR	MSB			位地址/位定义				LSB	字节地址
P3	B7	B6	B5	B4	B3	B2	B1	B0	B0H
	P3.7	P3.6	P3.5	P3.4	P3.3	P3.2	P3.1	P3.0	
P2	A7	A6	A5	A4	A3	A2	A1	A0	A0H
	P2.7	P2.6	P2.5	P2.4	P2.3	P2.2	P2.1	P2.0	
P1	97	96	95	94	93	92	91	90	90H
	P1.7	P1.6	P1.5	P1.4	P1.3	P1.2	P1.1	P1.0	
P0	87	86	85	84	83	82	81	80	80H
	P0.7	P0.6	P0.5	P0.4	P0.3	P0.2	P0.1	P0.0	

节输入/输出,也可以按位输入/输出,其中 P0 和 P2 通常用于对外部存储器的访问。51 单片机 4 个 I/O 端口线路设计得非常巧妙,各端口的结构、功能有所不同。学习 I/O 端口逻辑电路,不但有利于正确、合理地使用端口,而且会给设计单片机外围逻辑电路有所启发。

1. P0 口电路认知

P0 口每一位的内部逻辑电路如图 1-13 所示。P0 口既可以作为 I/O 用,也可以作为地址/数据线用。P0 口作为普通 I/O 口时,可对 P0 口进行写操作,由锁存器和驱动电路构成数据输出通路。输出时,CPU 发出控制电平"0",封锁"与"门,将输出上拉场效应管 T_1 截止,同时使多路开关 MUX 把锁存器与输出驱动场效应管 T_2 栅极接通,故内部总线与 P0 口同相。由于输出驱动级是漏极开路电路,若驱动 NMOS 或其他拉电流负载时,必须外接上拉电阻。P0 的输出级可驱动 8 个 LST TL 负载。

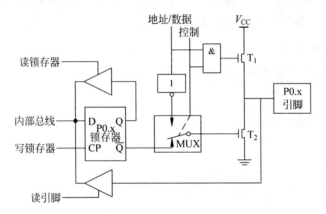

图 1-13　P0 口某位逻辑电路

同理,P0 口作为普通 I/O 口,可对 P0 口进行读操作。其中又分读引脚或读锁存器操作。所谓读引脚,就是读芯片引脚的数据,这时使用下方的数据缓冲器。当执行一条由端口输入的指令时,读脉冲把该三态缓冲器打开,这样,端口引脚上的数据经过缓冲器读入到内部总线。读锁存器,又称读端口,是指通过上面的缓冲器读锁存器 Q 端的状态。有些情况下必须读端口锁存器数据,因为如果此时该端口的负载恰是一个晶体管基极,且原端口输出值为 1,那么导通了的 PN 结会把端口引脚高电平拉低;若此时直接读端口引脚信号,将会把原输出的"1"电平误读为"0"电平。

P0 口是准双向口。所谓准双向口,是指在读端口数据之前,先要向相应的锁存器做写 1 操作的 I/O 口。从图中可以看出,在读入端口数据时,由于输出驱动 FET 并未接在引脚上,如果 T_2 导通,会将输入的高电平拉成低电平,产生误读。所以在端口进行输入操作前,应先向端口锁存器写"1",使 T_2 截止,引脚处于悬浮状态,变为高阻抗输入。

2. P1 口电路认知

P1 口某一位的内部逻辑电路如图 1-14 所示。

从 P1 口的结构可以看出,P1 口输出驱动部分与 P0 口不同,首先,它不再需要多路转接电路 MUX;其次,与场效应管共同组成输出驱动电路,内部有上拉负载与电源相连。

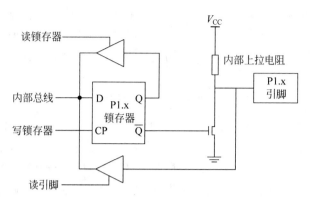

图 1-14　P1 口某位逻辑电路

因此,它只能作为通用 I/O 口,输出时无须加上拉电阻;但输入的时候,同 P0 口一样,必须向端口输出"1",使场效应管 VT 截止。

3. P2 口电路认知

P2 口某一位的内部逻辑电路如图 1-15 所示。

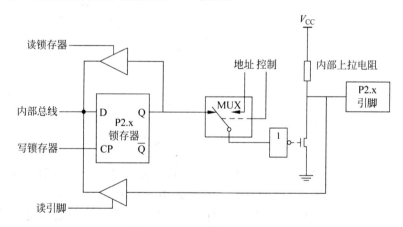

图 1-15　P2 口某位逻辑电路

　　P2 口的位结构与 P0 口类似,有 MUX 开关。驱动部分与 P1 口类似,但比 P1 口多了一个转换部分。当 CPU 对片内存储器和 I/O 口进行读/写时,由内部控制电路自动使开关 MUX 倒向锁存器的 Q 端,这时 P2 口为一般 I/O 口;当 CPU 对片外存储器进行读/写时,开关倒向地址线端,这时 P2 口输出高 8 位地址。当系统扩展片外 EPROM 和 RAM 时,由 P2 口输出地址(低 8 位地址由 P0 输出)。此时,MUX 在 CPU 的控制下,转向内部地址线的一端。因为访问片外 EPROM 和 RAM 的操作往往接连不断,P2 口要不断送出高 8 位地址,此时 P2 口无法再用作通用 I/O 口。作为 I/O 口时,P2 口的用法与 P1 口一样。

4. P3 口电路认知

P3 口某一位的内部逻辑电路如图 1-16 所示。

P3 口是一个多功能端口。对比 P1 的结构图不难看出,P3 口与 P2 口的差别在于多

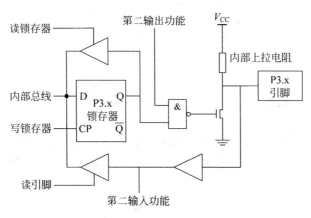

图 1-16　P3 口某位逻辑电路

了与非门和缓冲器。正是这两个部分，使得 P3 口除了具有 P1 口的准双向 I/O 功能之外，还可以使用各引脚所具有的第二功能。与非门的作用实际上是一个开关，决定是输出锁存器上的数据，还是输出第二功能 W 的信号。当 W＝1 时，输出 Q 端信号；当 Q＝1 时，可输出 W 线信号。编程时，可不必事先由软件设置 P3 口为通用 I/O 口还是第二功能。

当 CPU 对 P3 口进行特殊功能寄存器寻址访问时，由内部硬件自动将第二功能输出线 W 置"1"，这时 P3 口为通用 I/O 口；当 CPU 不把 P3 口作为特殊功能寄存器寻址访问时，即可用作第二功能输出/输入线时，由内部硬件使锁存器 Q＝1。P3 口作为通用 I/O 口使用时，工作原理与 P1 口类似。

 想想看：前面章节介绍了单片机的 I/O 口有哪些功能？

1.1.4　单片机电平特性

MCS-51 单片机作为一种数字集成芯片，采用的是 5V TTL 电平，数字电路中只有两种电平：高电平和低电平，分别代表逻辑"1"与逻辑"0"。当输出电压≥2.4V 时，表示输出逻辑电平"1"；当输入电压≥2.0V 时，表示输入逻辑电平"1"；当输出电压≤0.4V 时，表示输出逻辑电平"0"；当输入电压≤0.8V 时，表示输入逻辑电平"0"。因此，如图 1-9 所示，当通过程序向单片机的 39 脚（P0.0）写"0"操作的时候，P0.0 引脚将输出 0～0.4V 的电压，发光二极管 D_1 两段产生正向导通电压差，发光二极管点亮；而当通过程序向单片机的 39 脚（P0.0）写"1"操作的时候，P0.0 引脚将输出 2.4～5V 的电压，发光二极管 D_1 反向截止，发光二极管 D_1 熄灭。常用的逻辑电平除了 5V TTL 电平外，还有 5V CMOS 逻辑电平、RS-232、RS-422、RS-486、LVDS、ECL、GTL 等。其中，RS-422/485 和 RS-232 是串口的接口标准。由于计算机的串口为 RS-232 电平（高电平为－12V，低电平为＋12V），单片机与计算机的串口进行通信的时候，必须外接串口转换电路（例如 MAX232 芯片）进行电平转换。

1.2 程序设计

1.2.1 程序设计流程

基于 Keil μVision 4 IDE 开发平台进行单片机项目程序设计的流程如图 1-17 所示，主要包括创建项目文件、设置项目参数、编写源程序、调试运行等步骤。

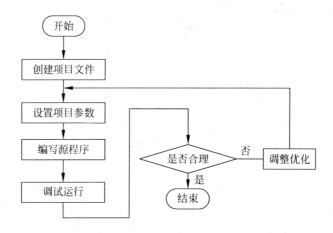

图 1-17 Keil 项目设计流程图

现在根据所创建的原理图，利用 Keil μVision 4 IDE 创建单片机流水灯控制器项目工程（所有项目文件保存在同一文件夹下，本例中放在"单片机流水灯控制器"文件夹）。详细实施步骤如下所述。

1. 创建工程和文件

单击"开始"→"程序"→"Keil μVision 4"，或者双击 Keil μVision 4 的快捷方式，启动 Keil μVision 4。Keil μVision 4 总是打开用户上一次处理的工程。在建立新工程之前，要先关闭上一次处理的工程，执行"Project"→"Close Project"菜单命令，工程关闭后就可以创建新的工程了。执行"Project"→"New μVision Project"菜单命令，在弹出的对话框中选择项目的保存路径。在文件名中输入项目名称"单片机流水灯控制器"，然后单击"保存"按钮，如图 1-18 所示。项目文件保存后，系统将弹出项目 CPU 选择对话框，如图 1-19 所示，选择本项目所使用的单片机（Atmel 公司的 AT89C51）。选择单片机之后，在对话框的右边将出现单片机的简单介绍。其他选项保持默认设置，然后单击"OK"按钮，在弹出的是否拷贝标准的 8051 内核启动代码提示框中单击"是"，复制标准的 8051 内核启动代码，如图 1-20 所示。

 提示：由于不同厂家许多型号的单片机性能相同或相近，因此，如果所需的目标设备型号在 μVision 4 中找不到，可以选择其他公司生产的相近型号。

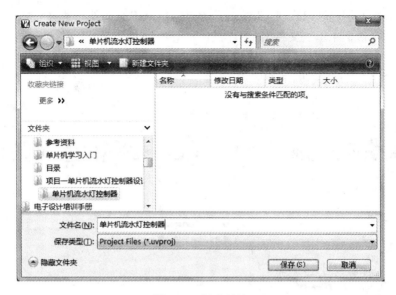

图 1-18　新建项目

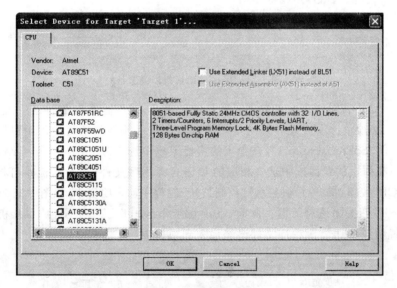

图 1-19　选择单片机型号

图 1-20　选择标准 8051 内核启动代码

通过上述步骤,我们建立了一个 Keil μVision 4 工程,但是该工程中并没有任何 C 语言程序文件,必须创建并将 C 语言源程序文件添加到项目中。选择"File"→"New"菜单命令,或者按 Ctrl+N 组合键,生成一个名为"Text1"的文件。选择"File"→"Save"命令,在弹出的对话框中输入文件名"单片机流水灯控制器.C"。注意,文件名后缀为 C,表示为 C 源程序文件。当然,如果想用汇编语言编写程序也可以,将文件的后缀改为 ASM,然后单击"保存"按钮,如图 1-21 所示。

图 1-21   保存 C 语言程序源文件

此时,该 C 语言源程序文件并不是项目的一部分,它们除了存放目录一致外,没有任何关系,我们必须将该文件或者其他 C 语言源程序文件添加到项目中。用鼠标右键单击项目工作区的"Source Group 1",在弹出的快捷菜单中选择"Add Files to Group 'Source Group 1'",在弹出的对话框中选择相应的 C 语言源程序文件(单片机流水灯控制器.C),然后单击"OK"按钮,将"单片机流水灯控制器.C"源程序加入项目中,如图 1-22 所示。最后单击"Close"按钮关闭该对话框。此时,在项目工作区出现了一个文件"单片机流水灯控制器.C",说明该 C 语言源程序文件已经加入到项目中。

图 1-22   添加 C 源程序文件

2. 设置项目参数

建立了工程之后，还需要对其进行设置，主要内容包括软件设置和硬件设置。其中，软件设置内容包括程序的编译、连接及仿真调试的设置；硬件内容的设置主要包括仿真器的设置。在工程工作区中右键单击项目文件夹 Target 1，在弹出的快捷对话框中选择"Options for Target 'Target 1'"，打开项目设置对话框，如图 1-23 所示。从图 1-23 我们看到，一个工程的设置分成 10 个部分，每个部分又分成若干项目。在这里只需要修改"Target"(有关用户最终系统的工作模式设置)和"Output"(输出文件格式的设置)，其他项目暂时保存默认设置，随着学习的深入，需要用到的时候再讲解。在项目设置对话框中单击"Target"选项卡，在"Xtal(MHz)"选项中输入单片机的晶振频率"11.059"；然后单击"Output"，再勾选"Create HEX File"，使编译的时候能够用于烧写芯片的 HEX 文件。HEX 文件格式是 Intel 公司提出的按地址排列的数据信息，数据宽度为字节，所有数据使用十六进制数字表示，常用来保存单片机或其他处理器的目标程序代码。它保存物理程序存储区中的目标代码映象。一般的编程器都支持这种格式。到此，我们已经完成项目的简单设置，可以进行 C 语言程序的编写和项目的编译、调试了。

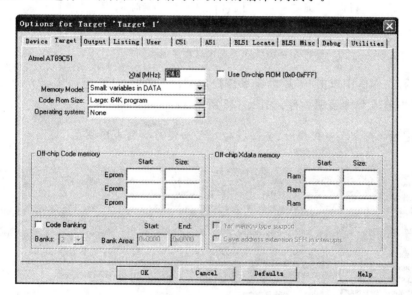

图 1-23　项目设置对话框

3. 编写源程序

流水灯控制要求如下：

(1) 开始，8 只发光二极管全亮。

(2) 延时 1s，按 $D_1 \rightarrow D_2 \rightarrow D_3 \rightarrow D_4 \rightarrow D_5 \rightarrow D_6 \rightarrow D_7 \rightarrow D_8$ 的顺序依次熄灭 8 只发光二极管，时间间隔 50ms。

(3) 延时 1s 后，8 只发光二极管以 50ms 时间间隔闪烁，持续时间 1s。

(4) 按 $D_8 \rightarrow D_7 \rightarrow D_6 \rightarrow D_5 \rightarrow D_4 \rightarrow D_3 \rightarrow D_2 \rightarrow D_1$ 的顺序依次点亮 8 只发光二极管，时间间隔 50ms。

（5）延时 1s 后，8 只发光二极管以 50ms 时间间隔闪烁，持续时间 1s。

（6）重复步骤（2）～（5）。

在项目的开发过程中，我们往往不直接编程，而是先画出程序流程图，然后根据程序流程图编写相应的程序，使得程序具有条理性，清晰明了。通过分析流水灯的控制要求，可得程序流程图如图 1-24 所示。

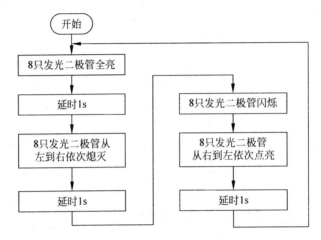

图 1-24　流水灯程序流程图

在工程工作区中双击"单片机流水灯控制器.C"文件，打开程序编辑界面，然后在当前编辑框中输入 C 语言源程序，如图 1-25 所示。

 注意：在输入源代码时，务必将输入法切换为英文半角状态。

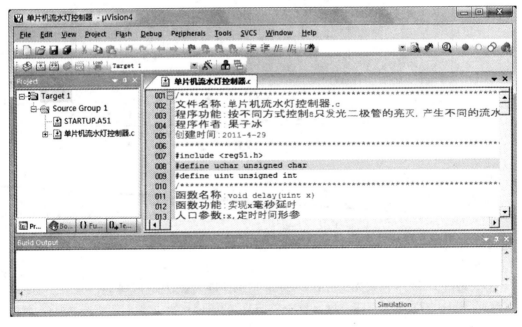

图 1-25　编辑源程序

程序清单如下：

```
/ **********************************************************************
文件名称：单片机流水灯控制器.C
程序功能：按不同方式控制 8 只发光二极管的亮灭,产生不同的流水灯效果
程序作者：果子冰
创建时间：2011-4-29
********************************************************************** /
#include <reg51.h>
#define uchar unsigned char          //宏定义,uchar 等价于 unsigned char 类型
#define uint unsigned int            //宏定义,uint 等价于 unsigned int 类型
/ **********************************************************************
```

想想看：在程序开头为什么要加入"#include <reg51.h>"这条语句？它有什么作用？如果不加这条语句,会出现什么效果呢？

```
函数名称：void delay(uint x)
函数功能：实现 xms 延时
入口参数：x,定时时间形参
返回值：无
函数作者：果子冰
创建时间：2011-4-29
********************************************************************** /
void delay(uint x)
{   uchar i;
    while(x--)                       //外循环,耗时约 xms
    {
        for(i = 0; i < 110; i++);    //内循环,耗时约 1ms
    }
}
/ **********************************************************************
函数名称：void flash()
函数功能：实现 8 只发光二极管闪烁
入口参数：无
返回值：无
函数作者：果子冰
创建时间：2011-4-29
********************************************************************** /
void flash()
{
    uchar i;
    for(i = 0; i < 20; i++)
    {
        P0 = ~P0;                    //P0 口 8 个引脚电平输出取反
        delay(50);                   //延时 50ms
    }
}
/ **********************************************************************
函数名称：void up()
函数功能：实现 8 只发光二极管从下到上依次点亮
```

入口参数：无
返回值：无
函数作者：果子冰
创建时间：2011-4-29
　** /
void up()
{　uchar i,temp;
　　temp = 0x7f;　　　　　　　　　　//临时变量,等于二进制数 01111111 点亮 D_8
　　for(i = 0; i < 8; i++)
　　{
　　　P0 = temp;　　　　　　　　　//temp 控制 D_1～D_8 的亮灭
　　　delay(50);　　　　　　　　　//延时 50ms
　　　temp = temp >>1;　　　　　//所有位依次右移 1 位,最高位补 0,点亮下一盏灯
　　}
}
/ **
函数名称：void down()
函数功能：实现 8 只发光二极管从上到下依次熄灭
入口参数：无
返回值：无
函数作者：果子冰
创建时间：2011-4-29
　** /
void down()
{
　　uchar i,temp;
　　temp = 0x01;　　　　　　　　　　//临时变量,等于二进制数 00000001 熄灭 D_1
　　for(i = 0; i < 8; i++)
　　{
　　　P0 = temp;　　　　　　　　　//temp 控制 D_1～D_8 的亮灭
　　　delay(50);　　　　　　　　　//延时 50ms
　　　temp = temp <<1;　　　　　//所有位依次左移 1 位,最低位补 0,熄灭上一盏灯
　　　temp = temp + 0x01;　　　//加 1,使最低位置为 1
　　}
}
/ **
函数名称：void main()
函数功能：主函数,实现流水灯功能
入口参数：无
返回值：无
函数作者：果子冰
创建时间：2011-4-29
　** /
void main()
{
　　while(1)
　　{
　　　P0 = 0x00;　　　　　　　　　//点亮 8 只发光二极管
　　　delay(1000);　　　　　　　//延时 1s
　　　down();　　　　　　　　　　//8 只发光二极管从上到下依次熄灭
　　　delay(1000);　　　　　　　//延时 1s
　　　flash();　　　　　　　　　　//8 只发光二极管闪烁

```
        up();                          //只发光二极管从下到上依次点亮
        flash();                       //8只发光二极管闪烁
    }
}
```

想想看：单片机是如何实现延时的？查看一下前面章节关于单片机的几个周期的介绍。

4.调试运行

源程序编写完成后就可以调试运行了（在编译之前，建议先保存一次文件）。注意，在项目的开发过程中并不是要将所有程序编写完成之后才调试和仿真，而是编写完成某个功能模块之后便进行调试。通过调试，及时发现程序的问题。在编程的过程中要遵循模块化的设计思想，从简单到复杂，这不但可以加快程序编写速度，而且可以减少错误的发生。此外，还应该养成给程序写注释的习惯，这不但有利于团队其他人员理解自己的程序，也方便程序的移植。试想，如果让你看一段没有任何注释的代码，你会有什么感觉？在给程序取函数名的时候，尽量采用见字识义的单词作为程序的名称。程序的调试运行主要包括编译查找程序错误、链接生成HEX文件、运行程序查看变量、仿真电路联合调试等步骤，如图1-26所示。下面以单片机流水灯控制器C语言源程序的调试过程为例进行讲解。

（1）编译查找程序错误

所谓编译，就是指将编写的C语言代码变成可执行程序的过程。在如图1-27所示对话框中单击工具按钮 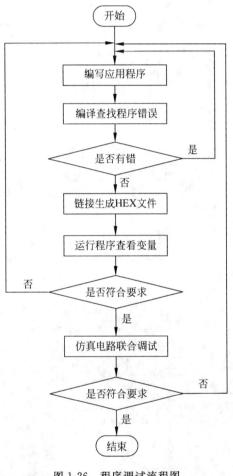 或执行"Project"→"Build Target"菜单命令，对C语言源程序进行编译。在图1-27下方的信息输出窗口（Output Window）中将给出编译的结果。如果源程序存在语法错误，或者工程设置错误，信息窗口中将出现错误信息。可双击相应的错误信息，将光标指向源程序的错误处，并高亮显示。通过这种方式，可迅速发现程序的语法错误。

图1-26   程序调试流程图

注意：系统不会识别程序的逻辑错误，只有源程序和工程设置没有错误，编译、链接才能够顺利完成。

如图1-27所示，信息窗口显示编译结果：0个错误，0个警告。下面，我们不妨故意改错一处，然后再编译一次，来观察编译错误信息。如图1-28所示，编译结果显示出现了两个错误，并且在代码第 74 行前面出现一个蓝色的箭头，显示"a"没有定义（'a'：undefined idenifier，变量使用之前必须先定义）和位于 P0 附近出现语法错误（syntax error near 'P0'，变量 a 后面缺少语句结束符号：'分号'）。借助信息窗口显示的编译信息，我们可以快速地定位程序出错的地方。但是要注意，编译系统并非万能，它只能定位到错误出现的大概位置，对于有些错误，Keil 软件甚至不能准确地显示错误信息。

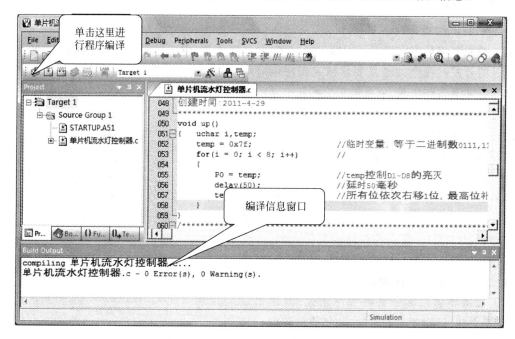

图 1-27　编译源程序结果

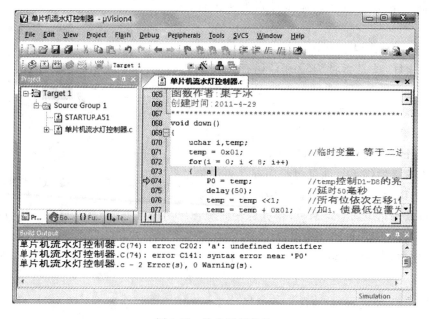

图 1-28　输出错误信息

（2）链接生成 HEX 文件

所谓链接，是指将可执行程序生成一个可执行文件的过程，把代码放到可用的 ROM 空间，把变量放到可用的 RAM 空间。由于单片机的存储器容量有限，如果代码或者变量太多，将产生溢出，链接将无法通过，不会生成 HEX 可执行文件。因此，在进行单片机编程的时候，要考虑变量的存储位置和代码的大小等因素。

将如图 1-28 所示第 73 行变量 a 删除，重新编译程序，然后选择"Project"→"Build Target"菜单命令，或者单击工具按钮，对 C 语言可执行程序进行链接，如图 1-29 所示。在图 1-29 下方的信息输出窗口（Output Window）中将给出链接的结果。如果程序和工程设置都没有问题，链接将顺利完成，生成 HEX 可执行文件，并给出程序所占存储空间大小等信息；反之，如果程序存在错误，或者产生溢出，信息输出窗口将出现错误提示信息，并不会生成 HEX 可执行文件。如图 1-29 所示，表示可直接寻址片内数据存储器 RAM 被占用 9.0 字节大小的空间，程序存储器 ROM 被占用 120 字节大小的空间，所用外部数据存储器空间为 0 字节（Program Size：data=9.0 xdata=0 code=120），并产生"单片机流水灯控制器. HEX"可执行文件。

图 1-29 链接

（3）运行程序查看变量

编译、链接后，系统显示没有错误，但这并不代表程序真的符合我们的要求，编译系统只能检查语法错误，对于逻辑错误，只能通过程序员或者其他人员通过测试来发现。先通过 Keil 自身提供的仿真功能，通过查看程序运行时候的变量变化来判断程序设计是否符合要求，只有在无法通过 Keil 仿真的情况下，才利用 Proteus 等仿真软件和实际电路进行联合调测。

选择"Debug"→"Start/Stop Debug Session"（启动/停止调试模式）菜单命令，或者单击工具按钮，进入软件仿真模式，如图 1-30 所示。

μVision 4 提供了单步跟踪（Step on Line）、单步运行（Step Over）、跳出目前的函数（Step Out of the Current Function）、运行到光标处（Run to Cursor Line）、全速运行（Go）

图 1-30　进入软件仿真模式

等 5 种程序运行方式。单步跟踪是 C 语言调试环境的最小运行单位,每次只运行一条语句,快捷键为 F11;单步运行跟单步跟踪一样,每次只执行一条 C 语句,但是单步运行并不跟踪到被调用函数的内部,而是把被调用函数作为一条 C 语句来执行;运行到光标处,可让程序运行到光标所指定的位置;跳出目前的函数模式,可让程序跳出所执行的函数;全速运行,让软件模拟单片机完全运行状态。在全速运行模式下,μVision 4 不能查看任何变量,也不接受其他命令。程序运行期间可通过执行"Debug"→"Stop Running"菜单命令或者单击工具按钮 ⊗ 终止程序的运行。在程序运行期间,可通过图 1-30 所示右下角的观察窗口(Watch Windows)查看变量的值。除此之外,还可以通过"Peripherals"→"I/O-ports"→"P0"菜单命令查看或者设置 P0 口的值。请通过调试工具查看 P0 口和 temp 值的变化。常用调试工具及快捷键如表 1-4 所示。

表 1-4　常用调试工具及快捷键

Debug 菜单	工具按钮	快捷键	说　　明
Start/Stop Debug Session	⊕	Ctrl＋F5	启动/停止调试模式
Go	⬇	F5	执行程序,直到下一个有效的断点
Step	⤵	F11	跟踪执行程序
Step Over	⤷	F10	单步执行程序,跳过子程序
Step Out of Current Function	⤴	Ctrl＋F11	执行到当前函数的结束
Run to Cursor line	⤻	Ctrl＋F10	执行到光标所在行
Stop Running	⊗	Esc	停止程序运行
Breakpoints...			打开断点对话框
Insert/Remove Breakpoint	✋		在当前行插入/清除断点

续表

Debug 菜单	工具按钮	快捷键	说　　明
Enable/Disable Breakpoint			使能/禁止当前行的断点
Disable All Breakpoint			禁止程序中的所有断点
Kill All Breakpoint			清除程序中的所有断点
Show Next Statement			显示下一条执行的语句/指令
Enable/Disable Trace Recording			使能/禁止程序运行跟踪记录
Memory Map...			打开存储器空间配置对话框
Performance Analyzer...			打开性能分析器的设置对话框
Reset CPU			复位 CPU

（4）仿真电路联合调试

对于通过软件无法仿真的情况,可通过仿真电路进行联合调试。双击打开"单片机流水灯控制器.DSN"Proteus 仿真文件,左键单击模型选择工具栏中的选择图标，再左键双击 U₁（AT89C51）元件,在打开的"编辑元件"对话框中,通过"Program File"选择"单片机流水灯控制器.HEX"可执行文件,然后单击"确定"按钮,载入 HEX 文件,如图 1-31 所示。通过 Proteus 工作区左下角的仿真工具条 查看程序运行效果。仿真结果显示单片机应用程序实现了所需效果,满足设计要求。

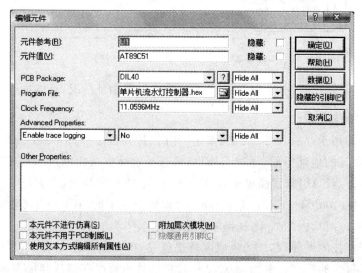

图 1-31　载入 HEX 文件

1.2.2　单片机的存储器

存储器是单片机的记忆部分,用于存放程序和数据。51 系列单片机的存储器包括片内程序存储器（片内 ROM）、片外程序存储器（片外 ROM）、片内数据存储器（片内 RAM）、片内特殊功能寄存器（SFR）、片外数据存储器（片外 RAM）5 个部分，如图 1-32 所示。

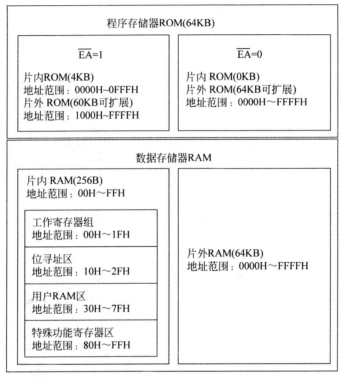

图 1-32　MCS-51 单片机存储结构

从图 1-32 可以看出 MCS-51 系列单片机的存储器编址情况，具体描述如下。

1. 程序存储器

程序存储器用于存放程序、表格、常量，片内、片外程序存储器统一编址在 0000H～FFFFH 共 64KB 的地址空间，通过引脚$\overline{EA}$来选择地址空间使用内部程序存储器还是片外程序存储器。当$\overline{EA}$引脚置高电平时（$\overline{EA}=1$），低 4KB 在片内（0000H～0FFFH），其余的 60KB 在片外（1000H～FFFFH）；当$\overline{EA}$引脚置低电平时（$\overline{EA}=0$），64KB 的程序存储器全部在片外，此时片内的低 4KB 程序存储器空间不可访问。

随着电子科技的发展，芯片的集成度越来越高，价格越来越低廉，单片机的片内存储器容量获得了很大的提高。例如，89C52 单片机的片内程序存储器容量为 8KB，89C58 为 32KB，89C516 有 64KB，可满足大部分应用项目的程序存储要求，因此在项目开发中往往使用片内程序存储器就够了，不需要增加额外的存储器外扩程序存储器空间，此时必须把引脚$\overline{EA}$接高电平。

2. 数据存储器

MCS-51 系列单片机的片内数据存储器和特殊功能寄存器（SFR）统一编址在 00H～

FFH 共 256B 的空间。其中,00H～1FH 为工作寄存器组地址空间;10H～2FH 为可位寻址区空间,共 16 个字节,每个字节 8 位,每一位都有一个独立的编号(位地址);30H～7FH 为用户 RAM 区,按字节寻址;80H～FFH 为特殊功能寄存器 SFR(Special Function Regiter),共 21 个字节。特殊功能寄存器是单片机最重要的寄存器,单片机内部电路的运行方式、单片机运行状态的记录以及相应 I/O 口的输入/输出操作等都是通过特殊功能寄存器实现的。在单片机的学习过程中,要注意掌握这 21 个特殊功能寄存器的使用方法。21 个特殊功能寄存器的名称及功能描述如表 1-5 所示。

表 1-5　特殊功能寄存器的名称及功能描述

SFR	字节地址	MSB			位地址/位定义				LSB	功能描述
B	F0H	F7	F6	F5	F4	F3	F2	F1	F0	B 累加器
ACC	E0H	E7	E6	E5	E4	E3	E2	E1	E0	A 累加器
PSW	D0H	D7	D6	D5	D4	D3	D2	D1	D0	程序状态字
		CY	AC	F0	RS1	RS0	OV	F1	P	
IP	B8H	BF	BE	BD	BC	BB	BA	B9	B8	中断优先级
		/	/	/	PS	PT1	PX1	PT0	PX0	
P3	B0H	B7	B6	B5	B4	B3	B2	B1	B0	P3 端口
		P3.7	P3.6	P3.5	P3.4	P3.3	P3.2	P3.1	P3.0	
IE	A8H	AF	AE	AD	AC	AB	AA	A9	A8	中断允许
		EA	/	/	ES	ET1	EX1	ET0	EX0	
P2	A0H	A7	A6	A5	A4	A3	A2	A1	A0	P2 端口
		P2.7	P2.6	P2.5	P2.4	P2.3	P2.2	P2.1	P2.0	
SBUF	(99H)									串行口数据
SCON	98H	9F	9E	9D	9C	9B	9A	99	98	串行口控制
		SM0	SM1	SM2	REN	TB8	RB8	TI	RI	
P1	90H	97	96	95	94	93	92	91	90	P1 端口
		P1.7	P1.6	P1.5	P1.4	P1.3	P1.2	P1.1	P1.0	
TH1	(8DH)									T1 高字节
TH0	(8CH)									T0 高字节
TL1	(8BH)									T1 低字节
TL0	(8AH)									T0 低字节
TMOD	(89H)	GAT	C/T	M1	M0	GAT	C/T	M1	M0	定时器模式
TCON	88H	8F	8E	8D	8C	8B	8A	89	88	定时器控制器
		TF1	TR1	TF0	TR0	IE1	IT1	IE0	IT0	
PCON	(87H)	SMO	/	/	/	/	/	/	/	电源控制
DPH	(83H)									数据指针
DPL	(82H)									
SP	(81H)									堆栈指针
P0	80H	87	86	85	84	83	82	81	80	P0 端口
		P0.7	P0.6	P0.5	P0.4	P0.3	P0.2	P0.1	P0.0	

1.2.3　单片机 C51 语言基础

1. C51 的数据类型、存储类型和作用域

在学习 C 语言的时候我们知道，每一个变量都必须先声明，后使用。对变量的声明主要包括三个方面：数据类型、存储类型和作用域。通过声明变量的数据类型，就等于告诉单片机变量所在存储空间的大小、变量的取值范围；存储类型则限定了变量在单片机的具体存储位置；作用域的定义决定了变量的作用范围。

单片机 C51 语言中的基本数据类型如表 1-6 所示。

表 1-6　C51 语言的基本数据类型

类 型 说 明	关键字	所占字节数	取 值 范 围
有符号整数	int	2	$-32768\sim+32767$
无符号整数	unsigned int	2	$0\sim65535$
有符号常整数	signed long	4	$-2147483648\sim+2147483647$
无符号常整数	unsigned long	4	$0\sim4294967295$
有符号字符	signed char	1	$-128\sim+127$
无符号字符	unsigned char	1	$0\sim255$
单精度实型	float	4	$3.4E-38\sim3.4E+38$
双精度实型	double	4	$\pm1.175494E-38\sim\pm3.402823E+38$
位类型	bit	1 位	0 或 1
指针	*	1～4	对象的地址
特殊功能位声明	sbit	1 位	0 或 1
8 位特殊功能寄存器数据声明	sfr	单字节	$0\sim255$
16 位特殊功能寄存器声明	sfr16	双字节	$0\sim65535$
空类型	void		

针对 MCS-51 系列单片机存储器的结构特点，C51 把数据的存储类型分成为 data（片内 RAM 的低 128 字节，可直接寻址，访问速度最快）、bdata（片内 RAM 的低 128 字节，可字节寻址，也可以位寻址）、idata（片内 RAM，256 字节，其中低 128 字节与 data 相同）、xdata（片外 RAM，最多 64KB）、pdata（片外 RAM 中的 1 页或 256 字节）、code（程序存储区，最多 64KB）6 种。变量类型与单片机的存储空间的关系如表 1-7 所示。

表 1-7　C51 数据存储类型

数据存储类型	与存储空间的对应关系
data	可直接寻址 RAM(128B)，速度快
bdata	可位寻址、字节寻址 RAM(128B)
idata	间接寻址 RAM(256B)
xdata	片外 RAM(64KB)
pdata	可分页寻址片外 RAM(256B)
code	程序存储区(64KB)

根据 C51 语言变量的作用范围，分成局部变量和全局变量。如表 1-8 所示，全局变量是在函数外定义的变量，局部变量为在函数内定义的变量。不同函数中的局部变量可以同名，全局变量与局部变量也可以同名，但是它们代表不同的变量，在单片机中占有不同的存储空间。局部变量起作用时，同名全局变量不起作用。

表 1-8　C51 语言的作用域

作用范围	类　　别	作用域(有效范围)
局部变量	函数形参	本函数
	在函数体首部定义的变量/数组	本函数
	在复合语句首部定义的变量/数组	本复合语句
全局变量	在函数之外定义的变量/数组	定义起至文件结束

【例 1.1】　局部变量与全局变量。利用全局数组实现从上到下的流水灯。

```c
# include <reg51.h>
# define uint int                     //宏定义
# define uchar char
uchar LedCode[8]={0xfe,0xfd,0xfb,0xf7,0xef,0xdf,0xbf,0x7f};
//全局变量数组 LedCode[8]，控制 LED 灯的亮灭

void delay(uint x)                    //delay()的局部变量 x,delay()的形参
{
    uchar i;                          //delay()的局部变量 i
    while(x－－)
    {
        for(i = 0; i < 110; i++);     //使用 delay()的局部变量
    }
}

void main()
{
    uchar i;                          //main()函数的局部变量
    while(1)
    {
        for(i = 0; i < 8; i++)        //使用 main()函数的局部变量
        {
            P0 = LedCode[i];          //使用全局变量数组 LedCode[8]和局部变量 i
            delay(1000);              //调用 delay()函数,实参为 1000,延时 1s
        }
    }
}
```

在使用 C51 语言进行程序设计时，可以把变量明确地分配到某个存储区域中，变量的定义格式为：数据类型［存储区域］变量名称。例如，unsigned char data x 表示定义无符号字符变量 x，存储在 data 区，占一个字节。

试试看：复习一下以前学过的 C 语言，不妨跟单片机的 C 语言进行对比。

2. C51 的宏定义

所谓"宏"，就是在程序的开始将一个"标识符"定义成"一串符号"，称为"宏定义"，这个"宏标识"就称为"宏名"。在源程序中可以出现这个宏，称为"宏引用"或"宏调用"；在源程序编译前，将程序清单中每个"宏名"都替换成对应的"一串符号"，称为"宏替换"，也称为"宏扩展"（为了区别于一般的变量名、数组名、指针变量名，宏名通常都用大写字母组成）。宏定义是以"♯ define"开头的编译预处理命令，分为无参宏和带参宏两种。在 C51 编程中，使用宏定义可以防止出错，提高可移植性、可读性、方便性等。

定义无参宏的编译预处理命令格式为：

♯ define　宏名　一串符号

【例 1.2】　无参宏定义。

```
# include <reg51.h>
# include <stdio.h>
# define PI 3.14159
void main()
{    float s,r = 2;
     s = PI * r * r;
     printf("S = %f\n",s);
     while(1);
}
```

在例 1.2 所示程序的第 3 行进行不带参的宏定义，用宏名 PI 代表圆周率 3.14159，用于计算圆的面积；程序的第 6 行"s= PI * r * r;"用宏代换后，变为"s = 3.14159 * r * r"。

带参宏的编译预处理命令格式为：

♯ define　宏名（行参表）　一串字符号

【例 1.3】　带参宏定义。

```
# include <reg51.h>
# include <stdio.h>
# define MAX(a,b) (a>b)?a:b
void main()
{
     printf("max = %d\n",MAX(2,3));
     while(1);
}
```

在例 1.3 中，第 3 行进行带参宏定义，用宏名 MAX 表示条件表达式"(a>b)? a:b"，形参 a、b 均出现在条件表达式中；程序第 6 行"printf("max = %d\n",MAX(2,3))"为宏调用，实参 2、3 将代换形参 a、b。宏展开后，该语句为：

```
printf("max = %d\n",(2 > 3) ? 2 : 3);
```

注意：宏名的前、后应有空格，以便准确辨认宏名；宏定义不是语句，其后不要跟分号。

在单片机流水灯控制器程序中，定义了两个宏定义。

```
# define uchar unsigned char
# define uint unsigned int
```

宏定义 uchar 就等价于 unsigned char，uint 等价于 unsigned int，因此如果要在程序中声明 unsigned char 类型或者 unsigned int 类型变量，可以分别用 uchar 和 uint 代替，例如"uchar a；"等价于"unsigned char a；"声明一个无符号字符类型变量 a。这样，通过宏定义，既可简化程序的编写，又可提高程序的移植能力。

3. C51 的运算符

运算符是告诉编译程序执行特定算术或逻辑操作的符号。C51 的运算符跟 C 语言基本相同，有三大运算符：算术运算符、关系与逻辑运算符和位操作运算符，如表 1-9、表 1-10 和表 1-11 所示。

表 1-9　C51 的算术运算符

运算符	作　用	运算符	作　用
−	减法，也是一元减法	％	模运算
+	加法	−−	自减（减 1）
*	乘法	++	自增（增 1）
/	除法	=	赋值运算

表 1-10　C51 的关系与逻辑运算符

运算符	含　义	运算符	含　义
>	大于	<=	小于或等于
>=	大于或等于	==	等于
<	小于	!=	不等于
&&	与	||	或
!	非		

表 1-11　C51 的位操作运算符

操作符	含　义	操作符	含　义
&	按位与（AND）	~	按位非（NOT）
|	按位或（OR）	>>	右移
^	按位异或（XOR）	<<	左移

C51 的"＋"、"−"、"＊"和"/"的用法和大多数计算机语言一样，当"/"被用于整数或字符运算时，结果取整。例如，在整数除法中，10/3＝3。模运算符"％"表示取余数。例如，10 ％ 3 ＝ 1。注意，"％"不能用于 float 和 double 类型运算，因为模运算表示取整数除法的余数。运算符"＋＋"表示操作数自增 1，"−−"表示操作数自减 1，自增和自减运算符可用

于操作数之前,也可放操作数之后,例如,"a = a + 1;"可写成"++a;"或者"a++;",但是这两种表达式的用法是有区别的。例如,"a = 2;b = ++a;"结果 b 为 3;如果程序改为"a = 2;b = a++;",结果 b 为 2。由此可见,自增或自减运算符在操作数之前,C51语言在引用操作数之前就先执行加 1 或者减 1 操作;而运算符放在操作数之后,C51 语言先引用操作数的值,然后再进行加 1 或者减 1 操作。

所谓关系运算,是将两个操作数进行比较,如果两个操作数符合指定的比较条件,则结果为真(True),否则结果为假(False)。C51 语言跟 C 语言一样,非 0 表示为真,0 为假。例如,"1>2;"结果为 0(假),"1>0;"结果为真(1)。其中,&&、!和||为逻辑运算符。&& 运算表示逻辑与运算,左、右操作数都为真,则结果为真,否则,结果为假。!运算表示逻辑非运算,非假则真,非真则假。||运算表示逻辑或运算,只要左、右两个操作数其中有一个为真,则结果为真。

位操作运算符是对字节或字中的位(bit)进行测试、置位或移位操作,位操作运算不能用于 float、double 类型。"&"、"|"和"^"为双目操作符。"&"表示按位与操作,对左、右操作数相应位进行位与操作,只有相应的位都为 1,则该位的结果为 1,否则为 0。例如,"1010B & 0110B;"结果为 0010B。"|"表示按位或操作,对左、右操作数相应位进行位或操作,只要相应的位有一位为 1,则该位的结果为 1,否则为 0。例如,"1010B | 0110B;"结果为 1110B。"^"表示按位异或操作,对左、右操作数相应位进行位异或操作,只要相应的位不相同,则该位结果为 1,否则为 0。例如,"1010B ^ 0110B;"结果为 1100B。"~"、">>"、"<<"为单目运算符。"~"表示按位非操作,对操作数的每一位进行按位非操作。例如,"~1010B;"结果为 0101B。">>"表示位右移操作,在 C51 中,每执行一次右移操作,被操作数将最低位移入单片机的 PSW 寄存器的 CY 位(进位标志位),CY 位中原来的数丢弃,最高位补 0,其他位依次向右移动 1 位。例如,"unsigned char x=3;x>>1;"结果为 1,如图 1-33 所示。

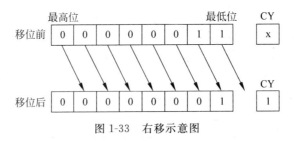

图 1-33   右移示意图

"<<"表示位左移操作,在 C51 中,每执行一次左移操作,被操作数将最高位移入单片机的 PSW 寄存器的 CY 位(进位标志位),CY 位中原来的数丢弃,最低位补 0,其他位依次向左移动 1 位。例如,"unsigned char x = 3;x<< 1;"结果为 6,如图 1-34 所示。

在本项目中,我们正是利用移位操作,实现从上到下和从下到上的流水灯。

4. C51 的基础语句

C51 语言的常用语句如表 1-12 所示,分为顺序语句、分支语句、循环语句和辅助控制语句。

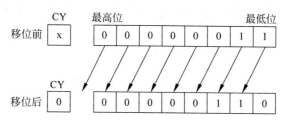

图 1-34　左移示意图

表 1-12　C51 基础语句

语句名称	类　　型	语句名称	类　　型
if	分支语句	if-else	分支语句
if-else-if	分支语句	for	循环语句
while	循环语句	switch/case	分支语句
do-while	循环语句	break	辅助控制语句
continue	辅助控制语句	goto	辅助控制语句
return	辅助控制语句		

if、if-else、if-else-if 和 switch/case 语句属于分支控制语句。

if 语句判断一个逻辑条件成立与否,如果条件成立,则进行相应的处理,否则什么都不做。if 语句的一般格式为:

if(条件)
{
　　处理语句 1;
　　⋮
　　处理语句 n;
}

if-else 语句用于描述在一些操作中有两种选择执行的情况,它以一个逻辑条件成立与否为条件,区分两种不同的执行方法。if-else 语句的一般格式为:

if(条件)
{
　　处理语句 1;
　　⋮
　　处理语句 n;
}
else
{
　　处理语句 n+1;
　　⋮
　　处理语句 m;
}

if-else-if 语句是 if-else 语句的嵌套语句,实现多重分支判断,然后根据逻辑条件进入相应的处理。if-else-if 语句的一般格式为：

```
if(条件 1)
{
    处理语句 1;
    ...
    处理语句 2;
}
else if(条件 2)
{
    处理语句 3;
    ...
    处理语句 4;

}
else
{
    处理语句 5;
    ...
    处理语句 6;
}
```

switch/case 的一般形式为：

```
switch(表达式)
{
    case 常量表达式 1: 语句 1;break;
    case 常量表达式 2: 语句 2; break;
    ⋮
    case 常量表达式 n: 语句 n; break;
    default: 语句 n+1;
}
```

switch/case 的执行过程为：首先计算表达式的值,当表达式的值与某一个 case 后面的常量表达式相等时,就执行此 case 后面的所有语句;如果遇到 break 语句,则跳出 switch 语句,如果没有遇到 break 语句,则直到 switch 语句结束。如果表达式的值与所有常量表达式的值都不相匹配,则执行 default 后面的语句,直到 switch 语句结束。

while、do-while 和 for 语句都是循环语句,在程序设计中经常用于一些需要重复执行的操作,例如延时、累加、累乘、数据遍历等。

while 语句又称当型循环语句,其一般形式为：

```
while(条件)
{
    处理语句 1;
    ⋮
    处理语句 n;
}
```

while 循环的执行过程为：

（1）先判断条件；

（2）如果条件的值为假，则跳出整个循环，结束整个 while 语句；如果条件值真，则进入相应的操作，执行语句 1～语句 n 的处理，操作完再次回到语句 1。

do-while 语句又称直到型循环语句，其一般形式为：

```
do
{
    处理语句 1；
     ⋮
    处理语句 n；
} while(条件)；
```

do-while 循环的执行过程如下：

（1）先执行相应的操作；

（2）判断 while 条件，如果条件值为真，则返回语句 1 继续处理，否则跳出整个循环，结束整个 while 语句。

while 循环与 do-while 循环的区别在于，while 循环先判断条件，再执行相应的操作；而 do-while 循环先执行相应的操作，再判断条件。

for 语句的一般形式为：

```
for(表达式 1；表达式 2；表达式 3)
{
    处理语句 1；
     ⋮
    处理语句 n；

}
```

for 循环的执行过程如下：

（1）先执行表达式 1；

（2）执行表达式 2。表达式 2 往往是一个条件判断表达式，如果表达式 2 的结果为真，则进入步骤（3），否则跳出 for 循环，结束整个 for 循环语句；

（3）执行一次循环体处理；

（4）执行表达式 3，转至步骤（2）。

break、continue、goto 和 return 语句为辅助控制语句。其中，break 语句为强制跳出循环语句，用于提前结束本层循环，或终止所在的 switch 语句。continue 语句用于循环体内结束本次循环，接着进行下一次循环的判断。goto 语句用于跳到指定的语句进行处理。return 语句用于函数返回值。

5. C51 的函数

随着要处理的问题增多，程序变得越来越长。程序越长，涉及的问题越多，开发越困难。而且，长的程序阅读和了解起来非常困难，严重影响程序的开发和维护，因此在单片机的开发过程中，我们采用模块化的设计思想，尽量将复杂的问题简单化，将原来很长的程序要处理的问题分解为一些相对简单的部分,分别处理,通过各个部分问题的解决,完成复杂程序和软件系统的设计。函数的作用就是将一段计算抽象出来,封装(包装)起来,使之成为程序中的一个独立部分,并给这些封装起来的代码取一个名字,做出一个函数定义。当程序中需要做这段计算时,通过调用相应的函数来实现。通过这样的函数抽象机制,可以将重复出现的程序代码用一个唯一的函数定义和一些形式简单的函数调用所取代,使得程序变得简短和清晰。函数必须先定义(声明),后调用。函数定义的一般形式为:

```
返回值类型 函数名(形式参数列表)
{
    函数体
}
```

返回值类型描述函数执行结束时返回的值类型;函数名用标识符表示,主要用于调用这个函数;形式参数列表描述函数的参数个数和各参数的类型;函数体是一个复合的语句,为函数执行的操作。函数体之前的部分称为函数头部分,用于描述函数外部与函数内部的联系。函数的命名尽量做到见名识义,可采用一些能够描述函数功能的单词来作为函数名,也可以使用多个单词组合进行命名,以提高程序的可读性。函数的形式参数属于局部变量,初值由函数调用时的实参取得。此外,形式参数可以在函数体内重新赋值。函数被调用后,顺序执行函数体内的程序。函数体内还可以调用其他函数,实现函数的嵌套调用。函数调用必须提供一组参数个数和类型合适的实参;调用无参函数时,需要写一对空括号。

例如,在单片机流水灯控制器中我们设计了一个延时函数,通过对函数的调用(赋予不同的实参),实现不同的延时效果。延时函数定义如下:

```
void delay(uint x)                  //x 为形式参数
{   uchar i;
    while(x－－)                      //外循环,耗时约 xms
    {
        for(i = 0; i < 110; i++);   //内循环,设单片机时钟周期为 11.0569MHz
                                    //则 for 循环耗时约 1ms
    }
}
```

调用延时函数:

delay(1);

在本例中,我们利用 while 循环和 for 循环实现延时。我们知道,单片机执行指令是需要时间的,单片机 CPU 执行一条指令所需要的时间称为指令周期,一般一个指令周期含有 1~4 个机器周期,而机器周期是单片机的基本操作周期,由 12 个时钟周期组成。对于时钟周期,又称振荡周期,为单片机时钟频率的倒数,如 12MHz 的晶振,时钟周期为 $1/12\mu s$,则指令周期=(1~4)机器周期=(1~4)×12 时钟周期=(1~4)×12×$1/12\mu s$=(1~4)μs。通过仿真,经验告诉我们,当内嵌的 for 语句中变量恒定值为 110 时,外层循环中变量为多少,延时约为多少毫秒。在这里,只能实现大概时间的延时;如果需要精确时间的延时,可以利用单片机的定时器或者专用时间芯片(例如 DS1302)实现。

6. C51 的二进制和十六进制

二进制是电子计算机技术中应用最广泛的一种进制。二进制数据由 1 和 0 两个基本字符组成,"逢二进一,借一当二"。0 和 1 两个字符用于表示具有两个不同稳定状态的元器件的通断,电压的高低,电压的有无等,运算规则非常简单、方便,易于电子方式实现。二进制数据采用位置计数法,位权是以 2 为底的幂,以后缀 B 表示二进制数,例如 1101B。

十六进制是以字符 0~9、A、B、C、D、E、F 组成(十进制的 10 对于十六进制的 A,11 对应 B,12 对应 C,13 对应 D,14 对应 E,15 对应 F),"逢十六进一,借一当十六"。与二进制一样,十六进制也采用位置计数法,位权是以 16 为底的幂,以后缀 H 或者前缀 0X 表示。例如,13H、13h、0X13、0x13 都表示相同的十六进制数。二进制、十进制、十六进制数 0~15 的转换关系如表 1-13 所示。

表 1-13 二进制、十进制、十六进制数的转换关系

二进制	十进制	十六进制	二进制	十进制	十六进制
0	0	0	1000	8	8
1	1	1	1001	9	9
10	2	2	1010	10	A
11	3	3	1011	11	B
100	4	4	1100	12	C
101	5	5	1101	13	D
110	6	6	1110	14	E
111	7	7	1111	15	F

在单片机的编程过程中,经常用到各种进制的转换,可通过 Windows 系统自带的科学型计算器进行二进制、八进制、十进制、十六进制数之间的快速转换,如图 1-35 所示。

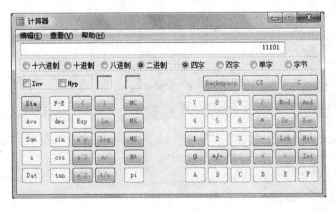

图 1-35 科学计算器

7. reg51.h 头文件

单片机流水灯控制器程序的第一条语句是"♯include ＜reg51.h＞",它的作用是将 MCS-51 单片机的特殊功能寄存器和位寄存器的定义加载进来,在编写 C51 程序时就可以直接应用。用鼠标选中该条语句,然后按右键,在弹出的菜单中选择"Open document ＜reg51.h＞",打开头文件"reg51.h",其内容如下:

```
/*-------------------------------------------------------------------------
REG51.H
Header file for generic 80C51 and 80C31 microcontroller.
Copyright (c) 1988-2002 Keil Elektronik GmbH and Keil Software, Inc.
All rights reserved.
--------------------------------------------------------------------------*/
#ifndef __REG51_H__
#define __REG51_H__

/*  BYTE Register  */
sfr P0    = 0x80;
sfr P1    = 0x90;
sfr P2    = 0xA0;
sfr P3    = 0xB0;
sfr PSW   = 0xD0;
sfr ACC   = 0xE0;
sfr B     = 0xF0;
sfr SP    = 0x81;
sfr DPL   = 0x82;
sfr DPH   = 0x83;
sfr PCON  = 0x87;
sfr TCON  = 0x88;
sfr TMOD  = 0x89;
sfr TL0   = 0x8A;
sfr TL1   = 0x8B;
sfr TH0   = 0x8C;
sfr TH1   = 0x8D;
sfr IE    = 0xA8;
sfr IP    = 0xB8;
sfr SCON  = 0x98;
sfr SBUF  = 0x99;

/*  BIT Register  */
/*  PSW  */
sbit CY   = 0xD7;
sbit AC   = 0xD6;
sbit F0   = 0xD5;
sbit RS1  = 0xD4;
sbit RS0  = 0xD3;
```

```
sbit OV   = 0xD2;
sbit P    = 0xD0;

/* TCON */
sbit TF1  = 0x8F;
sbit TR1  = 0x8E;
sbit TF0  = 0x8D;
sbit TR0  = 0x8C;
sbit IE1  = 0x8B;
sbit IT1  = 0x8A;
sbit IE0  = 0x89;
sbit IT0  = 0x88;

/* IE */
sbit EA   = 0xAF;
sbit ES   = 0xAC;
sbit ET1  = 0xAB;
sbit EX1  = 0xAA;
sbit ET0  = 0xA9;
sbit EX0  = 0xA8;

/* IP */
sbit PS   = 0xBC;
sbit PT1  = 0xBB;
sbit PX1  = 0xBA;
sbit PT0  = 0xB9;
sbit PX0  = 0xB8;

/* P3 */
sbit RD   = 0xB7;
sbit WR   = 0xB6;
sbit T1   = 0xB5;
sbit T0   = 0xB4;
sbit INT1 = 0xB3;
sbit INT0 = 0xB2;
sbit TXD  = 0xB1;
sbit RXD  = 0xB0;

/* SCON */
sbit SM0  = 0x9F;
sbit SM1  = 0x9E;
sbit SM2  = 0x9D;
sbit REN  = 0x9C;
sbit TB8  = 0x9B;
sbit RB8  = 0x9A;
sbit TI   = 0x99;
```

```
sbit RI    = 0x98;

#endif
```

从上面的内容可以看到,在头文件中利用关键字 sfr 定义了所有 MC51 单片机的特殊功能寄存器,利用关键字 sbit 定义了 MC51 单片机的位寄存器。例如,"sfr P0 = 0x80;"语句表示把单片机内部地址 0x80 处的寄存器重新起名为 P0,以后在程序中就可以直接操作 P0,等价于直接对单片机内部 0x90 地址处的寄存器进行操作。对单片机的操作本质是对单片机存储空间的操作,通过对存储器空间写入不同的内容,代表不同的操作。而单片机存储空间是以地址编址的,机器代码是单片机唯一可以识别的代码,但是由于机器代码不容易记忆,因此采用一些容易记忆、识别的字符串代替地址码对单片机进行操作。"sbit CY = 0xD7;"语句表示将 0xD7 地址重新定义为 CY,而 0xD7 正好是 PSW 寄存器最高位的位地址,代表进位标志位,如表 1-5 所示。是不是在程序中一定要加入"#include <reg51.h>"这条语句呢? 答案是否定的。

【例 1.4】 点亮一只 LED 灯。

```
sbit D1 = 0x80;              //声明 P0 端口的第 1 位,对应 39 脚
void main(){
    D1 = 0;                  //输出低电平,点亮发光二极管 D1
    while(1);                //死循环,防止程序跑偏
}
```

编译链接以上程序,在单片机流水灯控制器仿真电路图中载入以上程序所生成的.HEX 文件,观看仿真效果,D1 发光二极管被点亮。

 思考:"sbit D1 = 0x80;"语句与"sfr P0 = 0x80;"语句有什么不同? 单片机是如何识别的?

1.3   PCB 设计及制作

1.3.1   创建项目文件

新建文件夹,重命名为"单片机流水灯控制器硬件电路",以后创建的电路设计文件都保存在该文件夹下面。启动 DXP 2004,选择"文件"→"创建"→"项目"→"PCB 项目"命令,新建一个项目文件(默认项目文件名为 PCB_Project 1.PrjPCB)。选择"文件"→"保存项目"命令,在弹出的保存文件对话框中输入项目名称"单片机流水灯控制器",然后单击"确定"按钮,保存项目。选中新创建的单片机流水灯控制器项目,按鼠标右键,选择"增加新文件到项目中"→"Schematic"命令,创建一个新的原理图文件。然后,选择"文件"→"保存"命令,将新建的原理图文件保存到项目文件夹下,并将其命名为"单片机流水灯控制器.SCHDOC"。按照同样的方法新建原理图库文件和 PCB 文件,并分别重命名为"我的原理图元件库.SCHLIB"和"单片机流水灯控制器.PCBDOC"。

1.3.2 绘制原理图

单片机流水灯控制器主要由单片机、复位电路、振荡电路、流水灯组成，所需元器件清单如表 1-14 所示。在本项目中，我们采用具有在线下载调试功能的 STC89C51 单片机代替 AT89C51 单片机，加上串口通信模块，利用 STC-ISP 进行程序下载。串口通信模块主要由 MAX232 电平转换芯片和串口组成。

表 1-14　单片机流水灯控制器元器件清单

序号	元件标号	元件名称	原理图元件库	元件注释	元件封装	元器件封装库
1	C_1	Cap Pol 1		$10\mu F$	CAPPR5-5×5	
2	C_2	Cap		$104\mu F$	RAD-0.1	
3	C_3	Cap		$30\mu F$	RAD-0.1	
4	C_4	Cap		$104\mu F$	RAD-0.1	
5	C_5	Cap		$30\mu F$	RAD-0.1	
6	C_6	Cap		$104\mu F$	RAD-0.1	
7	C_7	Cap		$104\mu F$	RAD-0.1	
8	C_8	Cap	Miscellaneous Devices. IntLib	$104\mu F$	RAD-0.1	Miscellaneous Devices. IntLib
9	$R_1 \sim R_3$	Res 2		$22k\Omega$	AXIAL-0.4	
10	R_4	Res 2		$1k\Omega$	AXIAL-0.4	
11	R_5	Res 2		$22k\Omega$	AXIAL-0.4	
12	R_6	Res 2		$10k\Omega$	AXIAL-0.4	
13	$R_7 \sim R_{10}$	Res 2		$22k\Omega$	AXIAL-0.4	
14	Y_1	XTAL		11.0592MHz	BCY-W2/D3.1	
15	$D_1 \sim D_8$	LED_3			BAT-2	
16	S_1	SW-PB			SPST-2	
17	P_1	排阻		$1k\Omega$	HDR1×9	
18	P_2	Header 2	Miscellaneous Connectors. IntLib	GND V_{CC}	HDR1×2	Miscellaneous Connectors. IntLib
19	J_1	串口		Connector 9	DSUB1.385-2H9	
20	U_1	STC89C51	我的元件库	STC89C51	DIP40	Miscellaneous Devices. IntLib
21	U_2	MAX232CPE	Maxim Communication Transceiver. IntLib	MAX232CPE	DIP16	

双击打开"单片机流水灯控制器.SCHDOC"文件，执行"设计"→"文档选项"菜单命令，设置图纸相应属性。文件名设置为"单片机流水灯控制器"，纸张类型选择"A4 纸"，其他保持默认设置。由于 DXP 2004 原理图元件库中并没有提供 STC89C51 元件，因此首先根据 STC89C51 的引脚图创建 STC89C51 原理图元件。

1. 创建 STC89C51 原理图元件

双击"我的原理图元件库. SCHLIB",然后单击项目工作区下面的 SCHLibrary 图标,打开原理图元件编辑窗口,如图 1-36 所示。

图 1-36　原理图库元件编辑区

选择"工具"→"新元件"命令,在弹出的对话框中输入元件名称"STC89C51",然后单击"确定"按钮。选择"编辑"→"跳转到"→"原点"命令,或者按 Ctrl＋Home 组合键,将光标重定位到编辑区的原点位置。

使用"放置"→"矩形"菜单命令,移动鼠标,此时出现一个矩形框跟着鼠标移动。单击鼠标左键,然后拖动鼠标到合适的位置再单击,绘制一个直角矩形。

选择"放置"→"引脚"命令,并移动鼠标,对照图 0-5 所示单片机引脚图在直角矩形区域放置 40 个引脚。引脚放置过程中,可按 Space 键旋转引脚的角度。

引脚放置完成后,需要修改其属性。双击引脚,在弹出的"引脚属性"对话框中输入其相应属性,如图 1-37 所示。也可以在 Library Editor 工作面板中选中要编辑的引脚,然后单击"编辑"按钮,打开"引脚特性"对话框。对照图 0-5,将所有引脚属性修改好的 STC89C51 单片机如图 1-38 所示。注意,在编辑引脚属性时,如果需要输入上划线,应该在输入英文单词后接一个反斜线,例如输入"I\N\T\0",结果为"$\overline{\text{INT0}}$"。

最后,在 SCH Library 工作面板中双击"STC89C51",在弹出的"元件属性"对话框中,将"Default Designator"属性设置为"U?",其中"?"表示标识号可以自动递增;在"注释"中输入"STC89C51"。在"元件属性"对话框右下的封装模型域中单击"追击"按钮,将 DIP40 封装加入。最后单击"保存"按钮,完成 STC89C51 元件的创建。

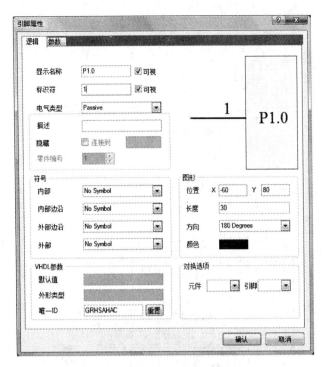

图 1-37　编辑引脚属性

1	P1.0	V_{CC}	40	
2	P1.1	P0.0	39	
3	P1.2	P0.1	38	
4	P1.3	P0.2	37	
5	P1.4	P0.3	36	
6	P1.5	P0.4	35	
7	P1.6	P0.5	34	
8	P1.7	P0.6	33	
9	RST/V_{PD}	P0.7	32	
10	RXD P3.0	$\overline{EA}/V_{PP}$	31	
11	TXD P3.1	ALE/$\overline{PROG}$	30	
12	$\overline{INT0}$ P3.2	$\overline{PSENG}$	29	
13	$\overline{INT1}$ P3.3	P2.7	28	
14	T0 P3.4	P2.6	27	
15	T1 P3.5	P2.5	26	
16	$\overline{WR}$ P3.6	P2.4	25	
17	$\overline{RD}$ P3.7	P2.3	24	
18	XTAL2	P2.2	23	
19	XTAL1	P2.1	22	
20	V_{SS}	P2.0	21	

图 1-38　修改引脚属性后

2. 放置元器件

选择"设计"→"浏览元件库"菜单命令,打开元件库。单击"当前元件库"下拉列表框,选择元件所在的元件库;然后在关键字过滤栏输入元件名称;再单击相应元件,并移动鼠标,将表 1-14 所示元器件放置在原理图编辑区;最后双击元件,将名称等相应属性修改过来,元器件布局即完成,如图 1-39 所示。

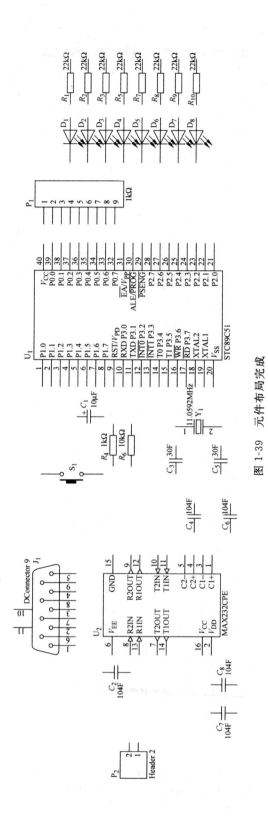

图 1-39　元件布局完成

3. 连接元器件

排阻 P1 与 P0.0～P0.7,P0.0～P0.7 与 D_1～D_8 之间的连接采用总线的方式。选择"放置"→"总线"命令,在排阻、D_1～D_7、P0.0～P0.7 之间放置一条总线;然后选择"放置"→"总线入口"命令,放置总线入口。

　提示:可通过按住 Space 键调整总线入口的方向。

选择"放置"→"网络标签"命令,放置网络标签,然后双击网络标签,在弹出的对话框中将网络属性修改过来,如图 1-40 所示。选择"放置"→"导线"菜单命令,移动鼠标到需要连接导线的起点位置,然后移动鼠标到终点位置,按下鼠标左键,完成其他导线的连接。元件布线完成后的效果如图 1-41 所示。

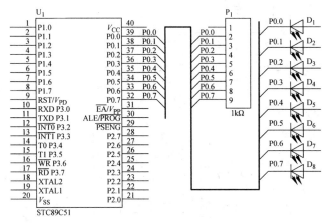

图 1-40　放置总线和网络标签

4. 编译项目及生成报表文件

选择"项目管理"→"编译"菜单命令,编译文档"单片机流水灯控制器.SCHDOC",对单片机流水灯控制器.SCHDOC 进行设计规则检查。然后,单击原理图编辑区右下角的"System"标签,再选择"Messages",查看编译信息。

编译完成后,便可以生成原理图的网络表了。执行"设计"→"设计项目的网络表"→"Protel"菜单命令,生成当前项目的网络表文件"单片机流水灯控制器.NET"。

1.3.3　设计 PCB 图

双击打开"单片机流水灯控制器.PCB"文件,然后单击禁止布线层(Keep Out Layer),选择"放置"→"禁止布线区"→"导线"菜单命令,光标变成"十"字形状。在 PCB 编辑区绕着边沿绘制一个矩形禁止布线区。

选择"设计"→"Import Changes From 单片机流水灯控制器.PRJPCB"命令(或者在单片机流水灯控制器.SCHDOC 文件中选择"设计"→"Update PCB Document 单片机流水灯控制器.PCBDOC"命令),载入网络表和元器件封装,然后单击使变化生效。

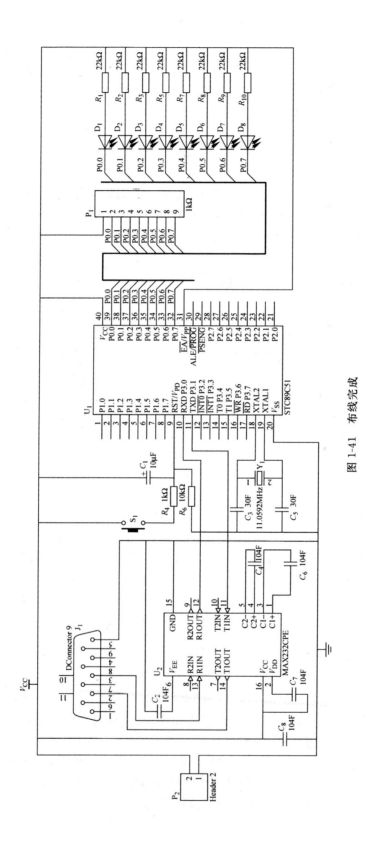

图 1-41　布线完成

　　用鼠标选中元件（或者执行"编辑"→"移动"→"元件"菜单命令，然后在 PCB 编辑区单击鼠标左键，在弹出的"选择元件"对话框中选中需要移动的元件），然后按住左键移动元件，按照想要的位置摆好所有元件。元件布局完成后如图 1-42 所示。

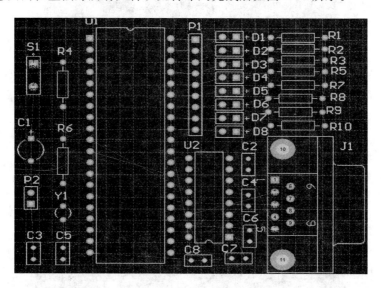

图 1-42　PCB 元件布置完成

　　在"PCB 规则和约束编辑器"对话框中选择"Clearance"，将导线最小间距修改为"20mil"；选择"Routing"→"Width"→"Width"命令，将导线宽度设置为最小值"0.508mm"，优选尺寸"1mm"，最大宽度"2mm"，选择"Routing Layers"→"Routing Layers"命令，将"Top Layer"的"√"去掉，只采用底层走线；选择"Routing Via Style"→"Routing Vias"命令，将过孔直径设置为最小值"1.27mm"，最大值"3mm"，优先值"1.27mm"，过孔孔径设置为最大值"1.5mm"，最小值"0.6mm"，优先值"0.8mm"，其他选项保存默认设置。选择"自动布线"→"全部对象"菜单命令，打开"Situs 布线策略"对话框（在该对话框中可查看或修改所有布线设置），再选择"Route All"命令，开始自动布线。布线完成后，效果如图 1-43 所示。选择"放置"→"覆铜"菜单命令，在弹开的"覆铜"对话框中选择覆铜所在层为"底层（Bottom Layer）"，"网络连接"选项设置为"连接到网GND"，然后单击"确定"按钮，沿着元件布局区放置覆铜。覆铜完成效果如图 1-44 所示。

1.3.4　调测硬件电路

　　根据表 1-14，将所需元器件焊接到电路板。焊接完成后，便可通过 STC-ISP 单片机下载编程烧录软件，将"单片机流水灯控制器.HEX"烧写到单片机，查看流水灯的实际运行效果了。STC-ISP 是适合于 STC 单片机的烧录软件，其速度快，操作简单，下面将详细讲解。

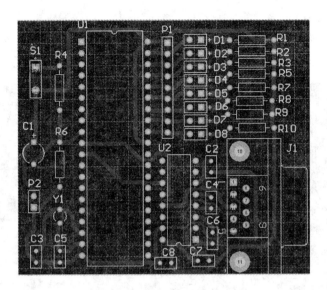

图 1-43　PCB 布线完成

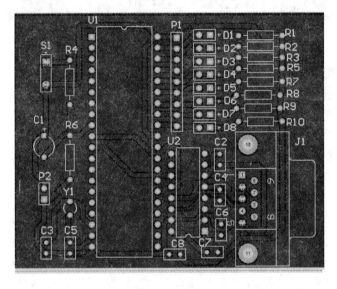

图 1-44　PCB 覆铜完成

双击 STC-ISP. exe,打开 STC-ISP 在线程序下载烧录工具,其工作界面如图 1-45 所示。选择"单片机型号(MCU Type)"为"STC89C51RC",然后根据电脑硬件选择端口(例如选择 COM1)。如果串口选择下拉列表框旁边的指示灯变为绿色,表示串口选择正确。选择波特率(例如 115200),然后单击打开程序,找到"单片机流水灯控制器 .HEX"文件并打开。载入 HEX 文件,将串口数据线连接单片机和电脑,再在断电的状态下单击"Download/下载"按钮,在图 1-45 所示工作界面左下角将出现单片机程序下载的信息。最后接通电源,开始下载。程序下载完成后,查看程序运行效果。

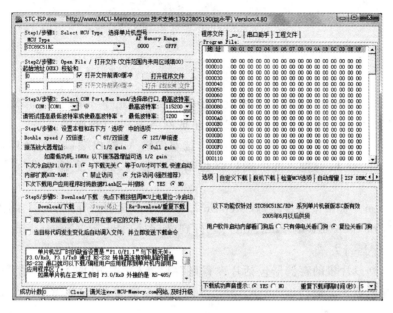

图 1-45 STC-ISP 工作界面

知识拓展

Protel DXP 2004 常用元件

初学 Protel DXP 2004 经常碰到的问题是不知元件及封装放置在 Protel DXP 2004 元件库中的哪个库。为此,作者收集了 Protel DXP 2004 常用元件库下常见的元件及封装,供大家快速查找,如表 1-15 所示。使用时,在 Library 中选择相应的元件库,然后输入英文的前几个字符,再通过通配符"＊",可快速查到相应的文件。

表 1-15 Protel DXP 2004 常用元件

元 件 名 称	关键字	元 件 库	元 件 名 称	关键字	元 件 库
电阻系列	res ＊	Miscellaneous Devices. Intlib	光电二极管	photo ＊	Miscellaneous Devices. Intlib
排组	res pack ＊		三极管		
			模数转换、数模转换器	adc-8,dac-8	
电感	inductor ＊		晶振	xtal	
无极性电容	capacitor ＊		电源	battery	
有极电容	cap 2 ＊		开关系列	sw ＊	
二极管系列	diode ＊		变压器系列	trans ＊	
三极管系列	npn ＊、pnp ＊		跳线	jumper ＊	
运算放大器系列	op ＊		保险丝	fuse ＊	
继电器	relay ＊		定时器	NE555P	TI analog timer circuit. Intlib
电桥	bridge		串口系列	connector ＊	Miscellaneous connectors. Intlib
光电耦合器	optoisolator		跳线系列	header ＊	
喇叭	speaker			MHDR ＊	

小结

1. Proteus ISIS 仿真电路原理图设计步骤主要包括工作环境设置、加载元器件、元器件布局和属性修改、元器件布线、调整优化、生成网络表、电气规则检查等。

2. 单片机总共有 P0、P1、P2、P3 四个 8 位双向输入/输出端口。每个端口都是 8 位准双向口,共占 32 根引脚;每个端口都包括一个锁存器、一个输出驱动器和输入缓冲器。

3. μVision 4 提供了单步跟踪(Step on Line)、单步运行(Step Over)、跳出目前的函数(Step Out of the Current Function)、运行到光标处(Run to Cursor Line)、全速运行(Go) 5 种程序运行方式。

4. 51 系列单片机的存储器包括片内程序存储器(片内 ROM)、片外程序存储器(片外 ROM)、片内数据存储器(片内 RAM)、片内特殊功能寄存器(SFR)、片外数据存储器(片外 RAM) 5 个部分。

5. C51 语言的常用语句分为顺序语句、分支语句、循环语句和辅助控制语句。

 学一招:网上有很多 DXP 软件的使用教程和视频,要学会通过网络查找资料。

习题

一、填空题

1. C51 数据的存储类型分为_____、_____、_____、_____、_____ 和 bdata 6 种。

2. 所谓"宏",就是在程序的开始将一个_____ 定义成"一串符号",称为"宏定义"。这个"宏标识"就称为"宏名"。在源程序中可以出现这个宏,称为_____或_____。

3. 语句"＃include ＜reg51.h＞"的作用是将 MCS-51 单片机的_____和_____定义加载进来,这样在编写 C51 程序时,就可以直接应用。

4. 二进制数据由_____和_____两个基本字符组成,"逢二进一,借一当二"。

5. 在头文件中利用关键字_____定义了所有 MC51 单片机的特殊功能寄存器,利用关键字 sbit 定义了 MC51 单片机的_____。

6. "sbit CY = 0xD7;"语句表示_____,而 0xD7 正好是 PSW 寄存器的_____,代表进位标志位。

二、简答题

1. C51 语言与 C 语言有什么相同处与不同处? C51 语言的基本数据类型有哪些? 哪些是对 C 语言的扩展?

2. 单片机的灌电流能力强于拉电流能力,因此直接驱动工作电流较大的 LED 时多采用什么驱动电路? 而对于必须用高电平点亮的大电流 LED,采用什么驱动电路? 请画出三种单片机驱动发光二极管的电路。

3. 请编写一个大概 1s 的延时函数。

4. 如何利用 DXP 软件设计自己的原理图元件?

5. 如何获得 STC-ISP、KEC、DXP 软件? 常见的单片机软件开发网站有哪些?

项目二

电子时钟设计

如果留心身边的事物，你一定会发现，在我们的日常生活中早已随处可见各种各样设计精美的电子时钟。火车站、汽车站、运输码头或者一些大型广场，都会安装巨大的电子时钟。这些电子时钟不但装饰了城市，也给旅客提供了时间指示，方便了人们出行。与传统的机械式时钟比起来，电子时钟具有操作简单、经久耐用、显示效果更佳等特点。

项目任务描述

本项目利用 LED 数码显示管和 DS1302 设计一个电子时钟。首先通过 Proteus 仿真软件仿真，然后通过 DXP 2004 进行电路设计，并将应用程序下载到单片机。制作完成的电子时钟应具有如下功能。

（1）利用数码管显示器实时显示年、月、日、时、分、秒。

（2）年份显示格式为年份-月份-日期，时间显示格式为小时.分钟.秒。

（3）具有掉电继续走时功能，具有后备电源。在主电源电压不够时候，自动切换到后备电源。

（4）具有闹钟功能，闹钟时间精确到分钟。具有查询闹钟，设置闹钟的功能。

（5）闹钟时间到，蜂鸣器发声，数码管闪烁，持续时间 1 分钟，期间按任意键退出闹钟。

本项目对知识和能力的要求如表 2-1 所示。

表 2-1　项目对知识和能力的要求

项目名称	学习任务单元划分	任务支撑知识点	项目支撑工作能力
电子时钟设计	LED 数码管显示器	①LED 数码显示管的结构；②LED 数码显示管的工作原理；③共阴、共阳数码管的字符码表	资料筛查与利用能力；新知识、新技能获取能力；组织、决策能力；独立思考能力；交流、合作与协商能力；语言表达与沟通能力；规范办事能力；批评与自我批评能力
	LED 数码管显示器显示控制	①LED 数码显示管动态显示控制；②数码显示管静态显示控制	
	DS1302 时钟芯片	①引脚功能表及内部结构图；②DS1302 的控制字节说明；③DS1302 在测量系统中的硬件电路	
	电子时钟设计实践	①电子时钟仿真电路设计；②电子时钟程序设计；③利用 Protel DXP 设计电子时钟原理图；④利用 Protel DXP 设计电子时钟 PCB 电路图	

2.1　LED 数码管显示器

2.1.1　LED 数码管显示器的结构

在日常生活中,有很多场合需要有信息的显示,在单片机应用系统中常用的显示器主要有 LED(Light Emitting Diode)数码管显示器以及 LCD 液晶显示器。LED 数码管显示器由 LED 发光二极管构成,包括 7 个细长型的 LED 和一个点状的 LED,分别为 a、b、c、d、e、f、g、h 八段,其中 h 表示小数点,通过发光二极管的不同组合可以显示数字 0～9,字符 A～F、H、L、P、R、U、Y 等符号。按 LED 发光二极管的段数可分为七段数码管显示器和八段数码管显示器。八段数码管显示器比七段数码管多了一个发光二极管,用于显示小数点,如图 2-1 所示;按能显示多少个"8"可分为 1 位、2 位、4 位、6 位、8 位等数码管显示器,如图 2-2 所示;按发光二极管单元连接方式的不同,又分为共阳极 LED 数码管显示器和共阴极 LED 数码管显示器,如图 2-3 所示。

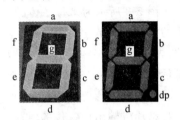

图 2-1　7 段数码管显示器和 8 段
数码管显示器

图 2-2　不同位数码显示器

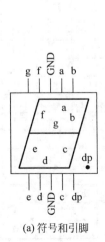 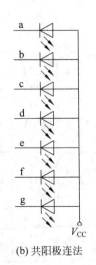 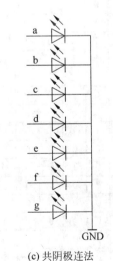

(a) 符号和引脚　　　(b) 共阳极连法　　　(c) 共阴极连法

图 2-3　数码管显示器引脚和连接方式

2.1.2　LED 数码管显示器的工作原理

从图 2-3 可以看到,每一只发光二极管都有一根电极引到外部引脚,另外一只引脚连接在一起接到一个公共端。当公共端接地时,在其他引脚接高电平,则点亮相应的发光二极管;接低电平,则熄灭相应的发光二极管,进而显示不同的字符或数字。共阳极 LED 数码管显示器的工作原理与之类似。以图 2-3(a)为例,数码管显示器为共阴极,如要显示数字“1”,只需置 b 和 c 为高电平,其他引脚为低电平;当要显示字符“A”,置 a、b、c、e、f、g 为高电平,其他引脚为低电平;如果要显示“8”,置除了 dp 引脚外全部为高电平;如果要显示小数点,置 dp 引脚为高电平;以此类推。

图 2-2 所示为多位一体的数码管显示器,其外部的数据端是接在一起的,用来控制显示的字符或者数字,而内部的公共端是独立的,用于控制显示哪一只数码管显示器。因此,内部独立的公共端也称为“位选线”,连接在一起的端线称为“段选线”。在使用数码管显示器之前,必须先弄清楚具体的引脚、段和位标号,是共阴极还是共阳极。具体识别方法既可以查阅相应的资料,也可以通过数字万用表实际测量。如果 LED 数码管显示器各段与单片机输出口各位的对应关系如表 2-2 所示,则 LED 数码管显示器的对应的字型编码如表 2-3 所示。

表 2-2　LED 数码管显示器各段与输出口对应关系

输出口各位	D7	D6	D5	D4	D3	D2	D1	D0
数码管各段	h	g	f	e	d	c	b	a

表 2-3　LED 数码显示器字型编码表

显示字符	共 阳 极									共 阴 极								
	h	g	f	e	d	c	b	a	字型码	h	g	f	e	d	c	b	a	字型码
0	1	1	0	0	0	0	0	0	C0H	0	0	1	2	1	1	1	1	3FH
1	1	1	1	1	1	0	0	1	F9H	0	0	0	0	0	1	1	0	06H
2	1	0	1	0	0	1	0	0	A4H	0	1	0	1	1	0	1	1	5BH
3	1	0	1	1	0	0	0	0	B0H	0	1	0	0	1	1	1	1	4FH
4	1	0	0	1	1	0	0	1	99H	0	1	1	0	0	1	1	0	66H
5	1	0	0	1	0	0	1	0	92H	0	1	1	0	1	1	0	1	6DH
6	1	0	0	0	0	0	1	0	82H	0	1	1	1	1	1	0	1	7DH
7	1	1	1	1	1	0	0	0	F8H	0	0	0	0	0	1	1	1	07H
8	1	0	0	0	0	0	0	0	80H	0	1	1	1	1	1	1	1	7FH
9	1	0	0	1	0	0	0	0	90H	0	1	1	0	1	1	1	1	6FH
A	1	0	0	0	1	0	0	0	88H	0	1	1	1	0	1	1	1	77H
B	1	0	0	0	0	0	1	1	83H	0	1	1	1	1	1	0	0	7CH
C	1	1	0	0	0	1	1	0	C6H	0	0	1	1	1	0	0	1	39H
D	1	0	1	0	0	0	0	1	A1H	0	1	0	1	1	1	1	0	6EH
E	1	0	0	0	0	1	1	0	86H	0	1	1	1	1	0	0	1	79H

续表

显示字符	共　阳　极									共　阴　极								
	h	g	f	e	d	c	b	a	字型码	h	g	f	e	d	c	b	a	字型码
F	1	0	0	0	1	1	1	0	8EH	0	1	1	1	0	0	0	1	71H
H	1	0	0	0	1	0	0	1	89H	0	1	1	1	0	1	1	0	76H
.	0	1	1	1	1	1	1	1	7FH	1	0	0	0	0	0	0	0	80H
全亮	0	0	0	0	0	0	0	0	00H	1	1	1	1	1	1	1	1	FFH
熄灭	1	1	1	1	1	1	1	1	FFH	0	0	0	0	0	0	0	0	00H

　　LED 数码管显示器的显示方式有动态显示和静态显示两种。由于 LED 数码管显示器是由发光二极管构成的,因此在具体应用时,要根据外接电源及额定 LED 导通电流接限流电阻或者外接驱动器。

2.2　LED 数码管显示器显示控制

2.2.1　LED 数码管显示器静态显示控制

　　静态显示方式是将所有 LED 数码管显示器的公共端一起接地,或者接电源 V_{cc},各 LED 数码管显示器段选线分别与一个并行口相连。当要显示某一个字符的时候,相应的发光二极管恒定导通或者截止。由此可见,静态显示时,各 LED 数码管显示器是相互独立的,互不影响,只要段选线有字符码输出,LED 数码管显示器立即显示相应的字符,并保持不变,直到有新的字符码输出。与动态显示方式相比,静态显示方式具有显示稳定、无闪烁、占用 CPU 时间少,编程简单的优点;但同时,由于静态显示方式中每个 LED 数码管显示器都需要自己独立的并行口与段选线相连,占用的端口线比较多,因此只有在显示位数较少的应用场合采用,或者通过外接锁存器等芯片来扩展并行 I/O 口,以节约单片机资源。

　　【例 2.1】　单只数码管显示字符"0"。

　　如图 2-4 所示,共阴极数码管(在 Proteus 中元件为 7SEG-COM-CAT-GRN)作为显示器,用 P0 口作为 LED 数码管显示器的段选线。如表 2-3 所示,共阴极数码管字符"0"的字符码为"3FH",因此只需向 P0 口写入字符码"3FH",便可以实现字符"0"的显示。

　　参考程序如下:

```
# include <reg51.h>
void main()
{    P0 = 0x3f;
     while(1);
}
```

　　其中,在主函数最后一行加入 while 死循环的作用是防止单片机程序"跑飞",出现不可意料的结果。编译、连接产生 HEX 文件,在仿真电路中双击 AT89C51 并载入 HEX 文

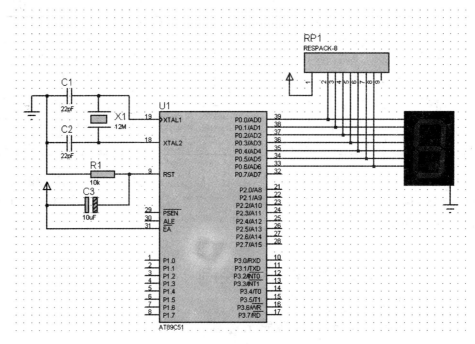

图 2-4 数码管显示字符"0"

件,然后单击"运行"按钮,可以看到数码管显示器显示为"0"。

想想看:如果换为共阳极数码管(在 Proteus 中元件为 7SEG-COM-ANODE),显示器程序该如何设计?

【例 2.2】 单只数码管显示字符"0"～"9"。

如图 2-4 所示,利用单只共阴极数码管显示器循环显示 0～9,时间间隔约为 1s。

参考程序如下:

```
#include <reg51.h>
#define uchar unsigned char
uchar SegCode[10] =                    //共阴极数码管显示器 0～9 字型码
{0x3F,0x06,0x5B,0x4F,0x66,
 0x6D,0x7D,0x07,0x7F,0x6F};

void delay(int x)                      //延时函数,延时 xms
{
    while(x--)
    {
        uchar i;
        for(i = 0; i < 110; i++);
    }
}

void main()
```

```
{
    uchar i;
    while(1)
    {
        for(i = 0; i < 10; i++)//循环显示 0～9
        {
            P0 = SegCode[i];        //送字段码到 P0 口
            delay(1000);            //延时 1s
        }
    }
}
```

程序分析：本例首先将 0～9 字符的字符码表存放在无符号字符数组 SegCode[10] 中，然后在主函数中通过一个 for 循环遍历数组，依次将字符码送 P0 口，再调用延时函数 delay(1000)，延时 1s，实现字符 0～9 循环显示。注意，数组的下标是从 0 开始引用的，因此字符 0 的字符码值为 SegCode[0]，字符 9 的字符码值为 SegCode[9]。

2.2.2　LED 数码管显示器动态显示控制

动态显示，又称动态扫描显示，是 LED 数码管显示器应用最多的一种显示方式，与静态显示方式比起来，具有占用端口少的特点，可以大大降低硬件成本和电源消耗，但是它占用 CPU 的时间比较多，而且数据具有闪烁感。动态显示的工作原理是将所有 LED 数码管显示器的段选线接在一起，通过一个 8 位字段输出口控制，各数码管显示器的位选线（公共端）通过另外的 I/O 口独立控制，即某一时刻只选通某一位数码管显示器，延时一段时间后，再选通另一位数码管显示器，并通过 8 位字段输出口输出相应的字符码，更新显示字符，如此逐位依次点亮各位数码管显示器。由于每一位数码管的显示间隔时间很短，人眼存在视觉暂留效应，从而给人以各位数码管同时显示的感觉。

【例 2.3】　在 6 位 LED 数码管显示器动态显示"123456"。

仿真电路如图 2-5 所示，采用 6 位共阳极数码管（在 Proteus 中元件为 7SEG-MPX6-CA）作为显示器，用 P0 口作为 LED 数码管显示器的段选线，P2 口的低 6 位作为位选线。采用 6 个 NPN 三极管（Q1～Q6）构成驱动电路，每只数码管显示器的显示时间为 1ms，然后熄灭，点亮另一只数码管显示器，则每只数码管显示器的显示时间间隔为 5ms。由于 5ms 的时间间隔对于人眼来说不能够感觉到数码管显示器的闪烁，而是觉得每只数码管显示器都在显示。

参考程序如下：

```
#include <reg51.h>
#define uchar unsigned char

sbit SEG1 = P2^0;                    //定义数码管 SEG1 位选信号
sbit SEG2 = P2^1;                    //定义数码管 SEG2 位选信号
sbit SEG3 = P2^2;                    //定义数码管 SEG3 位选信号
```

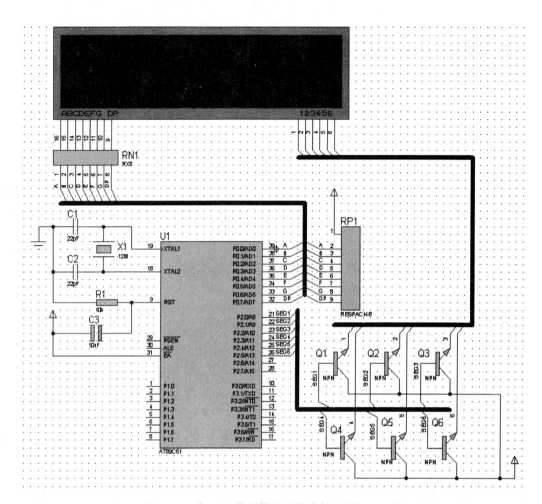

图 2-5   6 位 LED 数码管显示器动态显示"123456"

```
sbit SEG4 = P2^3;              //定义数码管 SEG4 位选信号
sbit SEG5 = P2^4;              //定义数码管 SEG5 位选信号
sbit SEG6 = P2^5;              //定义数码管 SEG6 位选信号
void delay(int x)              //延时函数,延时 xms
{
    while(x——)                //外循环,延时 xms
    {
        uchar i;
        for(i = 0; i < 110; i++);   //内循环,延时 1ms
    }
}

void main()
{
    P2 = 0;                    //熄灭所有数码管显示器
    while(1)
```

```
{
            SEG1 = 1;              //选通 SEG1 位选信号
            P0 = 0xf9;             //SEG1 显示 1
            delay(1);             //延时 1ms
            SEG1 = 0;             //熄灭 SEG1 数码管显示器

            SEG2 = 1;              //选通 SEG2 位选信号
            P0 = 0xa4;             //SEG2 显示 2
            delay(1);             //延时 1ms
            SEG2 = 0;             //熄灭 SEG2 数码管显示器

            SEG3 = 1;              //选通 SEG3 位选信号
            P0 = 0xb0;             //SEG3 显示 3
            delay(1);             //延时 1ms
            SEG3 = 0;             //熄灭 SEG3 数码管显示器

            SEG4 = 1;              //选通 SEG4 位选信号
            P0 = 0x99;             //SEG4 显示 4
            delay(1);             //延时 1ms
            SEG4 = 0;             //熄灭 SEG4 数码管显示器

            SEG5 = 1;              //选通 SEG5 位选信号
            P0 = 0x92;             //SEG5 显示 5
            delay(1);             //延时 1ms
            SEG5 = 0;             //熄灭 SEG5 数码管显示器

            SEG6 = 1;              //选通 SEG6 位选信号
            P0 = 0x82;             //SEG6 显示 6
            delay(1);             //延时 1ms
            SEG6 = 0;             //熄灭 SEG6 数码管显示器
    }
}
```

运行结果如图 2-6 所示。

【例 2.4】 在 6 位 LED 数码管显示器动态显示小数"356.789"。

本例采用与例 2.3 一样的仿真电路图,唯一的区别是多了小数点显示。要显示小数点,只需点亮相应数码管的小数点段选线。在表 2-3 所示 LED 数码显示器字型编码中,0~H 的字符码实际只采用了 $D_0 \sim D_6$ 共 7 位,其中 D_7 恒为高电平或低电平,因此如果需要在数字后面显示小数点,对应共阴极数码管显示器,只需将相应的字符码加上 0x80 之后送段选线;而对应共阳极数码管显示器,只需将相应的字符码按位与 0x7f 之后送段选线。在本例中,用两个一维数组分别存放数码管显示器位选信号控制码表和相应的显示字符,其中字符 6 后面要显示小数点,由于是共阳极数码管显示器,所以字符码=0x82&0x7f=0x02。

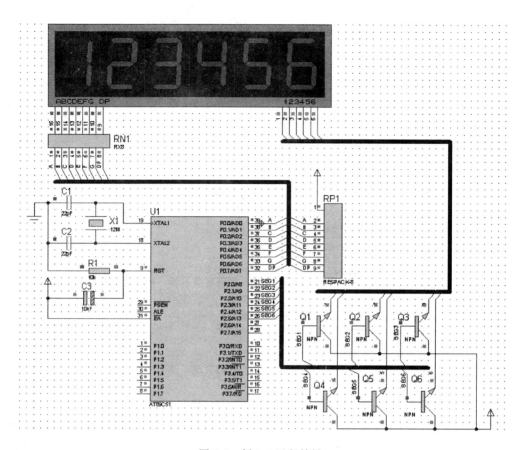

图 2-6 例 2.3 运行结果

参考程序如下：

```c
#include <reg51.h>
#define uchar unsigned char              //宏定义
uchar SegTable[6]=                       //数码管显示器位选信号
{0x01,0x02,0x04,0x08,0x10,0x20};

uchar SegCode[6]=                        //显示字符码表
{0xb0,0x92,0x02,0xf8,0x80,0x90};

void delay(int x)                        //延时函数,延时 xms
{
    while(x--)
    {
        uchar i;
        for(i = 0; i < 110; i++);        //内部延时 1ms
    }
}

void main()
{
    uchar i;
```

```
P2 = 0;                             //熄灭所有数码管显示器
while(1)
{
    for(i = 0; i < 6; i++)
    {
        P2 = SegTable[i];           //选通数码管 i
        P0 = SegCode[i];            //显示相应字符
        delay(1);                   //延时 1ms
        P2 = 0;                     //关闭所有数码管显示器,重要

    }
  }
}
```

程序运行结果如图 2-7 所示。

图 2-7 例 2.4 运行结果

2.2.3 74HC573 显示电路设计

由于静态显示占用单片机的端口资源太多,而动态显示由于要不断地扫描,占用的 CPU 时间太多,因此在实际单片机应用中往往采用外扩端口,用驱动芯片的方式控制 LED 数码管显示器的显示,进而节约 CUP 资源,并保证显示效果。74HC573 锁存器便 是其中一款应用广泛的显示器驱动芯片。下面简单介绍 74HC573 锁存器。

74HC573 芯片是八进制 3 态非反转透明锁存器。当锁存使能端 LE 为高电平时, 74HC573 锁存器的锁存对于数据是透明的(输入与输出同步);而当锁存使能端 LE 为低 电平时,输入的数据被锁存,输出保持不变。74HC573 锁存器电路图如图 2-8 所示,功能 表如表 2-4 所示。

表 2-4 74HC573 锁存器功能表

输	入		输出
输出使能	锁存使能	D	Q
L	H	H	H
L	H	L	L
L	L	X	不变
H	X	X	Z

注:X=不用关心,Z=高阻抗。

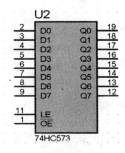

图 2-8 74HC573 锁存器

【例 2.5】　利用 74HC573 动态显示"2011.06.02"。

仿真电路如图 2-9 所示,本电路采用 1 只 8 位共阳极数码管显示器(在 Proteus 中元件为 7SEG-MPX8-CA-BLUE)作为显示器。U_2 锁存器和 U_3 锁存器的数据输入端接 P0口,U_2 锁存器输出端接 8 位共阳极数码管显示器的段选线(a～dp),U_3 锁存器输出端接 8 位共阳极数码管显示器的位选控制线(SEG1～SEG8)。U_2 锁存器和 U_3 锁存器锁存使能端分别接 P2.0 和 P2.1。如图 2-9 所示,由于选用了 74HC573 进行 I/O 口扩展,与位选端直接与单片机 I/O 口相连相比节约了单片机的 6 个 I/O 口。

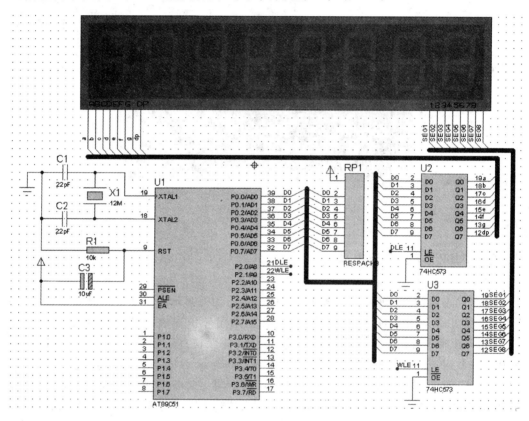

图 2-9　74HC573 控制显示"2011.06.02"

参考程序如下:

```
#include <reg51.h>
#define uchar unsigned char          //宏定义
sbit DLE = P2^0;                     //声明 U2 锁存器的锁存端
sbit WLE = P2^1;                     //声明 U3 锁存器的锁存端
uchar SegCode[8]=                    //显示字符码表
{0xa4,0xc0,0xf9,0x79,0xc0,0x02,0xc0,0xa4};
uchar SegTable[8]=                   //显示位控制码表
{0x01,0x02,0x04,0x08,0x10,0x20,0x40,0x80};
void delay(int x)                    //延时函数,延时 xms
```

```
{
    while(x－－)
    {
        uchar i;
        for(i = 0; i < 110; i++);        //内部延时 1ms
    }
}


void main()
{
    uchar i;
    while(1)
    {
        for(i = 0; i < 8; i++)           //动态扫描,循环显示 8 个数码管显示器
        {
            WLE = 1;                     //打开 U₃ 锁存器
            P0 = SegTable[i];            //送相应位选信号
            WLE = 0;                     //关闭 U₃ 锁存器

            DLE = 1;                     //打开 U₂ 锁存器
            P0 = SegCode[i];             //送显示字符码
            DLE = 0;                     //关闭 U₂ 锁存器
            delay(1);                    //延时 1ms
            P0 = 0;                      //P0 口数据清零,很重要
        }
    }
}
```

程序运行结果如图 2-10 所示。

图 2-10 例 2.5 运行结果

2.3 DS1302 时钟芯片

2.3.1 引脚功能表及内部结构图

在日常生活中,有许多场合需要与时间相关的控制,例如电脑、手机、PDA、MP3 等。现在应用比较多的时钟芯片主要有 DS1302、DS1337、DS1338、DS1390、DS12887、

PCF8485 等,其中 DS1302 是使用最多的时钟芯片。DS1302 是美国 DALLAS 公司推出的具有涓细电流充电能力的低功耗实时时钟芯片,外接备用电池和晶振,标准频率为 32.768kHz,可对年、月、日、星期、时、分、秒精确计时,并具有闰年补偿掉电继续走时功能,是一款高性能、低功耗、带 RAM 的实时时钟芯片,其工作电压为 2.5～5.5V。它采用三线接口与 CPU 同步通信,并可采用突发方式,一次传送多个字节的时钟信号或 RAM 数据。DS1302 时钟芯片的引脚排列如图 2-11 所示。各引脚功能如表 2-5 所示。

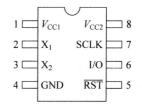

图 2-11　DS1302 时钟芯片引脚

表 2-5　DS1302 时钟芯片功能表

引脚号	引脚名称	功 能 说 明
1	V_{CC1}	主电源
2,3	X_1,X_2	振荡源,外接 32.768kHz 晶振
4	GND	地线
5	$\overline{RST}$	复位/片选线
6	I/O	串行数据输入/输出端(双向)
7	SCLK	串行数据输入端
8	V_{CC2}	后备电源

各引脚功能说明如下:

(1) 1 脚、8 脚、4 脚(V_{CC1}、V_{CC2}、GND):DS1302 时钟芯片电源输入端。其中 V_{CC1} 为系统主电源,V_{CC2} 为系统备用电源,接＋2.5～＋5.5V 电压输入;GND 接地。当 V_{CC} 电压在＋2.5～＋5.5V 之间时,用户可通过第 6 引脚(I/O)对 DS1302 时钟芯片的内部 RAM进行读/写操作,获取芯片的时间信息;而当 V_{CC} 电压小于＋2.5V 的时候,禁止用户对 DS1302 时钟芯片的内部 RAM 进行读/写操作。V_{CC2} 备份电源用于在没有主电源的情况下保存时间信息以及数据。当 V_{CC2} 大于 V_{CC1}＋0.2V 时,V_{CC2} 给 DS1302 供电;当 V_{CC2} 小于 V_{CC1} 时,DS1302 由 V_{CC1} 供电。

(2) 2 脚、3 脚(X_1、X_2):外接 32.768kHz 晶体振荡器,为 DS1302 时钟芯片提供时钟振荡源。

(3) 5 脚($\overline{RST}$):DS1302 时钟芯片复位引脚,低电平有效。通常把 $\overline{RST}$ 输入驱动置高电平来启动所有数据传送。如果在 SCLK 为低电平时,置 $\overline{RST}$ 为高电平,则所有数据传送被初始化,允许对 DS1302 进行操作;如果在传送过程中置 $\overline{RST}$ 为低电平,会终止此次数据传送。而当上电运行前,即 V_{CC} 小于 2.5V 时,如果 $\overline{RST}$ 为低电平,则上电后 DS1302 复位。

(4) 6 脚(I/O):串行数据输入/输出端(双向)。通过该端口,可向 DS1302 时钟芯片写入不同控制指令,或者读取 DS1302 时钟芯片内部时钟/RAM 信息,从而获得时间信息。

(5) 7 脚(SCLK):串行时钟。

2.3.2 DS1302 的寄存器及数据读写时序

DS1302 时钟芯片共有 12 个寄存器,其中有 7 个寄存器与日历、时钟相关,存放的数据位为 BCD 码(又称 8421 码,即用 4 位二进制数来表示 1 位十进制数中的 0～9 这 10 个数码)形式。此外,DS1302 还有年份寄存器、控制寄存器、充电寄存器、时钟突发寄存器及与 RAM 相关的寄存器等。日历、时间寄存器及控制字如表 2-6 所示。

表 2-6 DS1302 日历、时间寄存器及控制字

寄存器名	命令字		取值范围	各 位 内 容							
	读操作	写操作		7	6	5	4	3	2	1	0
秒寄存器	81H	80H	00～59	CH	10 秒			秒			
分钟寄存器	83H	82H	00～59	0	10 分钟			分钟			
小时寄存器	85H	84H	01～12 或 00～23	12/24	0	10/AP	小时	小时			
日期寄存器	87H	86H	01～28, 29,30,31	0	0	10 日		日			
月份寄存器	89H	88H	01～12	0	0	0	10 月	月			
周日寄存器	8BH	8AH	01～07	0	0	0	0	0	星期		
年份寄存器	8DH	8CH	00～99	10 年				年			

DS1302 的控制字如表 2-7 所示。

表 2-7 DS1302 控制字含义

位	D7	D6	D5	D4	D3	D2	D1	D0
值	1	RAM/$\overline{CK}$	A4	A3	A2	A1	A0	RAM/$\overline{K}$

各位含义如下:

(1) D7:读写使能位,必须是逻辑 1。如果它为 0,则不能把数据写到 DS1302 中。

(2) D6:日历时钟$\overline{RAM}$选择位。如果为 0,表示存取日历时钟数据;为 1,表示存取 RAM 数据。

(3) D5～D1:寄存器操作单元地址。

(4) D0:读写操作控制位。最低有效位(位 0)如为 0,表示要进行写操作;为 1,表示进行读操作。

注意:DS1302 的控制字节总是从最低位开始输出。例如,要读取秒寄存器的内容,需要通过 I/O 口向 DS1302 时钟芯片写入 81H 指令。DS1302 时钟芯片的数据读、写时序如图 2-12 所示。

如图 2-12 所示,在向 DS1302 时钟芯片读、写数据之前,必须置第 7 脚 SCLK 为低电平,然后置$\overline{RST}$为高电平。此后$\overline{RST}$一直保持高电平,直到本次数据读、写操作完成。之后,在串口时钟信号 SCLK 发生每一次电平跳变(1→0),将控制字从低位(低 0 位)到高位(高 7 位)依次通过 I/O 口送入 DS1302 时钟芯片。控制字写入 DS1302 时钟芯片之后,读取/写入数据的操作与读取/写入控制字操作类似。数据读、写完成,置$\overline{RST}$和 SCLK 为高电平。DS1302 时钟芯片在测量系统中与单片机的典型连接电路如图 2-13 所示。

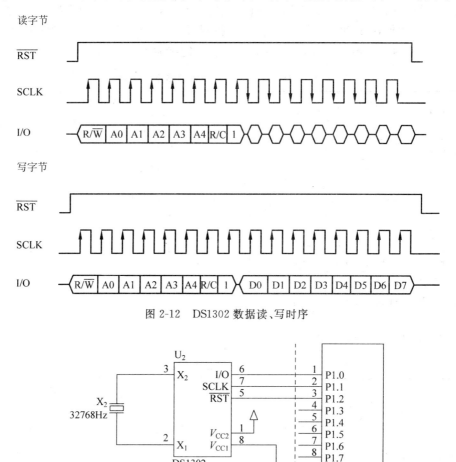

图 2-12   DS1302 数据读、写时序

图 2-13   DS1302 典型应用电路

【例 2.6】   实时读取 DS1302 时钟芯片时间并显示。

本例利用时钟芯片 DS1302 获得小时、分钟、秒时间信息,并利用一只 8 位共阳极数码显示器(在 Proteus 中元件为 7SEG-MPX8-CA-BLUE)显示时间信息,小时、分钟、秒之间用字符":"间隔。8 位共阳极数码显示器采用动态扫描方式显示。为了节约单片机 I/O 口资源,采用两个 74H573 锁存器进行 I/O 口扩展。单片机的 P1.1 接 DS1302 的 SCLK 引脚,提供串行数据读、写时钟;P1.0 接 DS1302 的 I/O 口,用于读、写数据信息;P1.2 接 DS1302 的$\overline{RST}$引脚,控制数据的读、写操作。仿真电路如图 2-14 所示。

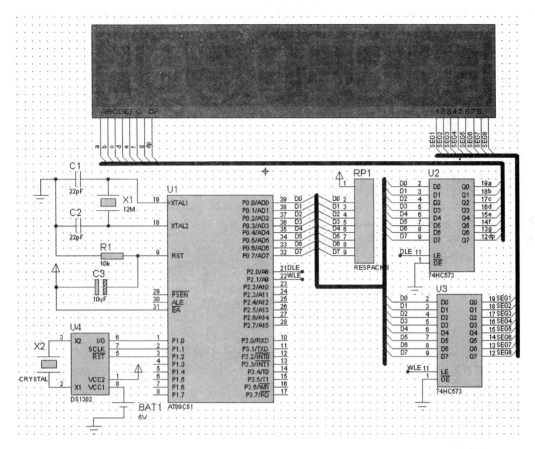

图 2-14　例 2.6 仿真电路图

程序分析：本例的关键是读取 DS1302 时钟芯片的时间信息（时、分、秒）。

参考程序如下：

```
/****************************************************************
文件名称：例 2.6.c
程序功能：读取 DS1302 时钟芯片小时、分钟、秒信息并显示
程序作者：果子冰
创建时间：2011-06-03
**************************************************************** /
# include <reg51.h>
# include <intrins.h>
# define uchar unsigned char        //宏定义
sbit DLE = P2^0;                     //声明 U₂ 锁存器的锁存端
sbit WLE = P2^1;                     //声明 U₃ 锁存器的锁存端
sbit DSIO = P1^0;                    //声明 P1.0 为 DS1302 的串行数据输入/输出端
sbit DSCLK = P1^1;                   //声明 P1.1 为 DS1302 的串行时钟输入端
sbit DSRST = P1^2;                   //声明 P1.2 为 DS1302 的复位/片选线

uchar SegCode[10] =                  //显示字符码表 0~9
{0xc0,0xf9,0xa4,0xb0,0x99,0x92,0x82,0xf8,0x80,0x90};
```

```
uchar TimeCode[8]=                    //时间字符码,初始时间为 00 00 00 (对应时 分 秒)
{0xc0,0xc0,0xff,0xc0,0xc0,0xff,0xc0,0xc0};
uchar SegTable[8]=                    //显示位控制码表
{0x01,0x02,0x04,0x08,0x10,0x20,0x40,0x80};


/ ********************************************************************
函数名称: void delay(uint x)
函数功能: 实现 xms 延时
入口参数: x,定时时间形参
返回值: 无
函数作者: 果子冰
创建时间: 2011-06-03
 ******************************************************************** /
void delay(int x)                     //延时函数,延时 xms
{
    while(x——)
    {
        uchar i;
        for(i = 0; i < 110; i++);//内部延时 1ms
    }
}
/ ********************************************************************
函数名称: uchar ReadTime(uchar addr)
函数功能: 向 DS1302 读操作,获得 1 字节时间
入口参数: uchar addr,读操作命令
返回值: uchar time,获得的时间(秒、分钟或者小时)
函数作者: 果子冰
创建时间: 2011-06-03
 ******************************************************************** /
 uchar ReadTime(uchar addr)
 {
    uchar temp = addr, time = 0x00, i;
    DSRST = 1;                        //指令操作前必须让 RST 为高电平
    DSCLK = 0;
    for(i = 0; i < 8; i++)            //向 DS1302 写一个字节的读指令
    {
        DSIO = temp & 0x01;           //从低 0 位到高 7 位向 DS1302 写入指令
        DSCLK = 1;                    //DSCLK 产生一个 1 到 0 电平跳变,DS1302 读 1 位数据
        DSCLK = 0;
        temp = temp >>1;              //右移 1 位
    }
    for(i = 0; i < 8; i++)            //读取 DS1302 1 个字节的时间
    {
        time |= _crol_((uchar)DSIO,i);
                                      //调用库左移函数_crol_(),因为读数据是低位在前,高位在后
        DSCLK = 1;                    //DSCLK 产生一个 1 到 0 电平跳变,获取 DS1302 1 位数据
        DSCLK = 0;
    }
    DSCLK =0;                         //DSCLK,DSRST 复位为 0 电平,完成一次指令读,读 1 个
                                      //字节时间操作
    DSRST =0;
```

```
        return time;                    //返回时间
}
/ ************************************************************************
函数名称: void GetTime()
函数功能: 读取 DS1302 的时、分、秒,并转换为相应的显示码存于 TimeCode[8]数组
入口参数: 无
返回值: 无
函数作者: 果子冰
创建时间: 2011-06-03
  ************************************************************************ /
void GetTime()
{
    uchar second = 0, mine = 0, hour = 0;
    second = ReadTime(0x81);        //读 DS1302 的秒信息
    mine = ReadTime(0x83);          //读 DS1302 的分钟信息
    hour = ReadTime(0x85);          //读 DS1302 的小时信息

    TimeCode[0] = SegCode[(hour & 0x30) >> 4];      //获得小时十位数
    TimeCode[1] = SegCode[(hour & 0x0f)];           //获得小时个位数

    TimeCode[3] = SegCode[(mine & 0x70) >> 4];      //获得分钟十位数
    TimeCode[4] = SegCode[(mine & 0x0f)];           //获得分钟个位数

    TimeCode[6] = SegCode[(second & 0x70) >> 4];    //获得秒十位数
    TimeCode[7] = SegCode[(second & 0x0f)];         //获得秒个位数
}
/ ************************************************************************
函数名称: void Display()
函数功能: 循环显示时、分、秒,显示格式为小时 分钟 秒
入口参数: 无
返回值: 无
函数作者: 果子冰
创建时间: 2011-06-03
  ************************************************************************ /
void Display()
{
    uchar i;
    for(i = 0; i < 8; i++)          //动态扫描,循环显示 8 个数码管显示器
    {
            WLE = 1;                //打开 U₃ 锁存器
            P0 = SegTable[i];       //送相应位选信号
            WLE = 0;                //关闭 U₃ 锁存器

            DLE = 1;                //打开 U₂ 锁存器
            P0 = TimeCode[i];       //送显示字符码
            DLE = 0;                //关闭 U₂ 锁存器
            delay(1);               //延时 1ms
            P0 = 0;                 //P0 口数据清零,很重要
    }
```

```
    }
/ **************************************************************
函数名称: void main()
函数功能: 主函数,实现读取 DS1302 时钟芯片小时、分钟、秒信息并显示
入口参数: 无
返回值: 无
函数作者: 果子冰
创建时间: 2011-06-03
 ************************************************************** /
void main()
{
    while(1)
    {
        GetTime();                    //获取 DS1302 时间
        Display();                    //显示时间
    }
}
```

运行程序,仿真效果如图 2-15 所示(当前时间为 10 点 35 分 09 秒)。

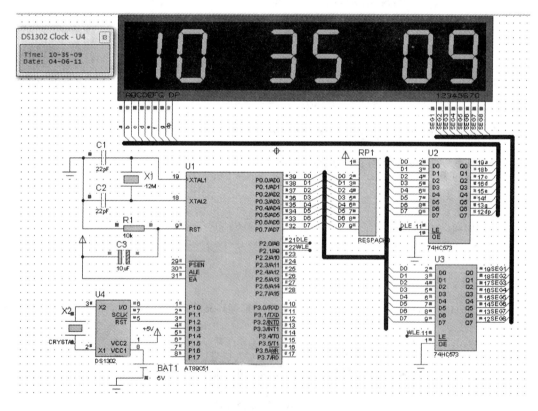

图 2-15　例 2.6 仿真结果

【例 2.7】　读取 DS1302 时钟芯片时间和日期信息并显示。

仿真电路图如图 2-16 所示,采用 8 位 LED 数码管显示器和 6 位 LED 数码管显示器

分别显示日期和时间信息,显示格式为年-月-日,时.分.秒,动态扫描显示,段选信号和位选信号共用 P0 口,U_2、U_3、U_5 锁存器锁存使能端分别接 P2.0、P2.1、P2.2,并标注为 DLE、WLE1、WLE2。

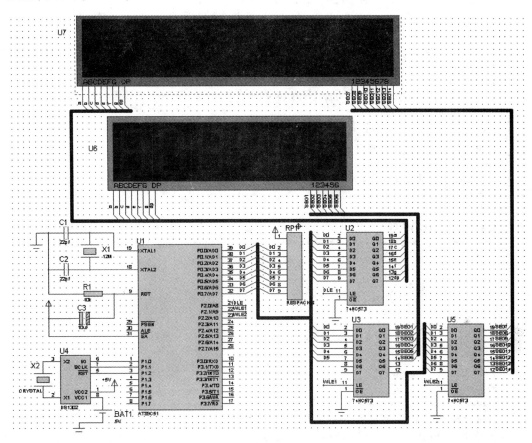

图 2-16　例 2.7 仿真电路图

参考程序如下:

```
/***************************************************************
文件名称：例 2.7.c
程序功能：读取 DS1302 时钟芯片年、月、日、小时、分钟、秒信息并显示
程序作者：果子冰
创建时间：2011-06-03
*************************************************************** /
#include <reg51.h>
#include <intrins.h>
#define uchar unsigned char          //宏定义
sbit DLE = P2^0;                     //声明 U2 锁存器的锁存端
sbit WLE1 = P2^1;                    //声明 U3 锁存器的锁存端
sbit WLE2 = P2^2;                    //声明 U5 锁存器的锁存端
sbit DSIO = P1^0;                    //声明 P1.0 为 DS1302 的串行数据输入/输出端
sbit DSCLK = P1^1;                   //声明 P1.1 为 DS1302 的串行时钟输入端
```

```
sbit DSRST = P1^2;                    //声明 P1.2 为 DS1302 的复位/片选线

uchar SegCode[10] =                   //显示字符码表,0～9
{0xc0,0xf9,0xa4,0xb0,0x99,0x92,0x82,0xf8,0x80,0x90};
uchar TimeCode[6] =                   //时间字符码,初始时间为 00.00.00(对应时.分.秒)
{0xc0,0x40,0xc0,0x40,0xc0,0xc0};
uchar DateCode[8] =                   //日期字符码,显示格式为年-月-日,初始值为 11-06-01
{0xf9,0xf9,0xbf,0xc0,0x82,0xbf,0xc0,0xf9};
uchar SegTable[8] =                   //显示位控制码表
{0x01,0x02,0x04,0x08,0x10,0x20,0x40,0x80};


/ ********************************************************************
函数名称: void delay(uint x)
函数功能: 实现 xms 延时
入口参数: x,定时时间形参
返回值: 无
函数作者: 果子冰
创建时间: 2011-06-03
 ******************************************************************** /
void delay(int x)                     //延时函数,延时 xms
{
    while(x——)
    {
        uchar i;
        for(i = 0; i < 110; i++);//内部延时 1ms
    }
}


/ ********************************************************************
函数名称: uchar ReadTime(uchar addr)
函数功能: 向 DS1302 读操作,获得 1 字节时间
入口参数: uchar addr,读操作命令
返回值: uchar time,获得的时间(秒、分钟或者小时)
函数作者: 果子冰
创建时间: 2011-06-03
 ******************************************************************** /
uchar ReadTime(uchar addr)
{
    uchar temp = addr, time = 0x00, i;
    DSRST = 1;                        //指令操作前,必须让 RST 为高电平
    DSCLK = 0;
    for(i = 0; i < 8; i++)            //向 DS1302 写一个字节的读指令
    {
        DSIO = temp & 0x01;           //从低 0 位到高 7 位向 DS1302 写入指令
        DSCLK = 1;                    //DSCLK 产生一个 1 到 0 电平跳变,DS1302 读 1 位数据
        DSCLK = 0;
        temp = temp >>1;              //右移 1 位
    }
    for(i = 0; i < 8; i++)            //读取 DS1302 一个字节的时间
```

```
    {
        time |= _crol_((uchar)DSIO, i);
                            //调用库左移函数_crol_(),因为读数据是低位在前,高位在后
        DSCLK = 1;          //DSCLK产生一个1到0电平跳变,获取DS1302 1位数据
        DSCLK = 0;
    }
    DSCLK = 0;          //DSCLK,DSRST复位为0电平,完成一次指令读,读一个字节时间操作
    DSRST = 0;
    return time;                //返回时间
}
/ ********************************************************************
函数名称: void GetTime()
函数功能: 读取DS1302的时、分、秒,并转换为相应的显示码存入TimeCode[8]数组
入口参数: 无
返回值: 无
函数作者: 果子冰
创建时间: 2011-06-03
******************************************************************** /
void GetTime()
{
    uchar second = 0, mine = 0, hour = 0;
    uchar year = 0, month = 0, date = 0;

    second = ReadTime(0x81);      //读DS1302的秒信息
    mine = ReadTime(0x83);        //读DS1302的分钟信息
    hour = ReadTime(0x85);        //读DS1302的小时信息
    date = ReadTime(0x87);        //读DS1302的日期信息
    month = ReadTime(0x89);       //读DS1302的月信息
    year = ReadTime(0x8d);        //读DS1302的年信息

    TimeCode[0] = SegCode[(hour & 0x10) >> 4];     //获得小时十位数,并转换为字符码
    TimeCode[1] = SegCode[(hour & 0x0f)] & 0x7f;
                                //获得小时个位数,并转换为字符码,显示小数点
    TimeCode[2] = SegCode[(mine & 0x70) >> 4];     //获得分钟十位数,并转换为字符码
    TimeCode[3] = SegCode[(mine & 0x0f)] & 0x7f;
                                //获得分钟个位数,转换为字符码,并显示小数点
    TimeCode[4] = SegCode[(second & 0x70) >> 4];   //获得秒十位数,并转换为字符码
    TimeCode[5] = SegCode[(second & 0x0f)];        //获得秒个位数,并转换为字符码
    DateCode[0] = SegCode[year >> 4];              //获得年十位数,并转换为字符码
    DateCode[1] = SegCode[(year & 0x0f)];          //获得年个位数,并转换为字符码
    DateCode[3] = SegCode[(month & 0x10) >> 4];    //获得月十位数,并转换为字符码
    DateCode[4] = SegCode[(month & 0x0f)];         //获得月个位数,转换为字符码
    DateCode[6] = SegCode[(date & 0x30) >> 4];     //获得日十位数,并转换为字符码
    DateCode[7] = SegCode[(date & 0x0f)];          //获得日个位数,并转换为字符码
}
/ ********************************************************************
函数名称: void Display()
函数功能: 循环显示年、月、日、时、分、秒
入口参数: 无
```

```
返回值: 无
函数作者: 果子冰
创建时间: 2011-06-03
*************************************************************************/
void Display()
{
    uchar i;
    for(i = 0; i < 6; i++)                //动态扫描,循环显示8个数码管显示器
    {
            WLE1 = 1;                     //打开 U₃ 锁存器
            P0 = SegTable[i];             //送相应位选信号
            WLE1 = 0;                     //关闭 U₃ 锁存器

            DLE = 1;                      //打开 U₂ 锁存器
            P0 = TimeCode[i];             //送显示字符码
            DLE = 0;                      //关闭 U₂ 锁存器
            delay(1);                     //延时 1ms
            P0 = 0;                       //P0 口数据清零,很重要
    }
    WLE1 = 1;                             //打开 U₃ 锁存器
    P0 = 0x00;                            //熄灭 U₆ 数码管
    WLE1 = 0;                             //关闭 U₃ 锁存器
    for(i = 0; i < 8; i++)                //动态扫描,循环显示8个数码管显示器
    {
            WLE2 = 1;                     //打开 U₅ 锁存器
            P0 = SegTable[i];             //送相应位选信号
            WLE2 = 0;                     //关闭 U₅ 锁存器
            DLE = 1;                      //打开 U₂ 锁存器
            P0 = DateCode[i];             //送显示字符码
            DLE = 0;                      //关闭 U₂ 锁存器
            delay(1);                     //延时 1ms
            P0 = 0;                       //P0 口数据清零,很重要
    }
    WLE2 = 1;                             //打开 U₅ 锁存器
    P0 = 0x00;                            //熄灭 U₇ 数码管
    WLE2 = 0;                             //关闭 U₅ 锁存器
}
/*************************************************************************
函数名称: void main()
函数功能: 主函数,实现读取 DS1302 时钟芯片小时、分钟、秒信息并显示
入口参数: 无
返回值: 无
函数作者: 果子冰
创建时间: 2011-06-03
*************************************************************************/
void main()
{
    while(1)
    {
```

```
        GetTime();                      //获取 DS1302 时间
        Display();                      //显示时间
    }
}
```

仿真效果如图 2-17 所示。

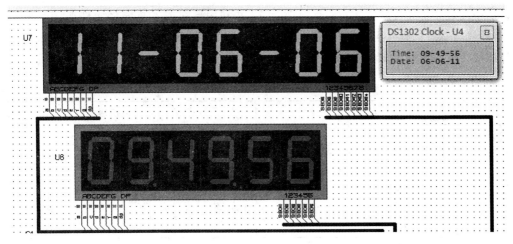

图 2-17　例 2.7 仿真效果

2.4　电子时钟设计实践

项目功能描述：

（1）利用数码管显示器实时显示年、月、日、时、分、秒。

（2）年份显示格式为年份-月份-日期，时间显示格式为小时. 分钟. 秒。

（3）具有掉电继续走时功能，具有后备电源。在主电源电压不够时，自动切换后备电源。

（4）具有闹钟功能，闹钟时间精确到分钟；具有查询闹钟、设置闹钟功能。

（5）闹钟时间到，蜂鸣器发声，数码管闪烁，持续时间 1 分钟，期间按任意键，退出闹钟。

2.4.1　仿真电路设计

根据项目功能要求，采用 AT89C51 单片机为核心，一只 6 位共阳极 LED 数码管显示器显示时间信息，另一只 8 位共阳极 LED 数码管显示器显示日期信息，采用蜂鸣器作为闹钟发声，采用两个按键完成闹钟设置和查询，系统总体框图如图 2-18 所示。

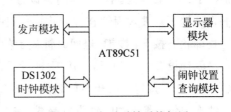

图 2-18　电子时钟系统框图

新建文件夹并重命名为"电子时钟设计",以后所有项目文件都存于该项目文件夹下面。双击 Proteus 7.5 快捷按钮,打开 Proteus 工作界面,然后选择"File"→"New Design"命令,再选择默认模板,新建 Proteus 电路仿真文件,保存文件为"电子时钟"。单击对象选择窗口左上角的按钮 P 或执行"库(Library)"→"拾取元件/符号(Pick Device/Symbol)"菜单命令,再选择如表 2-8 所示元件。元件布局完成后,双击元件,在弹出的对话框中按表 2-8 所示将元件的属性修改过来,并利用导线或者总线将元件连接起来。其中,导线与总线的连接可以通过放置连线标号(Wirel Label Mode)对连线进行标注。元件连线完成后的效果如图 2-19 所示。

表 2-8   电子时钟仿真元件清单

对象属性	对象名称	大　　小	对象所属类	图中标识
元器件	AT89C51		Microprocessor ICs	U_1
	7SEG-MPX6-CA		7-Segment Displays	U_6
	7SEG-MPX8-CA-BLUE			U_7
	RES	$10k\Omega$	Resistors	R_1
	RESPACK-8	$10k\Omega$		R_{P1}
	74HC573			U_2,U_3,U_5
	CERAMIC27P	$22pF$	Capacitors	C_1,C_2
	GENELECT10U16V	$10\mu F$		C_3
	CRYSTAL	$32.768kHz$	Miscellaneous	X_2
	CRYSTAL	$11.059MHz$		X_1
	BATTERY	$+5V$	Battery	BAT_1
	BUTTON		ACTIVE	K_1,K_2
	Sounder			LS_1
	DS1302		MAXIM	U_4
终端	POWER	$+5V$		
	GROUND	$0V$		

如图 2-19 所示,LED 数码管显示器采用动态扫描显示方式,共用段选线,位选信号分别通过 U_3、U_5 两个 74HC573 锁存器控制。段选信号和位选信号共用 P0 口输出,U_2 锁存器输出接数码管 A~DP,U_3 锁存器输出接 U_8 数码管显示器位选线(SEG1~SEG6),U_5 锁存器输出接 U_7 数码管显示器位选线(SEG7~SEG14)。U_2、U_3、U_5 锁存器锁存使能端分别接 P2.0、P2.1、P2.2(连线标号为 DLE、WLE1、WLE2)。按键 K_1、K_2 分别接 P2.4、P2.6,其中 K_1 为闹钟设置按键,K_2 为闹钟查询按键。闹钟查询方式如下:按下查询键 K_2,进入闹钟查询方式,显示闹钟时间,闹钟时间以 24 小时制方式设置;在闹钟查询状态按 K_2 按键,退回时钟显示状态。

闹钟设置方式如下:①按闹钟设置按键 K_1,进入闹钟设置状态;②显示器相应位闪烁,每按一次按键 K_1,相应位数值增加 1;③按下 K_2 键,相应位时钟设置完成,停止闪烁,跳到下一位;④闹钟时钟设置完成,按 K_2 键,退回时钟显示状态。

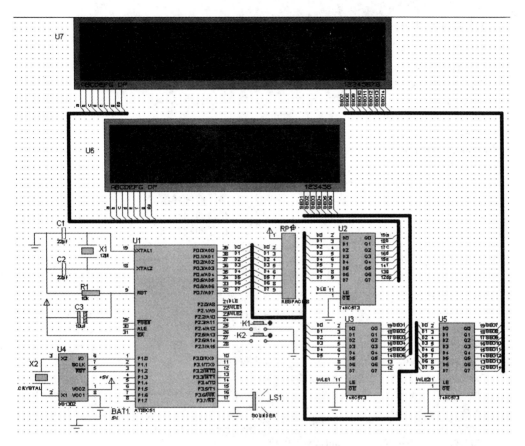

图 2-19　电子时钟仿真电路图

2.4.2　程序设计

电子时钟程序流程图如图 2-20 所示。

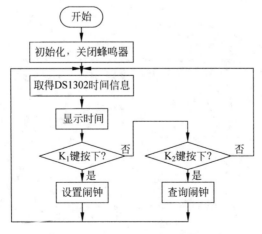

图 2-20　电子时钟程序流程图

参考程序如下：

```
/*********************************************************************
文件名称：电子时钟.c
程序功能：读取 DS1302 时钟芯片小时、分钟、秒信息并显示
程序作者：果子冰
创建时间：2011-06-03
********************************************************************/
#include <reg51.h>
#include <intrins.h>
#define uchar unsigned char        //宏定义
sbit DLE = P2^0;                    //声明 U₂ 锁存器的锁存端
sbit WLE1 = P2^1;                   //声明 U₃ 锁存器的锁存端
sbit WLE2 = P2^2;                   //声明 U₅ 锁存器的锁存端
sbit DSIO = P1^0;                   //声明 P1.0 为 DS1302 的串行数据输入/输出端
sbit DSCLK = P1^1;                  //声明 P1.1 为 DS1302 的串行时钟输入端
sbit DSRST = P1^2;                  //声明 P1.2 为 DS1302 的复位/片选线
sbit K1 = P2^4;                     //声明闹钟设置按键
sbit K2 = P2^6;                     //声明闹钟查询按键
sbit Speaker = P3^0;               //声明扬声器控制端口

uchar SegCode[10] =                 //显示字符码表,0~9
{0xc0,0xf9,0xa4,0xb0,0x99,0x92,0x82,0xf8,0x80,0x90};
uchar TimeCode[6] =                 //时间字符码,初始时间为 00.00.00 (对应时.分.秒)
{0xc0,0x40,0xc0,0x40,0xc0,0xc0};
uchar DateCode[8] =                 //日期字符码,显示格式为年-月-日,初始值为 11-06-01
{0xf9,0xf9,0xbf,0xc0,0x82,0xbf,0xc0,0xf9};
uchar SegTable[8] =                 //显示位控制码表
{0x01,0x02,0x04,0x08,0x10,0x20,0x40,0x80};
uchar ArmHour = 10,ArmMine = 43;    //声明全局变量,闹钟时间,初始值为 0
/*********************************************************************
函数名称：void delay(uint x)
函数功能：实现 xms 延时
入口参数：x,定时时间形参
返回值：无
函数作者：果子冰
创建时间：2011-06-03
********************************************************************/
void delay(int x)                   //延时函数,延时 xms
{
    while(x--)
    {
        uchar i;
        for(i = 0; i < 110; i++); //内部延时 1ms
    }
}
/*********************************************************************
函数名称：uchar ReadTime(uchar addr)
函数功能：向 DS1302 读操作,获得 1 字节时间
```

入口参数：uchar addr,读操作命令
返回值：uchar time,获得的时间(秒、分钟或者小时)
函数作者：果子冰
创建时间：2011-06-03
*** /

```c
uchar ReadTime(uchar addr)
{
    uchar temp = addr, time = 0x00, i;
    DSRST = 1;                     //指令操作前,必须让 RST 为高电平
    DSCLK = 0;
    for(i = 0; i < 8; i++)         //向 DS1302 写一个字节的读指令
    {
        DSIO = temp & 0x01;        //从低 0 位到高 7 位向 DS1302 写入指令
        DSCLK = 1;                 //DSCLK 产生一个 1 到 0 电平跳变,DS1302 读 1 位数据
        DSCLK = 0;
        temp = temp >>1;           //右移 1 位
    }
    for(i = 0; i < 8; i++)         //读取 DS1302 一个字节的时间
    {
        //调用库左移函数_crol_(),因为读数据是地位在前,高位在后
        time |= _crol_((uchar)DSIO,i);
        DSCLK = 1;                 //DSCLK 产生一个 1 到 0 电平跳变,获取 DS1302 1 位数据
        DSCLK = 0;
    }
    DSCLK = 0;                     //DSCLK,DSRST 复位为 0 电平,完成一次读一个字节
                                   //时间操作
    DSRST = 0;
    return time;                   //返回时间
}
```

/ **
函数名称：void Display()
函数功能：循环显示时分秒,显示格式为小时 分钟 秒
入口参数：无
返回值：无
函数作者：果子冰
创建时间：2011-06-03
*** /

```c
void Display(uchar * DataSeg6, uchar * DataSeg8)
{
    uchar i;
    for(i = 0; i < 6; i++)         //动态扫描,循环显示 8 个数码管显示器
    {
        WLE1 = 1;                  //打开 U₃ 锁存器
        P0 = SegTable[i];          //送相应位选信号
        WLE1 = 0;                  //关闭 U₃ 锁存器
        DLE = 1;                   //打开 U₂ 锁存器
        P0 = DataSeg6[i];          //送显示字符码
        DLE = 0;                   //关闭 U₂ 锁存器
        delay(1);                  //延时 1ms
```

```
            P0 = 0;                    //P0 口数据清零,很重要
    }
    WLE1 = 1;                          //打开 U₃ 锁存器
    P0 = 0x00;                         //送相应位选信号
    WLE1 = 0;                          //关闭 U₃ 锁存器
    for(i = 0; i < 8; i++)             //动态扫描,循环显示 8 个数码管显示器
    {
            WLE2 = 1;                  //打开 U₅ 锁存器
            P0 = SegTable[i];          //送相应位选信号
            WLE2 = 0;                  //关闭 U₅ 锁存器
            DLE = 1;                   //打开 U₂ 锁存器
            P0 = DataSeg8[i];          //送显示字符码
            DLE = 0;                   //关闭 U₂ 锁存器
            delay(1);                  //延时 1ms
            P0 = 0;                    //P0 口数据清零,很重要
    }
    WLE2 = 1;                          //打开 U₅ 锁存器
    P0 = 0x00;                         //送相应位选信号
    WLE2 = 0;                          //关闭 U₅ 锁存器
}
/ ****************************************************************************
函数名称: uchar KeyScand()
函数功能: 按键检测,检测哪个按键按下
入口参数: 无
返回值: 按下的按键值
函数作者: 果子冰
创建时间: 2011-06-03
 **************************************************************************** /
uchar KeyScand()
{
    uchar temp = 0;
    uchar key = 0;
    temp = P2 & 0x50;
    if(0x50 != temp)                   //判断是否有按键按下
    {
        delay(10);                     //延时 10ms,去抖动
        temp = P2 & 0x50;
        if(0x50 != temp)
        {
            switch(temp)               //获得相应的键值
            {
                case 0x40 : key = 1;break;
                case 0x10 : key = 2;break;
                default : key = 0;break;
            }
            while(0x50 != temp) temp = P2 & 0x50;;          //等待按键释放
        }
    }
    return key;
```

```
}
/ *********************************************************************
```
函数名称：void Buzzer()

函数功能：蜂鸣器发声，持续时间为 1min，有按键按下，则提前退出

入口参数：无

返回值：无

函数作者：果子冰

创建时间：2011-06-03
```
 ********************************************************************* /
 void Buzzer()
 {
     uchar i;
      for(i = 0; i < 500; i++)
      {
          Speaker = 1;                           //蜂鸣器开
          delay(1);
          Speaker = 0;                           //蜂鸣器关
          delay(1);
          if(KeyScand())break;                   //检测是否有按键按下，有则退出
      }
 }
/ *********************************************************************
```
函数名称：void ArmQuery()

函数功能：查询闹钟时间并显示，显示格式为小时.分钟

入口参数：无

返回值：无

函数作者：果子冰

创建时间：2011-06-03
```
 ********************************************************************* /
void ArmQuery()
{
    uchar DateU7[8] = {0xff,0xff,0xff,0xff,0xff,0xff,0xff,0xff};
    uchar DateU6[6] = {0xff,0xff,0xff,0xff,0xff,0xff};
    DateU6[2]=SegCode[ArmHour / 10];          //闹钟小时十位码值
    DateU6[3]=SegCode[ArmHour % 10] & 0x7f;   //闹钟小时个位码值+小数点
    DateU6[4]=SegCode[ArmMine / 10];          //闹钟分钟十位码值
    DateU6[5]=SegCode[ArmMine % 10];          //闹钟分钟个位码值
    while(1)
    {
        Display(DateU6,DateU7);               //循环显示闹钟时间
        if(KeyScand())break;                  //检测是否有按键按下，有则退出
    }
}
/ *********************************************************************
```
函数名称：void GetTime()

函数功能：读取 DS1302 的时分秒，并转换为相应的显示码存 TimeCode[8]数组

入口参数：无

返回值：无

函数作者：果子冰

```
创建时间：2011-06-03
*************************************************************************** /
void GetTime()
{
    uchar second = 0, mine = 0, hour = 0;
    uchar year = 0, month = 0, date = 0;
    second = ReadTime(0x81);                          //读 DS1302 的秒信息
    second = (second & 0x0f) + ((second & 0x70) >> 4) * 10;
    mine = ReadTime(0x83);                            //读 DS1302 的分钟信息
    mine = (mine & 0x0f) + ((mine & 0x70) >> 4) * 10;
    hour = ReadTime(0x85);                            //读 DS1302 的小时信息
    hour = (hour & 0x0f) + ((hour & 0x30) >> 4) * 10;
    date = ReadTime(0x87);                            //读 DS1302 的日信息
    month = ReadTime(0x89);                           //读 DS1302 的月信息
    year = ReadTime(0x8d);                            //读 DS1302 的年信息

    TimeCode[0] = SegCode[hour / 10];                 //获得小时十位数,并转换为字符码
    TimeCode[1] = SegCode[hour % 10] & 0x7f;          //获得小时个位数,并转换为字符码
    TimeCode[2] = SegCode[mine / 10];                 //获得分钟十位数,并转换为字符码
    TimeCode[3] = SegCode[mine % 10] & 0x7f;          //获得分钟个位数,转换为字符码
    TimeCode[4] = SegCode[second / 10];               //获得秒十位数,并转换为字符码
    TimeCode[5] = SegCode[second % 10];               //获得秒个位数,并转换为字符码
    DateCode[0] = SegCode[year >> 4];                 //获得年十位数,并转换为字符码
    DateCode[1] = SegCode[(year & 0x0f)];             //获得年个位数,并转换为字符码
    DateCode[3] = SegCode[(month & 0x10) >> 4];       //获得月十位数,并转换为字符码
    DateCode[4] = SegCode[(month & 0x0f)];            //获得月个位数,转换为字符码
    DateCode[6] = SegCode[(date & 0x30) >> 4];        //获得日十位数,并转换为字符码
    DateCode[7] = SegCode[(date & 0x0f)];             //获得日个位数,并转换为字符码
    //判断是否闹钟时间到
    if((ArmHour == hour) && (ArmMine == mine) && (second == 0))Buzzer();
}
/ *************************************************************************
函数名称：void SetArm()
函数功能：设置闹钟,按 K₁ 键,闹钟小时/分钟加一,按 K₂ 确定,跳到下一位设置
入口参数：无
返回值：无
函数作者：果子冰
创建时间：2011-06-03
*************************************************************************** /
void SetArm()
{
    uchar DateU6[6] = {0xff, 0xc0, 0xc0, 0xff, 0xc0, 0xc0};
    uchar DateU7[8] = {0xff, 0xff, 0xff, 0xff, 0xff, 0xff, 0xff, 0xff};
    uchar key = 0, sig = 0;                           //sig 为控制状态标志
    while(1)
    {
            DateU6[1] = SegCode[ArmHour / 10];        //闹钟小时十位值码值
            DateU6[2] = SegCode[ArmHour % 10];        //闹钟小时个位值码值
            DateU6[4] = SegCode[ArmMine / 10];        //闹钟分钟十位值码值
```

```
            DateU6[5] ＝SegCode[ArmMine ％ 10];        //闹钟分钟个位值码值
            Display(DateU6,DateU7);                    //显示闹钟值,U7 显示器熄灭
            key ＝ KeyScand();                          //扫描按键
            if(1 ＝＝ key ＆＆ 0 ＝＝ sig)                 //设置闹钟小时值
            {
                ArmHour＋＋;
                if(ArmHour ＞24)ArmHour ＝ 0;
            }
            else if(1 ＝＝ key ＆＆ 1 ＝＝ sig)            //设置闹钟分钟值
            {
                ArmMine＋＋;
                if(ArmMine ＞ 60)ArmMine ＝ 0;
            }else if(2 ＝＝ key ＆＆ 0 ＝＝ sig )          //设置闹钟小时值期间 K2 按键按下
            {                                          //完成闹钟小时设置
                sig ＝ 1;
            }else if(2 ＝＝ key ＆＆ 1＝＝ sig)            //设置闹钟分钟值期间 K2 按键按下
            {                                          //完成闹钟分钟设置,并退出
                sig ＝ 0; break;
            }
        };
}
/ ********************************************************************
函数名称: void main()
函数功能:主函数,实现读取 DS1302 时钟芯片小时、分钟、秒信息并显示
入口参数:无
返回值:无
函数作者:果子冰
创建时间:2011-06-03
 ******************************************************************** /
void main()
{
    uchar key ＝ 0;
    Speaker ＝ 0;                                       //关蜂鸣器
    while(1)
    {
        GetTime();                                     //获取 DS1302 时间
        Display(TimeCode,DateCode);                    //显示时间
        key ＝ KeyScand();                              //扫描按键
        switch(key)
        {
            case 1: SetArm();break;                     //K1 按下,进入闹钟设置
            case 2: ArmQuery();break;                   //K2 按下,进入闹钟查询
            default : key ＝ 0;break;
        }
    }
}
```

双击 Keil μVision 4 IDE 快捷键,打开 Keil μVision 4 IDE 工作界面,然后选择"项目(Project)"→"新的项目(New μVision Project)"命令,在弹出的对话框中输入项目名称"电子时钟"。选择本项目所使用单片机为 Atmel 公司的 AT89C51。选择"文件(File)"→"新文件(New)"菜单命令,然后输入参考程序代码,并保存为"电子时钟.c"文件。右键单击项目工作区的"Source Group1",在弹出的快捷菜单中选择"Add Files to Group 'Source Group 1'",在弹出的对话框中将刚才建立的 C 语言源程序文件载入项目。在工程工作区中右键单击项目文件夹"Target 1",在弹出的快捷对话框中选择"Options for Target 'Target 1'",打开"项目设置"对话框,设置单片机晶振频率为"12MHz",并产生 HEX 文件。最后,打开仿真电路并双击 AT89C51,载入 HEX 文件,运行仿真,查看仿真效果。

小结

1. LED 数码管具有友好的人机界面,设计简单,价格便宜,可显示字符数字 0～9,字符 A～F、H、L、P、R、U、Y 等符号。

2. 按 LED 发光二极管的段数,可分为七段数码管显示器和八段数码管显示器。八段数码管显示器比七段数码管多了一个发光二极管,用于显示小数点。按能显示多少个"8"可分为 1 位、2 位、4 位、6 位、8 位等数码管显示器;按发光二极管单元连接方式的不同,又分为共阳极 LED 数码管显示器和共阴极 LED 数码管显示器。

3. LED 数码管通过程序控制,拥有静态显示和动态显示两种方式。与动态显示方式相比,静态显示方式具有显示稳定、无闪烁、占用 CPU 时间少、编程简单的优点;与静态显示方式比起来,动态显示方式具有占用端口少的特点,可以大大降低硬件成本和电源的消耗,但是占用 CPU 的时间比较多,而且数据具有闪烁感。

4. DS1302 是一种低功耗实时时钟芯片,可对年、月、日、星期、时、分、秒精确计时,并具有闰年补偿掉电继续走时功能。

习题

一、填空题

1. 多位一体的数码管显示器内部独立的公共段也称为_____,连接在一起的段线称为_____。

2. LED 数码管显示器的显示方式有_____和_____两种。

3. 静态显示方式是将所有 LED 数码管显示器的公共端一起接_____或者接_____,各 LED 数码管显示器段选线分别与一个并行口相连。

4. DS1302 采用_____接口与 CPU 同步通信,并可采用突发方式一次传送多个字节的时钟信号或 RAM 数据。

二、简答题

1. 单片机有哪些特点？

2. MCS-51 单片机的 P0～P3 口结构有何不同？用作通用 I/O 口输入数据时，应注意什么？

3. P0 口用作通用 I/O 口输出数据时，应注意什么？

4. 在 MCS-51 单片机 P1 端口上，经驱动器连接有 8 只发光二极管，若 $f_{osc}=6\text{MHz}$，试编写程序，使这 8 只发光二极管每隔 2s 循环发光一次。

5. 图 2-21 是交通信号灯的原理图，试根据接口电路写出应用程序。要求如下：

(1) 南北方向红灯亮，东西方向绿灯亮，延时 60s。

(2) 南北方向和东西方向均为黄灯亮，延时 3s。

(3) 南北方向绿灯亮，东西方向红灯亮，延时 60s。

(4) 南北方向和东西方向均为黄灯亮，延时 3s。

(5) 周而复始，循环不止。

(6) 当开关 K_1 断开时，南北方向绿灯亮，东西方向红灯亮。

(7) 当开关 K_2 断开时，南北方向红灯亮，东西方向绿灯亮。

根据要求写出交通信号灯的控制字和应用程序。

南北方向红灯亮，东西方向绿灯亮，输出控制字：0010 0001B＝21H。

南北方向绿灯亮，东西方向红灯亮，输出控制字：0000 1100B＝0CH。

南北方向和东西方向均为黄灯亮，输出控制字：0001 0010B＝12H。

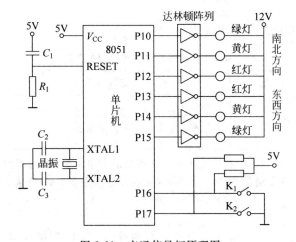

图 2-21 交通信号灯原理图

电子密码锁设计

密码锁是锁的一种,由一系列数字或符号构成密码,开启时输入密码,当密码正确时,锁便可以打开。电子密码锁以键盘、指纹、瞳孔扫描等方式作为密码输入,以单片机为核心,具有密码设置、存储、识别、显示、报警等功能,在楼宇控制、金融、保险等领域获得了广泛的应用。

项目任务描述

本项目采用 STC89C51 单片机为核心,以 4×3 非编码键盘为密码输入媒介,以 1602 点阵字符型 LCD 显示器为显示介质设计一个电子密码锁。本密码锁开机后,LCD 显示主菜单;当用户输入密码后,以字符"＊"代替。如果密码正确,则继电器开启,绿灯亮;否则,继电器关闭,红灯亮。如果密码输入不正确,发出报警,直到密码输入正确后,解除报警。

本项目对知识和能力的要求如表 3-1 所示。

表 3-1　项目对知识和能力的要求

项目名称	学习任务单元划分	任务支撑知识点	项目支撑工作能力
电子密码锁设计	键盘检测	①非编码键盘的工作原理;②独立按键的检测;③矩阵非编码键盘的检测	资料筛查与利用能力;新知识、新技能获取能力;组织、决策能力;独立思考能力;交流、合作与协商能力;语言表达与沟通能力;规范办事能力;批评与自我批评能力
	通用型 1602 液晶	①通用型 1602 液晶的工作原理;②通用型 1602 液晶的控制字;③通用型 1602 液晶显示字符和数据	
	电子密码锁设计实践	①继电器认知和控制;②蜂鸣器认知;③电子密码锁仿真电路设计;④电子密码锁程序设计;⑤电子密码锁 PCB 电路图设计和电路制作	

3.1 键盘检测

3.1.1 键盘工作原理

键盘是日常生活中常用的输入设备,在电脑、手机、PDA、ATM柜员机等设备中应用广泛。键盘按照结构原理来划分,分为触点式开关键盘和非触点式开关键盘;按编码方式,分为编码键盘和非编码键盘。触点式键盘由机械式开关、导电橡胶式按键组成,非触点式键盘由电气式按键、磁感应按键等构成。编码键盘按键的闭合识别由专用硬件编码器实现,如计算机键盘;非编码键盘按键的闭合识别靠软件编程来实现。非编码式键盘又分独立式键盘和矩阵式(又称行列式)键盘。编码键盘所需软件简单,但是电路复杂,成本高。相对而言,非编码键盘具有电路简单、成本低的特点,因此在单片机应用系统中主要采用非编码键盘。

键盘是由一系列按键组成的,在单片机应用系统中往往采用机械触点式按键。当按键按下时,线路导通,按键弹起,线路断开。由于机械触点的弹性作用,按键在按下的过程中存在触点在闭合和断开瞬间接触不稳定的情况,造成了电压信号不稳定的现象(如图 3-1 所示),因此,在实际应用中需要消除按键的抖动。按键的抖动时间一般为 5~10ms,而稳定闭合时间一般超过 20ms,如果不对按键进行去抖动处理,会引起单片机对一次按键操作进行多次处理。在单片机应用中,一般采用的措施是:当第一次检测到按键按下后,延时 10~20ms,再次检测按键是否按下;如果此时按键还是处于按下状态,则确认有按键按下,否则取消此次检测结果。键盘检测程序流程图如图 3-2 所示。

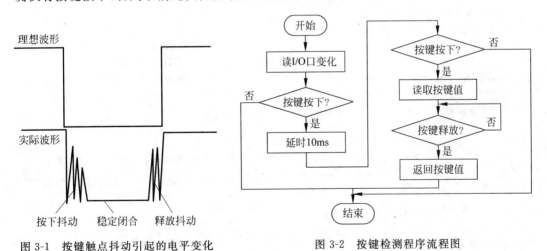

图 3-1 按键触点抖动引起的电平变化   图 3-2 按键检测程序流程图

【例 3.1】 按键点控制 LED 亮灭灯。

仿真电路图如图 3-3 所示,编程实现按键 K_1 控制 LED 灯的亮灭。即开机 D_1 熄灭,在 D_1 熄灭状态按下 K_1,D_1 亮;在 D_1 亮状态,按下 K_1,D_1 熄灭。当按键按下时,P1.4 接地,为低电平;当按键弹开时,P1.4 通过 R_3 接+5V 电源,为高电平。D_1 LED 灯通过 R_2 接 P2.0,R_2 起限流作用。

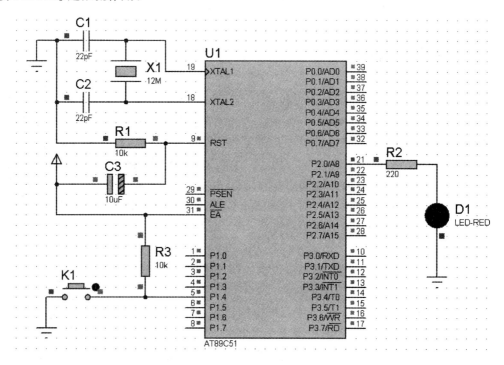

图 3-3   例 3.1 仿真电路图

参考程序如下：

```
#include <reg51.h>
#define uchar unsigned char              //宏定义
sbit Key = P1^4;                         //声明按键接口
sbit D1 = P2^0;                          //声明 D₁ LED 灯接口
void Delay(int x)                        //延时函数,延时 xms
{
    while(x——)
    {
        uchar i;
        for(i = 0; i < 110; i++);        //内部延时 1ms
    }
}
uchar KeyScand()
{
    if(0 == Key)                         //如果按键按下
    {
        Delay(10);                       //延时 10ms,去抖动
        if(0 == Key)                     //确实有按键按下
        {
            while(0 == Key);             //等待按键释放
```

```
            return 1;                          //返回按键值 1
        }
        else                    //否则返回 0,表示按键按下时间不足,取消本次按键操作
        {
            return 0;
        }
    }
    else
    {
        return 0;
    }
}
void main()
{
    D1 = 0;
    while(1)
    {
        if(KeyScand())
        {
            D1 = ~D1;
        }
    }
}
```

3.1.2　线性键盘检测

当按键数目不多的时候,可以将按键排成一行或一列(因此称为线性键盘),一端接单片机 I/O 口的引脚,同时接上拉电阻,另一端串接在一起接公共端(接地),如图 3-4 所示。线性键盘电路配置灵活,结构简单,但每个按键都必须占用一个单片机 I/O 口,占用单片机硬件资源比较多,因此适合于按键数目不多,单片机硬件资源不紧张的应用场合。

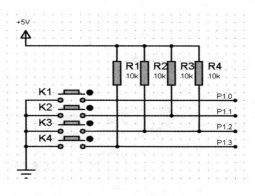

图 3-4　线性键盘

【例 3.2】　检测线性键盘值并显示。

仿真电路如图 3-5 所示,P0 口接七段共阴极数码管显示器(7SEG-COM-CATHODE),

P1.0～P1.3 分别接按键 K_1～K_4，同时接 10kΩ 上拉电阻。当按键没有按下时，P1.0～P1.3 电平为高电平；当按键按下时，相应端口电平变为低电平，通过按键接地。因此，通过读取 P1 口低 4 位电平变化，可获知按键是否按下。如果有按键按下，则 P1 口低 4 位必然有 1 位为低电平，延时 10ms 去抖动，再次读取 P1 口低 4 位值；如果不为 0x0f，表示确实有按键按下，然后通过一个 while 循环等待按键释放。如图 3-5 所示，按键 K_1～K_4 单独按下时对应的按键码值分别为 0x0e、0x0d、0x0b、0x07；如果有两个以上按键同时按下，认为按键无效。系统初始显示按键值为 0；当有按键按下时，显示相应的按键值；两个以上按键同时按下，则显示 0。

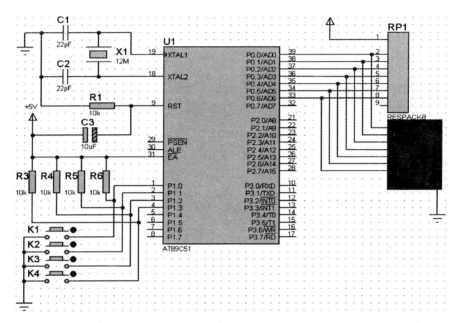

图 3-5　线性键盘检测

参考程序如下：

```
/*******************************************************************
文件名称：例 3.2.c
程序功能：读取线性键盘信息并显示
程序作者：果子冰
创建时间：2011-06-12
*******************************************************************/
#include <reg51.h>
#define uchar unsigned char              //宏定义
uchar SegCode[5]=                        //显示字符码表,0~4
{0x3f,0x06,0x5b,0x4f,0x66};
/*******************************************************************
函数名称：void delay(uint x)
函数功能：实现 xms 延时
入口参数：x,定时时间形参
返回值：无
```

函数作者：果子冰
创建时间：2011-06-12
/ *** /
```c
void delay(int x)                              //延时函数,延时 xms
{
    while(x－－)
    {
        uchar i;
        for(i = 0; i < 110; i++);              //内部延时 1ms
    }
}
```
/ **
函数名称：uchar KeyScand()
函数功能：按键检测,检测哪个按键按下
入口参数：无
返回值：按下的按键值
函数作者：果子冰
创建时间：2011-06-12
*** /
```c
uchar KeyScand()
{
    uchar temp = 0;
    uchar key = 0;
    temp = P1 & 0x0f;                          //取低 4 位值
    if(0x0f != temp)                           //判断是否有按键按下
    {
        delay(10);                             //延时 10ms,去抖动
        temp = P1 & 0x0f;
        if(0x0f != temp)
        {
            key = temp;
            switch(key)                        //取得按键值
            {
                case 0x0e : key = 1;break;
                case 0x0d : key = 2;break;
                case 0x0b : key = 3;break;
                case 0x07 : key = 4;break;
                default : key = 0;break;
            }
            while(0x0f != temp) temp = P1 & 0x0f; //等待按键释放

        }
    }
    return key;
}
```
/ **
函数名称：void main()
函数功能：获得线性键盘信息并显示
入口参数：无

返回值：无

函数作者：果子冰

创建时间：2011-06-12

** /

```c
void main()
{
    uchar key = 0;
    P0 = SegCode[0];
    while(1)
    {

        key = KeyScand();                        //扫描按键
        if(key != 0)
        {
            P0 = SegCode[key];
        }


    }
}
```

3.1.3　矩阵键盘检测

　　由于线性键盘的每一个按键都是单独与单片机的 I/O 相连，每一个按键都需要单片机的 I/O 口，占用单片机的硬件资源较多。特别是当按键数量很多的时候，如果每个按键都占用单片机的一个 I/O 口，势必造成单片机硬件资源紧张。因此，在按键数量较多的情况下，将按键开关设置在行线和列线的交叉点上，行线和列线分别连接在按键的两端，构成矩阵键盘，以节约单片机的 I/O 口。如图 3-6 所示便是一个 4×4 的矩阵非编码键盘。

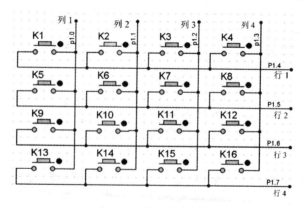

图 3-6　矩阵非编码键盘

　　矩阵非编码键盘和线性非编码键盘按键的工作原理是一样的，即当有按键按下的时候，按键所连接的 I/O 口电平将发生变化。通过查询 I/O 口电平的变化，便可获知是哪个键按下。对于矩阵非编码键盘来说，通过 I/O 口电平的变化，便可知道按键所在的行值和列值，而每一个按键都对应一对行值和列值。例如，K_1 键所在位置为第 1 行第 1 列，则对应的键值编码可设为 0x11。因此，矩阵非编码键盘检测的实质就是确定按键所在的行值和列值。矩阵非编码键盘的检测方法主要有反转法和扫描法。

1. 反转法

所谓反转法,是指依次通过向行线和列线输入相反的电平,然后通过单片机 I/O 电平的变化,确定按键所在的行和列。反转法矩阵非编码键盘检测的程序流程图如图 3-7 所示。反转法矩阵非编码键盘检测步骤如下:

(1) 向行线输出低电平,列线输出高电平,然后读取列线所在的 I/O 口电平。如果有按键按下,则按键所在的列 I/O 口将变为低电平。如图 3-6 所示,首先置 P1.4~P1.7 输出低电平,P1.0~P1.3 输出高电平,然后读取 P1 口的电平。如果此时有按键按下,则 P1 口的值必然不为 0x0f。例如,如果 K$_1$ 按下,则 P1.0 电平将变为低电平,读 P1 口的值为 0x0e,将该值取反得 0xf1;0xf1 与 0x0f 做按位与运算,保留低 4 位值,得 0x01。此值就是 K$_1$ 按键所在的列值。

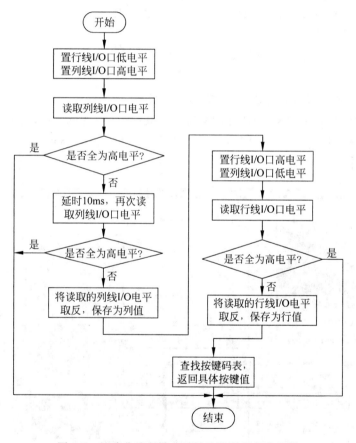

图 3-7　矩阵非编码键盘反转法识别程序流程图

(2) 向行线输出高电平,列线输出低电平,然后读取行线所在的 I/O 口电平。如果有按键按下,则按键所在的行线 I/O 口将变为低电平。如图 3-6 所示,置 P1.0~P1.3 输出低电平,P1.4~P1.7 输出高电平,然后读取 P1 口的电平。如果此时有按键按下,则 P1 口的值必然不为 0xf0。例如,如果 K$_1$ 按下,则 P1.4 电平将变为低电平,读 P1 口的值为

0xe0,将该值取反得 0x1f；0x1f 与 0xf0 做按位与运算,保留高 4 位值,得 0x10。此值就是 K_1 按键所在的行值。

(3) 将按键的行与列相加,获得按键的码值,高 4 位保存行值,低 4 位保存列值,如 K_1 键对应的按键码值为 0x11。将按键的码值与非编码键盘按键码值表进行对照,就可以获得按键的键值。图 3-6 所示 4×4 非编码键盘对应的按键码值表如表 3-2 所示。

表 3-2　　4×4 非编码键盘码值表

按键名称	码值	按键名称	码值
K_1	0x11	K_9	0x41
K_2	0x12	K_{10}	0x42
K_3	0x14	K_{11}	0x44
K_4	0x18	K_{12}	0x48
K_5	0x21	K_{13}	0x81
K_6	0x22	K_{14}	0x82
K_7	0x24	K_{15}	0x84
K_8	0x28	K_{16}	0x88

【例 3.3】　利用反转法检测 4×4 非编码键盘。

仿真电路如图 3-8 所示,4×4 非编码键盘列线接 P1 口的低 4 位,即 P1.0～P1.3；行线接 P1 口的高 4 位,即 P1.4～P1.7。采用 2 位共阳极七段数码管(7SEG-MPX2-CA)显示按键值,系统初始显示值为 00。

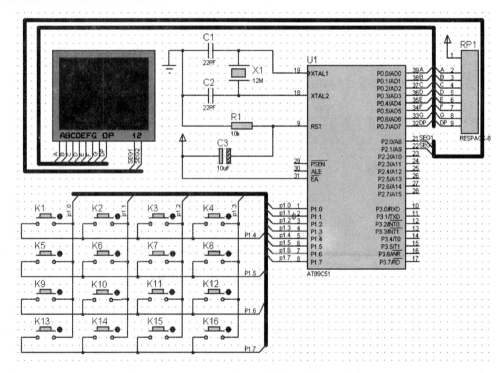

图 3-8　例 3.3 仿真电路

参考程序如下：

```
/ **********************************************************************
文件名称：例 3.3.c
程序功能：反转法检测非编码键盘并显示
程序作者：果子冰
创建时间：2011-06-12
********************************************************************** /
# include <reg51.h>
# define uchar unsigned char                    //宏定义
uchar SegCode[10] =                             //显示字符码表,0~9
{0xc0,0xf9,0xa4,0xb0,0x99,0x92,0x82,0xf8,0x80,0x90};
/ **********************************************************************
函数名称：void delay(uint x)
函数功能：实现 xms 延时
入口参数：x,定时时间形参
返回值：无
函数作者：果子冰
创建时间：2011-06-12
********************************************************************** /
void delay(int x)                               //延时函数,延时 xms
{
    while(x--)
    {
        uchar i;
        for(i = 0; i < 110; i++);               //内部延时 1ms
    }
}
/ **********************************************************************
函数名称：uchar KeyScand()
函数功能：按键检测,检测哪个按键按下
入口参数：无
返回值：按下的按键值
函数作者：果子冰
创建时间：2011-06-12
********************************************************************** /
uchar KeyScand()
{
    uchar temp = 0;
    uchar key = 0;
    P1 = 0x0f;                                  //列线置高电平,行线置低电平
    temp = P1 & 0x0f;                           //读列线 I/O 电平
    if(0x0f != temp)                            //判断是否有按键按下
    {
        delay(10);                             //延时 10ms,去抖动
        temp = P1 & 0x0f;                       //再次读列线 I/O 电平
        if(0x0f != temp)
        {
            temp = ~temp;                       //取反
```

```
        key = temp & 0x0f;                          //取得按键所在列值

    }
    P1 = 0xf0;                                       //行线置低电平
    temp = P1 & 0xf0;                                //列线置低电平,行线置高电平
    if(0xf0 != temp)                                 //读行线 I/O 电平
    {
        temp = ~temp;                                //取反
        temp = temp & 0xf0;                          //取得按键所在行值
        key = key + temp;                            //取得按键码值
    }
    switch(key)                                      //查找按键码表,转换为相应码值
    {
        case 0x11 : key = 1 ; break;
        case 0x12 : key = 2 ; break;
        case 0x14 : key = 3 ; break;
        case 0x18 : key = 4 ; break;
        case 0x21 : key = 5 ; break;
        case 0x22 : key = 6 ; break;
        case 0x24 : key = 7 ; break;
        case 0x28 : key = 8 ; break;
        case 0x41 : key = 9 ; break;
        case 0x42 : key = 10; break;
        case 0x44 : key = 11; break;
        case 0x48 : key = 12; break;
        case 0x81 : key = 13; break;
        case 0x82 : key = 14; break;
        case 0x84 : key = 15; break;
        case 0x88 : key = 16; break;
        default : key = 0 ; break;
    }
    }
    return key;
}
/ ********************************************************************
函数名称: void main()
函数功能: 主函数,反转法检测键盘并显示
入口参数:无
返回值:无
函数作者:果子冰
创建时间: 2011-06-12
********************************************************************* /
void main()
{
    uchar key = 0;
    uchar temp = 0;
    while(1)
    {
        temp = KeyScand();                           //扫描按键
```

```
        if(0 != temp)
        {
            key = temp;
        }
        P2 = 0x02;                          //选通 SEG2,显示按键值个位
        P0 = SegCode[key % 10];
        delay(1);
        P2 = 0x01;                          //选通 SEG1,显示按键值十位
        P0 = SegCode[key / 10];
        delay(1);
    }
}
```

2. 扫描法

扫描法,顾名思义就是获得按键的行值之后,通过逐行扫描的方式获得按键的列值。扫描非编码键盘识别程序流程图如图 3-9 所示。

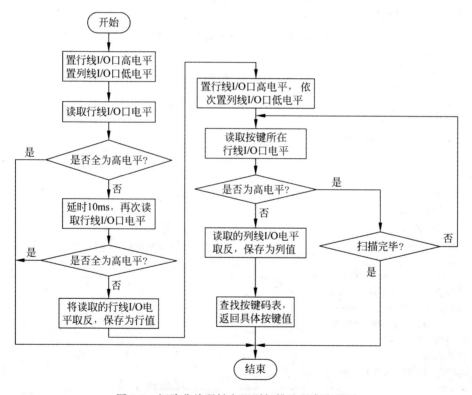

图 3-9　矩阵非编码键盘识别扫描法程序流程图

扫描法非编码键盘识别的步骤如下:

(1) 获得行值。将列线置低电平,行线置高电平,然后检测各行线的电平状态。如果有一条行线的电平为低,则延时 10ms 去抖动;再次读取该行线的电平,如果还是低电平,表示有按键按下,读取该键的行值,否则键盘中没有按键按下。如图 3-6 所示,先置行线 P1.4~P1.7 为高电平,列线 P1.0~P1.3 为低电平,即 P1=0xf0,然后读取 P1 的电平状

态。如果 P1 不为 0xf0,表示有按键按下,延时 10ms 后再读取 P1 的电平状态;如果 P1 仍不为 0xf0,表示有按键按下。例如,K$_1$ 键按下,则此时 P1 的值为 0xe0。对该值取反,得 0x1f,屏蔽低 4 位,将该值与 0xf0 做按位与运算,得 0x10。此值就是 K$_1$ 按键所在的行值。

(2) 获得列值。在确定有按键按下,并获得按键所在的行值以后,就可以通过逐列扫描的方法获得按键所在的列值,方法如下:行线置高电平,然后依次将各列置低电平(其余各列置高电平),如果按键所在行电平变为低电平,表示按键位于低电平的列线与行线的交叉处,由此获得按键列值。如图 3-6 所示,置行线为高电平,然后依次置列线为低电平。如果 K$_1$ 键按下,则只有列线 P1.0 为低电平的时候,K$_1$ 按键所在的行线 P1.4 为低电平,此时 P1 口的值为 0xee。对该值取反,得 0x11,屏蔽高 4 位,将该值与 0x0f 做按位与运算,得 0x01。最后,将该值与行值相加,得到按键的码值。由该码值,对应按键码值表,便可获得按键的键值。4×4 非编码键盘的码表如表 3-2 所示。

【例 3.4】 扫描法检测矩阵非编码键盘并显示。

仿真电路如图 3-8 所示,利用扫描法检测矩阵非编码键盘并通过共阳极 2 位七段数码管显示器(7SEG-MPX2-CA)显示按键信息。显示器初始显示值为 00,当有按键按下时显示按键的编号。

参考程序如下:

```
/********************************************************
文件名称:例 3.4.c
程序功能:扫描法检测非编码键盘并显示
程序作者:果子冰
创建时间:2011-06-12
******************************************************** /
#include <reg51.h>
#define uchar unsigned char                    //宏定义
uchar SegCode[10]=                             //显示字符码表,0~9
{0xc0,0xf9,0xa4,0xb0,0x99,0x92,0x82,0xf8,0x80,0x90};
/********************************************************
函数名称:void delay(uint x)
函数功能:实现 xms 延时
入口参数:x,定时时间形参
返回值:无
函数作者:果子冰
创建时间:2011-06-12
******************************************************** /
void delay(int x)                              //延时函数,延时 xms
{
    while(x--)
    {
        uchar i;
        for(i = 0; i < 110; i++);              //内部延时 1ms
    }
}
```

```
/ *********************************************************************
函数名称: uchar KeyScand()
函数功能: 扫描法按键检测,检测哪个按键按下
入口参数: 无
返回值: 按下的按键值
函数作者: 果子冰
创建时间: 2011-06-12
********************************************************************* /
uchar KeyScand()
{
    uchar temp = 0, i, ScandCode, key = 0;
    P1 = 0xf0;                          //列线置低电平,行线置高电平
    temp = P1 & 0xf0;                   //读行线 I/O 电平
    if(0xf0 != temp)                    //判断是否有按键按下
    {
        delay(10);                      //延时 10ms,去抖动
        temp = P1 & 0xf0;               //再次读行线 I/O 电平
        if(0xf0 != temp)
        {
            temp = ~temp;               //取反
            key = temp & 0xf0;          //取得按键所在行值
            ScandCode = 0xfe;           //逐列扫描列
            for(i = 1; i < 5; i++)
            {
                P1 = ScandCode;         //置相应扫描列为低电平,其他列为高电平
                temp = P1 & 0xf0;       //获取行线电平
                if(0xf0 != temp)        //是否有行线变为低电平,如有,读取列值
                {
                    temp = ScandCode;   //获得扫描值
                    temp = ~temp;       //取反
                    temp = temp & 0x0f; //取得按键所在列值
                    key = key + temp;   //取得按键码值
                    break;              //提前跳出 for 循环
                }
                else
                {
                    ScandCode = (ScandCode << 1) + 0x01;  //扫描值左移 1 位,最后一
                                                          //位补 1,扫描下一列
                }
            }
        }
        switch(key)                     //查找按键码表,并转换为相应码值
        {
            case 0x11 : key = 1 ; break;
            case 0x12 : key = 2 ; break;
            case 0x14 : key = 3 ; break;
            case 0x18 : key = 4 ; break;
            case 0x21 : key = 5 ; break;
            case 0x22 : key = 6 ; break;
```

```
            case 0x24 : key = 7 ; break;
            case 0x28 : key = 8 ; break;
            case 0x41 : key = 9 ; break;
            case 0x42 : key = 10; break;
            case 0x44 : key = 11; break;
            case 0x48 : key = 12; break;
            case 0x81 : key = 13; break;
            case 0x82 : key = 14; break;
            case 0x84 : key = 15; break;
            case 0x88 : key = 16; break;
            default : key = 0 ; break;
        }
    }
    return key;
}
/ ***********************************************************************
函数名称: void main()
函数功能: 主函数,反转法检测键盘并显示
入口参数: 无
返回值: 无
函数作者: 果子冰
创建时间: 2011-06-12
*********************************************************************** /
void main()
{   uchar key = 0;
    uchar temp = 0;
    while(1)
    {
        temp = KeyScand();              //扫描按键
        if(0 != temp)
        {
            key = temp;
        }
        P2 = 0x02;                      //选通 SEG2,显示按键值个位
        P0 = SegCode[key % 10];
        delay(1);
        P2 = 0x01;                      //选通 SEG1,显示按键值十位
        P0 = SegCode[key / 10];
        delay(1);
    }
}
```

3.2 通用型 1602 液晶

3.2.1 1602 液晶的工作原理

　　液晶显示器(LCD)具有功耗低、超薄轻便、使用灵活、抗干扰强、显示内容丰富等优点,在人们的日常生活中,特别是在袖珍式仪表和低功耗应用系统中获得越来越广泛的应

用。市场上液晶显示器的种类很多,按显示形式及排列形状,分为字段型、点阵字符型、点阵图形型,并通常按照显示字符的行数或液晶点阵的行、列数来命名。例如,1602 就表示该液晶显示器可显示两行,每行显示 16 个字符。点阵型液晶通常面积较大,可以显示图形;一般的字符型液晶只有两行,面积小,只能显示字符和一些简单的图形,控制简单且成本低。虽然液晶显示器的种类繁多,但是其工作原理都是相同的。液晶显示器的工作原理是以电流刺激液晶分子产生点、线、面并配合背部灯管构成画面。目前市面上的字符型液晶绝大多数是基于 HD44780 液晶芯片构成,控制原理完全相同,为 HD44780 编写的控制程序可以很方便地应用于市面上大部分的字符型液晶。

通用型 1602 液晶显示器如图 3-10 所示,其引脚定义如表 3-3 所示。注意,并不是所有字符型 LCD1602 都有 16 条引脚线,有些只有 14 条,少了的两条线是电源线 V_{CC}(15 脚)和地线 GND(16 脚),其控制原理与 16 脚的一样。液晶显示偏压信号用于调节 LCD 亮度,电压越低,屏幕越亮,对比度过高时会产生"鬼影",使用时可以通过一个 $10k\Omega$ 的电位器调整对比度。RS 为寄存器选择信号,RS=1(高电平),选择数据寄存器;RS=0(低电平),选择指令寄存器。R/W 为读/写控制信号,当 R/W=1 时,进行读操作,把 LCD 中的数据读出到单片机;当 R/W=0 时,进行写操作,把单片机中的数据写入 LCD。当 RS 和 R/W 共同为低电平时,可以写入指令或者显示地址;当 RS 为低电平,R/W 为高电平时,可以读忙信号;当 RS 为高电平,R/W 为低电平时,可以写入数据。E 为使能端,当 E 端由高电平跳变成低电平时,液晶模块执行命令。D0~D7 为 8 位双向数据输入/输出端。

图 3-10　通用型 1602 液晶显示器

表 3-3　通用型 1602 液晶引脚定义

编号	符号	引脚说明	编号	符号	引脚说明
1	V_{SS}	电源,接地	9	D2	Data I/O
2	V_{DD}	电源正极,接 4.5~5.5V	10	D3	Data I/O
3	V_{EE}	液晶显示偏压信号	11	D4	Data I/O
4	RS	数据/命令选择端(H/L)	12	D5	Data I/O
5	R/W	读/写选择端(H/L)	13	D6	Data I/O
6	E	使能信号	14	D7	Data I/O
7	D0	Data I/O	15	BLA	背光源正极
8	D1	Data I/O	16	BLK	背光源负极

单片机与通用型液晶显示器 LCD1602 的典型连接电路如图 3-11 所示。R_1 为滑动变阻器，用于调节 LCD1602 显示屏亮度。

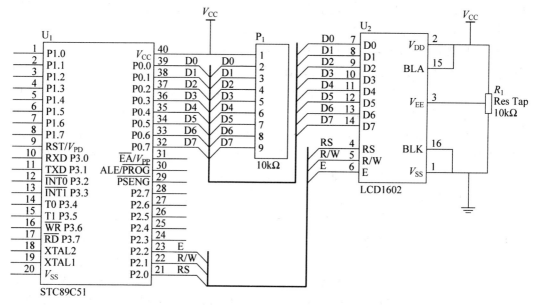

图 3-11　1602 液晶与单片机连接电路图

3.2.2　1602 液晶显示控制

通用型液晶显示器 1602 内置了 192 个常用点阵字符图形，包括阿拉伯数字、大小写英文字母、标点符号、日文假名等，存于字符产生器（Character Generator ROM，CGROM）中。另外还有几个允许用户自定义的字符产生 RAM，称为 CGRAM（Character Generator RAM）。点阵的大小有 5×7、5×10 两种。CGROM 的字形需经过内部电路的转换才能传送到显示器上，只能读出，不能写入。除了 CGROM 和 CGRAM，1602 内部还有一个 DDRAM（Display Data RAM），用于存放待显示内容。1602 字符型 LCD 的 DDRAM 地址与显示位置的对应关系如图 3-12 所示。LCD 控制器的指令系统规定，在送待显示字符代码的指令之前，先要送 DDRAM 的地址（即待显示的字符显示位置）。其中，00～0F（第 1 行）、40～4F（第 2 行）地址中的数据可立即显示出来，而 10～27、50～67 地址处的显示数据必须通过移屏指令移入 00～0F、40～4F 可显示区域方能显示出来。

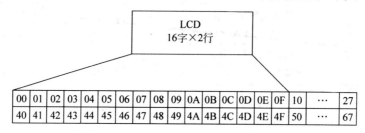

图 3-12　DDRAM 地址与显示位置对应图

　　点阵字符型液晶显示器的显示功能是通过指令来实现的,点阵字符型 LCD 的指令系统共有 11 条指令,如表 3-4 所示。

表 3-4　点阵字符型液晶显示器的指令系统

指令名称	命令选择		指　令　码								说　　明	执行周期 /ms
	RS	R/W	DB7	DB6	DB5	DB4	DB3	DB2	DB1	DB0		
清屏	0	0	0	0	0	0	0	0	0	1	清除屏幕,置 AC 为"0",光标撤回左上角	0.64
光标归位	0	0	0	0	0	0	0	0	1	X	光标撤回屏幕左上角,屏幕内容保持不变,X 表示"0"或"1"	0.64
设置输入方式	0	0	0	0	0	0	0	1	I/D	S	设定每次输入 1 位数据后,光标的移动方向,写入的字符是否移动。I/D=0,写入新数据后光标左移;I/D=1,写入数据后光标右移。S=0,写入新数据后显示屏不移动;S=1,写入新数据后显示屏整体右移 1 个字符。指令码 0x06 设置 AC+1 模式,显示不移动	0.04
显示开关控制	0	0	0	0	0	0	1	D	C	B	调整显示开关(D)、光标开关(C)及光标位的字符闪烁(B)。D=0,关显示;D=1,开显示。C=0,无光标;C=1,有光标。B=1,光标闪烁;B=0,光标不闪烁	0.04
设定显示屏或光标移动方向	0	0	0	0	0	1	S/C	R/L	X	X	S/C=0,R/L=0,光标左移 1 格,AC 值减 1 S/C=0,R/L=1,光标右移 1 格,AC 值加 1 S/C=1,R/L=0,字符全部左移动 1 格,光标不动;S/C=1,R/L=1,字符全部右移 1 格,光标不动	0.04
显示模式设定	0	0	0	0	1	DL	N	F	X	X	设定数据总线位数、显示的行数及字型 DL=0,数据总线为 4 位;DL=1,数据总线为 8 位 N=0,显示 1 行;N=1,显示 2 行 F=0,5×7 点阵/字符;F=1,5×10 点阵/字符	0.04

续表

指令名称	命令选择		指 令 码								说　明	执行周期 /ms
	RS	R/W	DB7	DB6	DB5	DB4	DB3	DB2	DB1	DB0		
CGRAM 地址设置	0	0	0	1	CGRAM 的地址(6 位)						设定下一个要存入数据的 CGRAM 地址 指令码 0x40＋地址,"地址"为要设置的 CGRAM 地址	0.04
DD RAM 地址设置	0	0	1	DDRAM 的地址(7 位)							设定下一个要存入数据的 DDRAM 地址 指令码 0x80＋地址,"地址"为要写入的 DDRAM 地址	0.04
读忙信号或 AC 地址	0	1	BF	AC 内容(7 位)							读取忙信号 BF 的内容。BF＝1, 无法接收数据和指令;BF＝0, 可以接收数据和指令。读取地址计数器(AC)的内容	0.04
写数据	1	0	要写入的数据 D7～D0								将字符码写入 DDRAM,以使显示屏显示相应字符;将自己设计的图形存入 CGRAM	0.04
读数据	1	1	要读出的数据 D7～D0								从 CGRAM 或 DDRAM 读出数据	0.04

　　字符型点阵液晶的写、读操作时序如图 3-13、图 3-14 所示。从图 3-13 和图 3-14 可以看出,当使能位 E 为高电平时,如果 R/W 为 0,则 LCD 从单片机读入指令或者数据;当使能位 E 为高电平时,如果 R/W 为 1,则单片机可以从 LCD 中读出状态字(BF 忙状态)和地址。当 E 下降沿来临时,指示 LCD 执行其读入的指令或者显示其读入的数据。因此,在将使能端 E 置高电平之前,必须先设置好 RS 和 R/W 信号,在使能端 E 下降沿脉冲来临之前,将需要写入的命令字或数据写入 LCD,并延时一段时间。

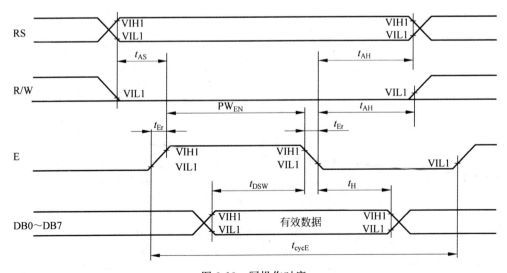

图 3-13　写操作时序

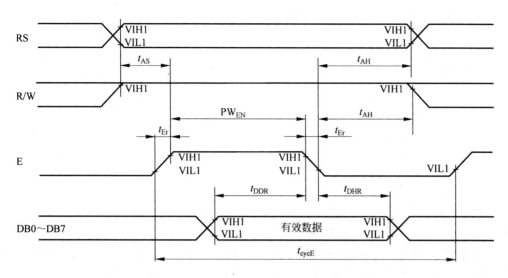

图 3-14　读操作时序

1602 基本操作时序如下：

（1）写指令：输入：E＝1，RS＝0，R/W＝0，D0～D7＝指令码，延时 2ms，E＝0（下降沿脉冲）；输出：无。

（2）读状态：输入：RS＝0，R/W＝1，E＝1；输出：D0～D7＝状态字。

（3）写数据：输入：E＝1，RS＝1，R/W＝0，D0～D7＝数据，延时 2ms，E＝0（下降沿脉冲）；输出：无。

（4）读数据：输入：RS＝1，R/W＝1，E＝1；输出：D0～D7＝数据。

写指令、写数据、读数据、读状态的程序流程图如图 3-15、图 3-16、图 3-17 和图 3-18 所示。

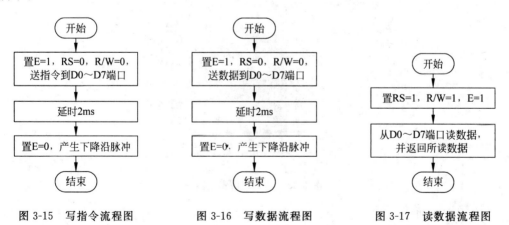

图 3-15　写指令流程图　　　图 3-16　写数据流程图　　　图 3-17　读数据流程图

在对 LCD1602 液晶进行操作之前，必须先进行初始化操作，设置 LD1602 的工作模式等信息。LCD1602 液晶初始化程序流程图如图 3-19 所示。

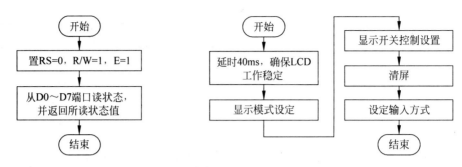

图 3-18　读状态流程图　　　　图 3-19　LCD1602 液晶初始化程序流程图

【例 3.5】　利用 LCD1602 实现第一行显示"welcome to"，第二行显示"www. caac. net"。

根据要求，将 LCD1602（Proteus 中元件名称为 LM016L）显示模式设定为 8 位数据接口，两行显示，5×7 点阵显示，无光标模式，显示不移动。仿真电路如图 3-20 所示。

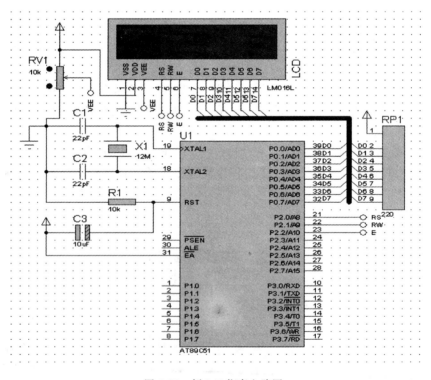

图 3-20　例 3.5 仿真电路图

参考程序如下：

```
/**************************************************************
文件名称：例 3.5.c
程序功能：字符液晶 1602 显示字符串 welcome to www.caac.net
程序作者：果子冰
创建时间：2011-06-13
```

```
                                                                    */
# include <reg51.h>
# define uchar unsigned char                  //宏定义
sbit RS = P2^0;                               //声明 RS 信号控制位
sbit RW = P2^1;                               //声明 R/W 信号控制位
sbit E = P2^2;                                //声明使能端 E 控制位
uchar Table[2][16]={                          //待显示字符串,二维数组
" welcome to ",
" www.caac.net "};
/ ***********************************************************
函数名称: void delay(uint x)
函数功能: 实现 xms 延时
入口参数: x,定时时间形参
返回值: 无
函数作者: 果子冰
创建时间: 2011-06-13
 ***********************************************************/
void Delay(int x)                             //延时函数,延时 xms
{
    while(x--)
    {
        uchar i;
        for(i = 0; i < 110; i++);             //内部延时 1ms
    }
}
/ ***********************************************************
函数名称: void WriteCode(uchar comd)
函数功能: 向 LCD1602 液晶写入 1 字节命令
入口参数: uchar comd,命令字符
返回值: 无
函数作者: 果子冰
创建时间: 2011-06-13
 ***********************************************************/
void WriteCode(uchar comd)
{
    RS = 0;
    RW = 0;
    E = 1;
    P0 = comd;
    Delay(2);                                 //延时 2ms,等待指令写入 LCD
    E = 0;
}
/ ***********************************************************
函数名称: void WriteData(uchar data)
函数功能: 向 LCD1602 液晶写入 1 字节数据
入口参数: uchar data,待写入数据
返回值: 无
函数作者: 果子冰
创建时间: 2011-06-13
```

```
**************************************************************** /
void WriteData(uchar dat)
{
    RS = 1;
    RW = 0;
    E = 1;
    P0 = dat;
    Delay(2);                              //延时 2ms,等待数据写入 LCD
    E = 0;
}
/ ****************************************************************
```

函数名称: void LCDInit()

函数功能: LCD1602 液晶初始化

入口参数: uchar dismode, uchar disctr, uchar inputmode

dismode = 0x20,数据总线为 4 位,显示 1 行,5×7 点阵/字符显示

dismode = 0x24,数据总线为 4 位,显示 1 行,5×10 点阵/字符显示

dismode = 0x28,数据总线为 4 位,显示 2 行,5×7 点阵/字符显示

dismode = 0x2c,数据总线为 4 位,显示 2 行, 5×10 点阵/字符显示

dismode = 0x30,数据总线为 8 位,显示 1 行, 5×7 点阵/字符显示

dismode = 0x34,数据总线为 8 位,显示 1 行,5×10 点阵/字符显示

dismode = 0x38,数据总线为 8 位,显示 2 行,5×7 点阵/字符显示

dismode = 0x3c,数据总线为 8 位,显示 2 行,5×10 点阵/字符显示

disctr = 0x09,关显示,无光标

disctr = 0x0d,开显示,无光标,光标不闪烁

disctr = 0x0e,开显示,有光标,光标闪烁

disctr = 0x0f,开显示,有光标,光标不闪烁

inputmode = 0x04,写入新数据后光标左移,写入新数据后显示屏不移动

inputmode = 0x05,写入新数据后光标左移,写入新数据后显示屏整体右移 1 个字符

inputmode = 0x06,写入新数据后光标右移,写入新数据后显示屏不移动

inputmode = 0x07,写入新数据后光标右移,写入新数据后显示屏整体右移 1 个字符

返回值: 无

函数作者: 果子冰

创建时间: 2011-06-13

```
**************************************************************** /
void LCDInit(uchar dismode, uchar disctr, uchar inputmode)
{   Delay(40);                             //延时 40ms,确保 LCD 工作稳定
    WriteCode(dismode);
    WriteCode(disctr);
    WriteCode(0x01);                       //清除显示
    WriteCode(inputmode);
}
/ ****************************************************************
```

函数名称: void main()

函数功能: 主函数,反转法检测键盘并显示

入口参数: 无

返回值: 无

函数作者: 果子冰

创建时间: 2011-06-12

```
**************************************************************** /
void main()
{
    uchar i;
    //设定 8 位接口,两行显示模式,5×7 点阵模式
```

```
//设定显示开,无光标模式
//设定 AC 为+1 模式,显示不移动
LCDInit(0x38,0x0c,0x06);
WriteCode(0x80);
for(i = 0; i < 16; i++)                    //显示第一行字符串
{
    WriteData(Table[0][i]);
}
WriteCode(0x80+0x40);
for(i = 0; i < 16; i++)                    //显示第二行字符串
{
    WriteData(Table[1][i]);
}
while(1);                                  //死循环,防止程序跑偏
}
```

运行程序,仿真效果如图 3-21 所示。

图 3-21 例 3.5 仿真效果

3.3 电子密码锁设计

3.3.1 继电器

继电器是一种电子控制器件,通过使输入量(电、磁、声、光、热等)达到一定的要求,输出量产生跳跃式变化,进而使被控制的电路导通或断开。继电器具有控制系统(输入回路)和被控制系统(输出回路),广泛应用于自动控制电路中。它实际上是一种利用较小的电流或电压去控制较大的电流或电压电路的"自动开关",在电路中起到自动调节、安全保护、转换电路等作用。继电器按工作原理和结构特性分为电磁继电器、固体继电器、温度继电器、舌簧继电器、时间继电器、高频继电器、极化继电器、霍尔效应继电器、差动继电器等,如图 3-22 所示。

电磁继电器是继电器中应用最早、最广泛的一种。电磁继电器一般由铁芯、电磁线圈、衔铁、复位弹簧、触点、支座及引脚等组成。当线圈通电以后,铁芯被磁化产生足够大的电磁力,吸动衔铁并带动簧片,使动触点和静触点闭合或分开;当线圈断电后,电磁吸力消失,衔铁返回原来的位置,动触点和静触点恢复到原来闭合或分开的状态。应用时,

图 3-22　不同类型的继电器

只要把需要控制的电路接到触点上,就可利用继电器达到控制的目的。电磁继电器的工作示意图如图 3-23 所示。图 3-24 所示为继电器在单片机应用系统中的典型应用电路。在该系统中,单片机输出端 P3.1 置低电平,则三极管 Q_1 导通,继电器有电流通过,继电器吸合,V_{CC}(+5V)驱动 LED_1 发光;单片机输出端 P3.1 置高电平,则三极管 Q_1 截止,继电器没有电流通过,继电器弹开,LED_1 熄灭。其中,二极管 D_1 称为消耗二极管,起到保护三极管 Q_1 的作用。因为当继电器断开的瞬间会产生一个很强的反向电动势,通过接 D_1 可起到消耗该反向电动势的作用;否则,在继电器断开的瞬间,强大的电动势将击穿三极管 Q_1。

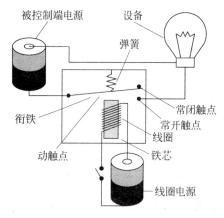

图 3-23　电磁继电器工作示意图

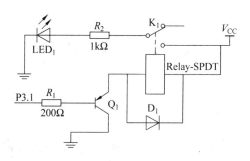

图 3-24　继电器典型应用电路

3.3.2　蜂鸣器

蜂鸣器又称喇叭,是一种一体化结构的电子讯响器。它采用直流电压供电,广泛应用于各种电子产品,实现提示、报警等功能。蜂鸣器按结构和工作原理,分为压电式蜂鸣器、电磁式蜂鸣器两种类型;按驱动方式的原理,分为有源蜂鸣器(内含驱动线路)和无源蜂鸣器(外部驱动);按封装的不同,分为 DIP BUZZER(插针蜂鸣器)和 SMD BUZZER(贴片式蜂鸣器);按输入电流的不同,分为直流蜂鸣器和交流蜂鸣器,其中以直流最常见,如

图 3-25 所示。有源蜂鸣器内含一个简单的振荡电路,能将恒定的直流信号转化成一定频率的脉冲信号,从而实现磁场交变,带动钼片振动发音,因此只要输入直流信号,蜂鸣器就会发声。无源蜂鸣器内部不含振荡电路,理想输入信号是方波信号;如果给予直流信号,蜂鸣器并不响应,因为磁路恒定,钼片不能振动发音。

蜂鸣器与家用电器上面的喇叭在用法上很相似,通常工作电流比较大,一般的 TTL 电平基本上驱动不了蜂鸣器,因此需要增加一个电流放大器放大电流。在单片机系统中往往将蜂鸣器的正极性一端连接在 +5V 电源上,另一端连接到三极管的集电极,三极管的基极由单片机的 I/O 引脚通过一个电阻连接,如图 3-26 所示。当 P3.5 输出为低电平时,三极管导通,蜂鸣器发声;当 P3.5 输出为高电平时,三极管截止,蜂鸣器不发声。

图 3-25 蜂鸣器

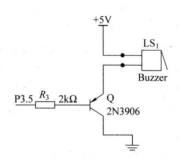

图 3-26 蜂鸣器应用电路

3.3.3 仿真电路设计

电子密码锁要求具有 LCD 液晶显示、锁控制、键盘输入、声光报警功能,其系统框图如图 3-27 所示。

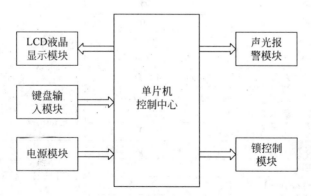

图 3-27 电子密码锁系统框图

电子密码锁详细功能要求如下:

(1) 开机显示主界面,提供开锁和修改密码功能选择。

(2) 按相应数字按键选择进入开锁菜单,提示输入密码;输入密码后,按"♯"号确认开锁,继电器导通,绿色 LED 灯亮,延时 1s 表示锁开;开锁后自动返回主菜单,绿色 LED

再次熄灭；按"＊"号取消输入，返回主菜单。

（3）密码输入错误，则提示再次输入密码，发出声光报警，蜂鸣器响，LED 灯闪烁。输入正确密码后，可解除报警信号。

（4）按相应数字按键选择进入修改密码菜单，提示输入旧密码；输入密码正确后，提示输入新密码，按"＃"确定，提示再次输入新密码；再次输入新密码，按"＃"确认，提示密码修改成功，延时 1s 后自动返回主菜单；按"＊"号取消修改密码，返回主菜单。

（5）密码输入时显示"＊"，光标闪烁，密码长度为 8 个数字，初始密码为 11111111。

根据系统要求，可采用具有在线下载功能的 STC89C52R 单片机为控制中心，以 LCD1602 为显示器显示相关信息，以 4×3 矩阵键盘作为输入介质，以有源蜂鸣器作为报警装置，以电磁继电器控制锁(LED 发光二极管代替)的通断，外接一种绿色 LED 指示灯。

新建文件夹并重命名为"电子密码锁设计"，以后所有项目文件都存于该项目文件夹下面。双击 Proteus 7.5 快捷按钮，打开 Proteus 工作界面，然后选择"File"→"New Design"，再选择默认模板，新建 Proteus 电路仿真文件，并保存文件为"电子时钟"。单击对象选择窗口左上角的按钮 P 或执行"库(Library)"→"拾取元件/符号(Pick Device/Symbol)"菜单命令，选择如表 3-5 所示元件。元件布局完成后，双击元件，在弹出的对话框中按表 3-5 所示将元件的属性修改过来，并利用导线或者总线将元件连接起来。其中，导线与总线的连接可以通过放置连线标号(Wire Label Mode)进行标注。元件连线完成后的效果如图 3-28 所示。

表 3-5　电子密码锁仿真元件表

对象属性	对 象 名 称	大　　小	对象所属类	图中标识
元器件	AT89C51		Microprocessor ICs	U_1
	LM016L		Display	LCD
	RES	10kΩ	Resistors	R_1
	RES	2kΩ		R_2
	RES	200Ω		R_3
	RES	200Ω		R_4
	RES	200Ω		R_5
	RESPACK-8	10kΩ		R_{P1}
	POT-LIN	10kΩ		R_{V1}
	CERAMIC27P	22pF	Capacitors	C_1, C_2
	GENELECT10U16V	10μF		C_3
	CRYSTAL	11.059MHz	ACTIVE	X_1
	LED			$D_1 \sim D_2$
	KEYPAD-PHONE			K_1
	BUZZER			LS_1
	DIODE			D_3
	RTE24005F		RELAYS	RL_1
	PNP		ASIMMDLS	$Q_1 \sim Q_2$
终端	POWER	+5V		
	GROUND	0V		

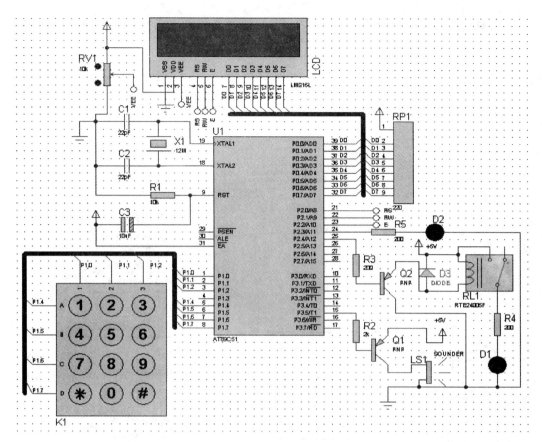

图 3-28 电子密码锁仿真图

3.3.4 程序设计

根据仿真电路图和功能要求,可得主函数程序流程图如图 3-29 所示。

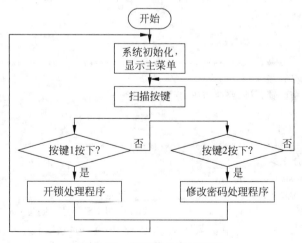

图 3-29 主函数程序流程图

开锁处理函数程序流程图如图 3-30 所示,修改密码处理函数程序流程图如图 3-31 所示。

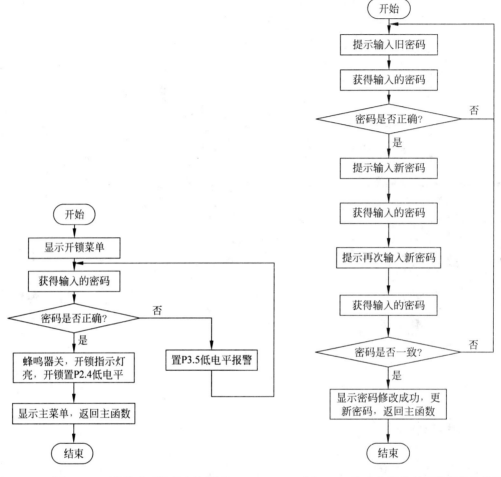

图 3-30   开锁处理函数程序流程图   图 3-31   修改密码处理函数程序流程图

参考程序如下:

```
/ ********************************************************************
文件名称:电子密码锁.c
程序功能:完成密码锁开锁、修改密码、报警等功能
程序作者:果子冰
创建时间:2011-06-17
******************************************************************** /
# include <reg51.h>
# define uchar unsigned char              //宏定义
# define uint unsigned int                //宏定义
sbit RS = P2^0;                           //声明 RS 信号控制位
sbit RW = P2^1;                           //声明 R/W 信号控制位
sbit E = P2^2;                            //声明使能端 E 控制位
```

```
sbit Buzzer = P3^5;
sbit LEDG = P2^3;                            //声明开锁指示灯
sbit LOCK = P2^4;                            //声明锁控制端
uchar Menu1[2][16]={                         //主菜单,二维数组
"1. Unlock ",
"2. New Password "};
uint Password = 11111111;
```

/ **
函数名称: void delay(uint x)
函数功能: 实现 xms 延时
入口参数: x,定时时间形参
返回值: 无
函数作者: 果子冰
创建时间: 2011-06-17
 ** /

```
void Delay(int x)                            //延时函数,延时 xms
{
    while(x--)
    {
        uchar i;
        for(i = 0; i < 110; i++);            //内部延时 1ms
    }
}
```

/ **
函数名称: void WriteCode(uchar comd)
函数功能: 向 LCD1602 液晶写入 1 字节命令
入口参数: uchar comd,命令字符
返回值: 无
函数作者: 果子冰
创建时间: 2011-06-17
 ** /

```
void WriteCode(uchar comd)
{
    RS = 0;
    RW = 0;
    E = 1;
    P0 = comd;
    Delay(2);                                //延时 2ms,等待指令写入 LCD
    E = 0;
}
```

/ **
函数名称: void WriteData(uchar data)
函数功能: 向 LCD1602 液晶写入 1 字节数据
入口参数: uchar data,待写入数据
返回值: 无
函数作者: 果子冰
创建时间: 2011-06-17
 ** /

```
void WriteData(uchar dat)
```

```
    {
        RS = 1;
        RW = 0;
        E = 1;
        P0 = dat;
        Delay(2);                          //延时 2ms,等待数据写入 LCD
        E = 0;
    }
```

/ **

函数名称: void LCDInit()

函数功能: LCD1602 液晶初始化

入口参数: uchar dismode, uchar disctr, uchar inputmode

dismode = 0x20,数据总线为 4 位,显示 1 行,5×7 点阵/字符显示

dismode = 0x24,数据总线为 4 位,显示 1 行,5×10 点阵/字符显示

dismode = 0x28,数据总线为 4 位,显示 2 行,5×7 点阵/字符显示

dismode = 0x2c,数据总线为 4 位,显示 2 行, 5×10 点阵/字符显示

dismode = 0x30,数据总线为 8 位,显示 1 行, 5×7 点阵/字符显示

dismode = 0x34,数据总线为 8 位,显示 1 行,5×10 点阵/字符显示

dismode = 0x38,数据总线为 8 位,显示 2 行, 5×7 点阵/字符显示

dismode = 0x3c,数据总线为 8 位,显示 2 行, 5×10 点阵/字符显示

disctr = 0x09,关显示,无光标

disctr = 0x0d,开显示,无光标,光标不闪烁

disctr = 0x0e,开显示,有光标,光标不闪烁

disctr = 0x0f,开显示,有光标,光标闪烁

inputmode = 0x04,写入新数据后,光标左移;写入新数据后,显示屏不移动

inputmode = 0x05,写入新数据后,光标左移;写入新数据后,显示屏整体右移 1 个字符

inputmode = 0x06,写入新数据后,光标右移;写入新数据后,显示屏不移动

inputmode = 0x07,写入新数据后,光标右移;写入新数据后,显示屏整体右移 1 个字符

返回值:无

函数作者:果子冰

创建时间: 2011-06-17

** /

```
void LCDInit(uchar dismode, uchar disctr, uchar inputmode)
{   Delay(40);                            //延时 40ms,确保 LCD 工作稳定
    WriteCode(dismode);
    WriteCode(disctr);
    WriteCode(0x01);                      //清除显示
    WriteCode(inputmode);
}
void DisPlay(uchar a[2][16])
{   uchar i;
    LCDInit(0x38,0x0c,0x06);
    WriteCode(0x80);
    for(i = 0; i < 16; i++)               //显示第一行字符串
    {
        WriteData(a[0][i]);
    }
    WriteCode(0x80+0x40);
    for(i = 0; i < 16; i++)               //显示第二行字符串
```

```
        {
            WriteData(a[1][i]);
        }
    }
}
/ *************************************************************************
函数名称: uchar KeyScand()
函数功能: 扫描法按键检测,检测哪个键按下
入口参数: 无
返回值: 按下的按键值
函数作者: 果子冰
创建时间: 2011-06-17
 *************************************************************************** /
uchar KeyScand()
{
    uchar temp = 0, i, ScandCode, key = 0;
    P1 = 0xf0;                          //列线置低电平,行线置高电平
    temp = P1 & 0xf0;                   //读行线 I/O 电平
    if(0xf0 != temp)                    //判断是否有键按下
    {
        Delay(10);                      //延时 10ms,去抖动
        temp = P1 & 0xf0;               //再次读行线 I/O 电平
        if(0xf0 != temp)
        {
            temp = ~temp;               //取反
            key = temp & 0xf0;          //取得按键所在行值

            ScandCode = 0xfe;           //逐列扫描列
            for(i = 1; i < 4; i++)
            {
                P1 = ScandCode;         //置相应扫描列为低电平,其他列为高电平
                temp = P1 & 0xf0;       //获取行线电平
                if(0xf0 != temp)        //是否有行线变为低电平,若有,读取列值
                {
                    temp = ScandCode;   //获得扫描值
                    temp = ~temp;       //取反
                    temp = temp & 0x0f; //取得按键所在列值
                    key = key + temp;   //取得按键码值
                    temp = P1 & 0xf0;
                    while(0xf0 != temp)temp = P1 & 0xf0;    //等待按键释放
                    break;              //提前跳出 for 循环
                }
                else
                {
                    ScandCode = (ScandCode << 1) + 0x01;   //扫描值左移一位,最后一
                                                           //位补 1,扫描下一列
                }
            }
        }
        switch(key)                     //查找按键码表,转换为相应码值
```

```
                {
                    case 0x11 : key = 1 ; break;        //对应按键 1
                    case 0x12 : key = 2 ; break;        //对应按键 2
                    case 0x14 : key = 3 ; break;        //对应按键 3
                    case 0x21 : key = 4 ; break;        //对应按键 4
                    case 0x22 : key = 5 ; break;        //对应按键 5
                    case 0x24 : key = 6 ; break;        //对应按键 6
                    case 0x41 : key = 7 ; break;        //对应按键 7
                    case 0x42 : key = 8; break;         //对应按键 8
                    case 0x44 : key = 9; break;         //对应按键 9
                    case 0x81 : key = 10; break;        //对应按键 *
                    case 0x82 : key = 11; break;        //对应按键 0
                    case 0x84 : key = 12; break;        //对应按键 #
                    default : key = 0 ; break;
                }
            }
        return key;
    }
/ ***************************************************************************
函数名称: uint GetPassword()
函数功能: 获得输入的密码
入口参数: 无
返回值: PasswordTemp,输入的密码
函数作者: 果子冰
创建时间: 2011-06-17
    *************************************************************************** /
uint GetPassword()
{   uchar key = 0;
    uint PasswordTemp = 0;
    WriteCode(0x80+0x40);
    while(key != 12)                          //等待确认键 # 按下
    {
        while(key == 0)key = KeyScand();     //等待按键按下
        if( key == 11)                        //0 键按下
        {
            PasswordTemp = 10 * PasswordTemp;
            WriteData(' * ');                //显示 * 代替输入的密码
            key = 0;
        }
        else if(key < 10)                     //输入按键 1~9
        {
            PasswordTemp = 10 * PasswordTemp + key;
            WriteData(' * ');                //显示 * 代替输入的密码
            key = 0;
        }else if(key == 10)                   //取消密码输入,返回主菜单
        {
            key = 0;
            PasswordTemp = 0;
            break;
```

```
        }
    }
    return PasswordTemp;
}
/ **************************************************************************
函数名称: void Unlock()
函数功能: 开锁。如果输入密码正确,则开锁,指示灯亮;否则,蜂鸣器响,报警,直到密码输入正
          确,蜂鸣器停止报警
入口参数: 无
返回值: 无
函数作者: 果子冰
创建时间: 2011-06-17
************************************************************************** /
void Unlock()
{
    uchar key = 0,i;                    //key 保持按键值
    uint PasswordTemp = 0;
    uchar Menu2[16]={
    "Input Password "};
    while(1)
    {
        LCDInit(0x38,0x0f,0x06);        //LCD 初始化
        WriteCode(0x80);
        for(i = 0; i < 16; i++)         //显示开锁菜单
        {
            WriteData(Menu2[i]);
        }
        PasswordTemp = GetPassword();   //获得密码
        if(PasswordTemp == Password)    //判断密码是否正确
        {
            LOCK = 0;                   //开锁
            LEDG = 1;                   //开锁指示灯亮
            Buzzer = 1;                 //关蜂鸣器
            Delay(2000);                //延时 2s
            LOCK = 1;                   //关锁
            LEDG = 0;                   //开锁指示灯灭
            break;
        }
        else
        {
            Buzzer = 0;                 //蜂鸣器响,报警
        }
    }
    DisPlay(Menu1);                     //显示主界面
}
/ **************************************************************************
函数名称: void NewPassWord()
函数功能: 修改密码
入口参数: 无
```

返回值：无

函数作者：果子冰

创建时间：2011-06-17

** /

```c
void NewPassWord()
{
    uchar key = 0,i,count = 0;                    //key 保持按键值,count 保持输入密码次数
    uint PasswordTemp1 = 0;
    uint PasswordTemp2 = 0;
    uchar Menu3[16]={
    "Old Password   "};
    uchar Menu4[16]={
    "New Password   "};
    uchar Menu5[16]={
    "Input Again    "};
    uchar code Menu6[16]={
    "Change Success "};
    uchar code Menu7[16]={
    "Error   "};
    while(1)
    {
        LCDInit(0x38,0x0f,0x06);
        WriteCode(0x80);
        for(i = 0; i < 16; i++)                   //显示输入旧密码
        {
            WriteData(Menu3[i]);
        }
        WriteCode(0x80+0x40);
        PasswordTemp1 = GetPassword();            //取得密码
        if(PasswordTemp1 == Password)
        {
            LCDInit(0x38,0x0f,0x06);
            WriteCode(0x80);
            for(i = 0; i < 16; i++)               //显示输入新密码
            {
                WriteData(Menu4[i]);
            }
            WriteCode(0x80+0x40);
            PasswordTemp1 = GetPassword();        //取得密码
            LCDInit(0x38,0x0f,0x06);
            WriteCode(0x80);
            for(i = 0; i < 16; i++)               //显示重新输入新密码
            {
                WriteData(Menu5[i]);
            }
            WriteCode(0x80+0x40);
            PasswordTemp2 = GetPassword();        //取得密码
            if(PasswordTemp2 == PasswordTemp1)
            {//如果两次输入的密码相同,则更新密码
```

```
                    Password = PasswordTemp2;
                    LCDInit(0x38,0x0c,0x06);
                    WriteCode(0x80);
                    for(i = 0; i < 16; i++)          //显示密码已改变
                    {
                        WriteData(Menu6[i]);
                    }
                    Delay(1000);break;
                }else
                {

                    LCDInit(0x38,0x0c,0x06);
                    WriteCode(0x80);
                    for(i = 0; i < 16; i++)          //显示密码输入错误,请重新输入密码
                    {
                        WriteData(Menu7[i]);
                    }
                    Delay(100);
                }
            }
            else
            {
                LCDInit(0x38,0x0c,0x06);
                WriteCode(0x80);
                for(i = 0; i < 16; i++)              //密码输入不正确,显示重新输入密码
                {
                    WriteData(Menu7[i]);
                }
                Delay(100);break;
            }
        }
    DisPlay(Menu1);                                  //返回主菜单
}
/ ********************************************************************
函数名称: void main()
函数功能: 主函数,反转法检测键盘并显示
入口参数: 无
返回值: 无
函数作者: 果子冰
创建时间: 2011-06-12
******************************************************************** /
void main()
{
    uchar key = 0;
    Buzzer = 1;                                      //关蜂鸣器
    LEDG = 0;                                        //开锁指示灯初始灭
    //设定8位接口,两行显示模式,5×7点阵模式
    //设定显示开,无光标模式
    //设定AC为+1模式,显示不移动
    DisPlay(Menu1);                                  //显示主菜单
    while(1)
    {
        key = KeyScand();                            //扫描按键
```

```
        switch(key)
        {
            case 1 : Unlock( );break;            //按键 1 按下,则进入开锁模式
            case 2 : NewPassWord( );break;       //按键 2 按下,则进入密码修改模式
            default: break;
        }
    }
}
```

小结

1. 键盘是单片机应用系统中最常用的输入设备。通过键盘输入数据或命令,可以实现简单的人机对话。

2. 键盘按照结构原理,可分为触点式开关键盘和非触点式开关键盘;按编码方式,可分为编码键盘和非编码键盘。编码键盘除了键开关外,还需要有去抖动电路、防串扰保护电路以及专门的用于识别闭合键并产生按键代码的集成电路。编码键盘的优点是所需软件简短;缺点是硬件电路比较复杂,成本较高。非编码键盘仅由键开关组成,按键识别、按键代码的产生以及去抖动等功能均由软件编程完成。非编码键盘的优点是电路简单,成本低;缺点是软件编程较复杂。

3. 线性键盘的每一个按键都是单独与单片机的 I/O 口相连,每一个按键都需要单片机的 I/O 口,占用单片机的硬件资源较多。

4. 在按键数量较多的情况下,将按键开关设置在行线和列线的交叉点上,行线和列线分别连接在按键的两端,进而构成矩阵键盘,以节约单片机的 I/O 口。

5. 矩阵非编码键盘的检测方法主要有线反转法和行扫描法。

习题

一、填空题

1. 机械式按键的抖动时间一般为_____ s。

2. 软件消除抖动时,所用的延时子程序延迟时间一般为_____ s。

3. 键盘按照接口原理分为_____键盘和_____键盘。

4. 键盘通常有_____、_____和_____三种扫描方式。

5. 若键盘闭合键的识别是由专用硬件实现,则称为_____键盘。

二、简答题

1. 为什么要消除键盘的机械抖动? 有哪些方法?

2. 试说明非编码键盘的工作原理。如何判断按键释放?

3. 设计一个 2×2 的行列式键盘(同在 P1 口)电路并编写键扫描程序。

4. 试设计一个 LED 显示器/键盘电路。

电子琴设计

电子琴又称电子键盘，是一种电子乐器，它采用 PCM 或 AWM 采样音源，将其数字化后存入 ROM，然后通过按下按键（电子琴一般有 61～88 个按键不等）使 CPU 回放该音，从而产生不同的演奏效果。电子琴的发音音量可以自由调节，音域较宽，和声丰富，甚至可以演奏出一个管弦乐队的效果，表现力极其丰富，是电声乐队的中坚力量，常用于独奏主旋律并伴以丰富的和声。

项目任务描述

本项目采用 STC89C51 单片机为核心，用 4×4 个按键组成 16 个按键矩阵，以 1602 点阵字符型 LCD 显示器为显示媒介，设计一个简易电子琴。该电子琴的 16 个按键矩阵设计成 16 个音，可随意弹奏想要表达的音乐；按键按下的同时，显示按键号；该电子琴具有自动播放已存曲目、实时显示乐谱功能。

本项目对知识和能力的要求如表 4-1 所示。

表 4-1　项目对知识和能力的要求

项目名称	学习任务单元划分	任务支撑知识点	项目支撑工作能力
电子琴设计	单片机的中断系统	①中断的概念；②中断的分类；③51 系统单片机的中断系统；④中断的控制；⑤中断的扩展；⑥中断函数的编写；⑦中断的嵌套	资料筛查与利用能力；新知识、新技能获取能力；组织、决策能力；独立思考能力；交流、合作与协商能力；语言表达与沟通能力；规范办事能力；批评与自我批评能力
	单片机的定时器/计数器	①定时器/计数器的工作原理；②定时器/计数器的控制寄存器；③定时器/计数器的工作方式；④定时器/计数器初始值的计算和音乐的播放	
	电子琴设计实践	①电子琴仿真电路设计；②电子琴程序设计；③电子琴 PCB 电路图设计和电路制作；④电子琴测试	

4.1　单片机的中断系统

4.1.1　中断的基本概念

　　什么是中断？举个生活中的简单例子,当你正在看书的时候,突然电话铃响了,你放下书本,去接电话,和来电话的人交谈,然后放下电话,回来继续看你的书。这就是生活中的"中断"现象。因此,所谓中断,就是正常的工作过程被外部事件打断了。引起中断的事件就称为中断源,如本例中的电话铃响。而停止当前正在做的事情(看书)去完成突发的事件(接电话)就称为中断处理,如图 4-1 所示。在这里,电话铃响是随机的,不可预测的,是突然发生的。因此,中断具有随机性、突然性、紧急性的特点。中断还具有嵌套特性。当你在接电话的过程中,门铃响了,你的家人回来了,于是你叫通话的人等一下,你去开门,开完门后继续通话,通话完毕再回去看书,如图 4-2 所示。由此可见,一个人在同一时刻只能够干一件事情,因此当多件突发事情发生的时候,我们往往根据事情的紧急程度来决定先处理哪一件事情,处理完毕再执行次紧急的事情。这种根据突发事情的紧急程度人为设置的事件处理优先级别就称为中断的优先级。

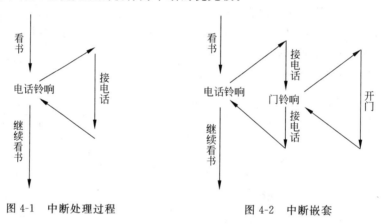

图 4-1　中断处理过程　　　　　　　　图 4-2　中断嵌套

　　在单片机应用中,同样存在类似的情况。我们知道,单片机只有一个 CPU,在同一时刻只能处理一件事情。在正常情况下,单片机是按顺序执行的,根据 main()函数的执行顺序调用不同的函数执行相应的处理。而在单片机执行的过程中会出现很多意外的事件,而且这些事件的发生通常是随机的。例如,在例 3.4 中,我们是以扫描按键的方式检测按键,如果主函数的显示延时过久,当按键按下的时候,可能单片机正在执行数码管显示操作,等显示延时完毕再去扫描按键,按键已经释放,将导致刚才的按键没有起作用。为了解决这种问题,单片机采用中断机制进行处理。具体来讲,就是当单片机执行主程序时,若系统中出现某些紧急的需要立即处理的异常情况或者特殊的请求(中断请求),单片机暂时中止现在执行的程序,转而去执行随机发生的更加紧迫的事件(中断响应),处理完毕后,单片机返回原来的主程序继续执行,如图 4-3 所示。当有多个紧急事件发生时,单片机将根据预先设置好的中断优先级,先处理优先级最高的紧急事件,最高优先级的紧急事件处理完毕之后再去处理次优先级的事件。高优先级的事件可以打断低优先级的事件,实现中断的嵌套,如图 4-4 所示。

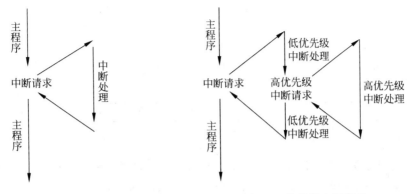

图 4-3 单片机中断处理过程　　　　　图 4-4 单片机中断嵌套

在单片机中,根据中断引起的原因不同可分为内部中断和外部中断。内部中断是指由 CPU 运行程序错误或执行内部程序调用引起的一种中断,也称为软件中断;外部中断是指由外部设备通过硬件请求的方式产生的中断,也称为硬件中断。其中,外部中断又分为不可屏蔽中断和可屏蔽中断两种类型。不可屏蔽中断是指当中断发生时,单片机必须立即无条件予以响应。可屏蔽中断是指单片机对中断的响应是有条件的,只有在该条件满足的前提下,才响应该中断;否则,即使有中断请求,也不进行中断处理。不可屏蔽中断主要用于处理系统的意外或故障,如电源掉电、存储器读/写错误等;可屏蔽中断主要用于单片机与外部设备数据交换。

在单片机中采用中断技术,具有如下优点。

(1) 提高单片机的工作效率。由于外部设备的工作速度往往低于单片机的工作速度,采用中断机制,可以避免不必要的等待和查询,使得单片机可以与多个外设并行工作,当外设处理完一件事情之后,就发送中断请求,单片机执行中断处理函数之后,继续执行其他程序,这样大大提高了单片机的工作效率。

(2) 实时处理。在实时控制中,现场的各种参数、信息均随时间和现场而变化。不可屏蔽中断发送时,单片机必须立即无条件予以响应,提高了单片机对外部环境变化的响应速度。

(3) 故障处理。系统的失常、故障的发生,可通过中断立即通知单片机,使得单片机能够立即处理,提高了故障处理的应急能力。

4.1.2 MCS-51 系列单片机中断控制

1. MCS-51 单片机中断系统

MCS-51 系列单片机具有 5 个中断源,它们分别是两个外部中断($\overline{\text{INT0}}$,对应 P3.2 引脚,$\overline{\text{INT1}}$,对应 P3.3 引脚)、两个定时器溢出中断(T0 溢出中断和 T1 溢出中断)和一个串口中断(TI/TR 中断)。在程序存储器中,每个中断源都固定对应一个中断服务程序入口地址(又称中断向量地址)和中断号,因此当单片机响应中断处理的时候,就可以根据中断服务程序入口地址进入中断服务程序,如表 4-2 所示。

表 4-2　51 系列单片机中断源

中断编号	中断源符号	中断源名称	中断入口地址
0	$\overline{INT0}$	外部中断 0	0003H
1	T0	定时器/计数器 T0 中断	000BH
2	$\overline{INT1}$	外部中断 1	0013H
3	T1	定时器/计数器 T1 中断	001BH
4	TI/TR	串行口中断	0023H

中断过程是在硬件基础上再配以相应的软件而实现的,不同的单片机其硬件结构和软件指令是不完全相同的,因此,中断系统也是不相同的。对于 MCS-51 系列单片机,要使单片机响应中断,即从主程序转去执行中断函数,除了要有中断发生,还必须设置相应的控制位,允许单片机响应中断,否则,即使有中断发生,单片机也不会执行中断函数。MCS-51 系列单片机的中断系统结构如图 4-5 所示。

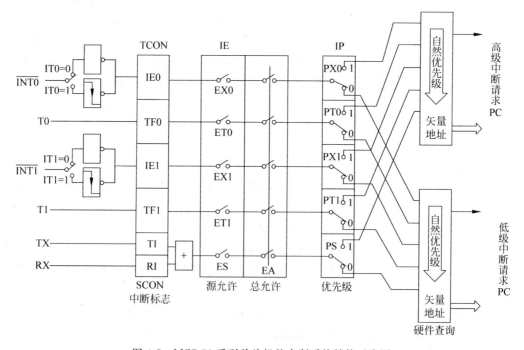

图 4-5　MCS-51 系列单片机的中断系统结构示意图

如图 4-5 所示,MCS-51 中断系统由 4 个与中断相关的特殊功能寄存器 TCON、SCON、IE、IP 和中断顺序查询逻辑电路组成。TCON、SCON、IE、IP 特殊功能寄存器格式分别如表 4-3、表 4-4、表 4-5 和表 4-6 所示,各位的具体含义与功能如表 4-7 所示。TCON、SCON、IE、IP 特殊功能寄存器既可按字节寻址,也可以按位寻址。

（1）定时器/计数器控制寄存器 TCON（字节地址 88H，允许位寻址）

表 4-3　TCON 控制寄存器格式

位地址	8FH	8EH	8DH	8CH	8BH	8AH	89H	88H
TCON	TF1	TR1	TF0	TR0	IE1	IT1	IE0	IT0

（2）串行口控制寄存器 SCON（字节地址 98H，允许位寻址）

表 4-4　SCON 控制寄存器格式

位地址	9FH	9EH	9DH	9CH	9BH	9AH	99H	98H
SCON	SM0	SM1	SM2	REN	TB8	RB8	TI	RI

（3）中断允许控制寄存器 IE（字节地址 A8H，允许位寻址）

表 4-5　IE 控制寄存器格式

位地址	AFH	AEH	ADH	ACH	ABH	AAH	A9H	A8H
IE	EA	未定义	未定义	ES	ET1	EX1	ET0	EX0

（4）中断响应优先级控制寄存器（字节地址 B8H，允许位寻址）

表 4-6　IP 控制寄存器格式

位地址	BFH	BEH	BDH	BCH	BBH	BAH	B9H	B8H
IP	未定义	未定义	未定义	PS	PT1	PX1	PT0	PX0

表 4-7　MCS-51 中断控制位

位名称	位地址	功　能　描　述
EA	AFH	中断允许总控制位。EA＝1，开发总中断；EA＝0，关闭总中断
IT0	88H	外部中断 0 请求方式控制位。IT0＝0，电平触发方式，$\overline{\text{INT0}}$(P3.2)低电平有效；IT0＝1，边沿触发方式，$\overline{\text{INT0}}$(P3.2)负跳变有效。软件置位或复位
IE0	89H	外部中断 0 中断标志位。$\overline{\text{INT0}}$(P3.2)输入信号有效，引发中断，硬件置 IE0＝1，向 CPU 提出中断申请；CPU 响应中断，执行中断程序后，硬件置 IE0＝0，复位
EX0	A8H	外部中断 0 中断允许控制位。EX0＝0，禁止外部中断 0；EX0＝1，允许外部中断 0。软件置位或复位
PX0	B8H	外部中断 0 优先级控制位。PX0＝0，外部中断 0 设置为低优先级中断；PX0＝1，外部中断 0 设置为高优先级中断。默认 PX0＝0，为低优先级。软件置位或复位
IT1	8AH	外部中断 1 请求方式控制位。IT1＝0，电平触发方式，$\overline{\text{INT1}}$(P3.3)低电平有效；IT1＝1，边沿触发方式，$\overline{\text{INT1}}$(P3.3)负跳变有效。软件置位或复位
IE1	8BH	外部中断 1 中断标志位。$\overline{\text{INT1}}$(P3.3)输入信号有效，引发中断，硬件置 IE1＝1，向 CPU 提出中断申请；CPU 响应中断，执行中断程序后，硬件置 IE1＝0，复位

续表

位名称	位地址	功能描述
EX1	AAH	外部中断1中断允许控制位。EX1＝0，禁止外部中断1；EX1＝1，允许外部中断1。软件置位或复位
PX1	BAH	外部中断1优先级控制位。PX1＝0，外部中断1设置为低优先级中断；PX1＝1，外部中断1设置为高优先级中断。默认PX1＝0，为低优先级。软件置位或复位
TF0	8DH	定时器/计数器T0溢出中断申请标志位。当定时器/计数器T0产生溢出（定时器/计数器从全"1"变为全"0"），硬件置TF0＝1，申请中断，CPU响应中断，转中断处理程序后，硬件置TF0＝0。TF0也可以软件查询后清除，软件置TF0＝0
ET0	A9H	定时器/计数器T0中断允许控制位。ET0＝0，禁止T0中断；ET0＝1，允许T0中断。ET0由软件置位或复位
TR0	8CH	定时器/计数器T0启动控制位。TR0＝0，T0停止计数；TR0＝1，启动计数
PT0	B9H	定时器/计数器T0优先级控制位。PT0＝0，T0设置为低优先级中断；PT0＝0，T0设置为高优先级中断。默认PT0＝0，为低优先级。软件置位或复位
TF1	8FH	定时器/计数器T1溢出中断申请标志位。当定时器/计数器T1产生溢出（定时器/计数器从全"1"变为全"0"），硬件置TF1＝1，申请中断，CPU响应中断，转中断处理程序后，硬件置TF1＝0。TF1也可以软件查询后清除，软件置TF1＝0
ET1	ABH	定时器/计数器T1中断允许控制位。ET1＝0，禁止T1中断；ET1＝1，允许T1中断。ET1由软件置位或复位
TR1	8EH	定时器/计数器T1启动控制位。TR1＝0，T1停止计数；TR1＝1，T1启动计数
PT1	BBH	定时器/计数器T1优先级控制位。PT1＝0，T1设置为低优先级中断；PT1＝0，T1设置为高优先级中断。默认PT1＝0，为低优先级。软件置位或复位
TI	99H	串行口发送中断标志位。发送完一帧数据，硬件置TI＝1，申请串行中断，CPU响应中断，转串行中断处理程序后并不由硬件置TI＝0，必须由软件置TI＝0
RI	98H	串行口接收中断标志位。接收完一帧数据，硬件置RI＝1，申请串行中断，CPU响应中断，转串行中断处理程序后并不由硬件置RI＝0，必须由软件置RI＝0
ES	ACH	串行口中断允许控制位。ES＝0，禁止串行口中断；ES＝1，允许串行口中断。软件置位或复位
PS	BCH	串行口优先级控制位。PS＝0，串行口设置为低优先级中断；PS＝0，串行口设置为高优先级中断。默认PS＝0，为低优先级。软件置位或复位

  由于单片机复位的时候是清零的，即 TCON、SCON、IE、IP 等特殊功能寄存器的默认初始值都为 0。因此，用户对中断的控制和管理，实际上就是对 TCON、SCON、IE、IP 等特殊功能寄存器进行设置，这个过程又称中断的初始化设置，然后编写相应的中断处理函数。对特殊功能寄存器设置，既可以对整个寄存器的 8 个位一起设置（字寻址），也可以单独设置相应的位的值（位寻址）。外部中断 0、外部中断 1 的初始化程序流程图如图 4-6 和图 4-7 所示。至于串口中断和定时器/计数器中断的控制，在后面的章节介绍。

  如图 4-5 所示，MCS-51 单片机复位后，5 个中断源的优先级默认为低优先级。MCS-51 单片机对中断的响应原则为：

  （1）同一优先级（PX0、PT0、PT1、PX1、PS 位的值同为 0 或者都为 1）按外部中断 0＞定时器/计数器 T0＞外部中断 1＞定时器/计数器 T0＞串行口中断的顺序响应。

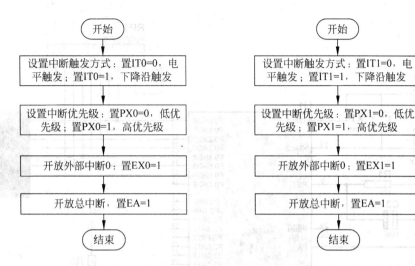

图 4-6 外部中断 0 初始化流程　　　　图 4-7 外部中断 1 初始化流程

（2）正在处理低优先级别的中断服务程序的时候，高优先级中断将打断低优先级的处理，先处理高优先级的中断服务程序后，再响应低优先级别的中断服务程序。

（3）正在处理高优先级别中断服务程序的时候，收到低优先级别的中断申请，不响应低优先级别的中断申请。

中断处理函数的定义格式如下：

void 函数名() interrupt 中断编号［using 工作寄存器编号］
{
    中断服务程序内容；
}

其中，中断编号为 0～4，对应 MCS-51 单片机的 5 个中断源，如表 4-2 所示。工作寄存器编号为可选项，值为 0～3，默认为 0，主要用于中断的现场保护。由于 C51 编译器在编译程序时会自动分配工作寄存器组，因此通常不写"using 工作寄存器编号"这句话。注意，中断函数不能返回任何值，所以函数类型为 void（空类型）；中断函数不能够带任何参数，所以函数名后面的小括号内为空。

【例 4.1】 利用外部中断 0 检测按键，循环显示 0～9。

仿真电路如图 4-8 所示，共阴极显示数字字符，按键 K_1 接 P3.2 端口，外部中断 0 设置为下降沿触发中断。当按键按下时候，P3.2 端口电压由高电平变为低电平，触发中断，单片机由主函数进入外部中断 0 处理函数（对应中断号为 0），外部中断 0 处理函数完成按键的检测和数字字符的循环显示功能。由于按键存在抖动，所以在中断函数中首先延时 10ms，再读取 P3.2 端口的电压状态。如果为低电平，表示确实有按键按下，显示数字字符（按键每按下一次，数字加 1，直到 9；然后又从 0 开始，如此循环），然后等待按键释放，跳出中断处理函数，返回主函数。主函数完成外部中断 0 初始化设置，数码管初始显示 0，然后进入死循环，防止程序跑偏。

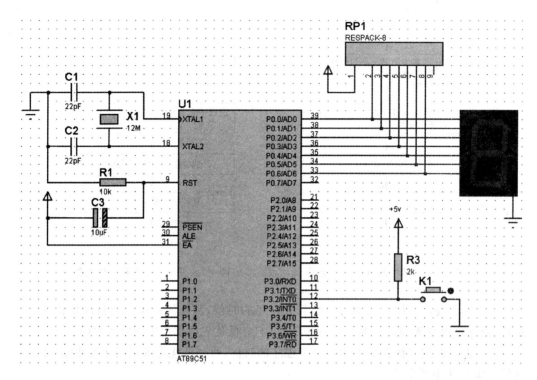

图 4-8　例 4.1 仿真电路

参考程序如下：

```
#include <reg51.h>
#define uchar unsigned char
uchar SegCode[10] =                              //共阴极数码管显示器 0~9 字形码
{0x3F,0x06,0x5B,0x4F,0x66,
 0x6D,0x7D,0x07,0x7F,0x6F};
uchar dat = 0;
/**********************************************************************
函数名称：void delay(uint x)
函数功能：实现 xms 延时
入口参数：x,定时时间形参
返回值：无
函数作者：果子冰
创建时间：2011-06-26
********************************************************************** /
void Delay(int x)
{
    uchar i;
    while(x--)
    {
        for(i = 0; i < 110; i++);
    }
}
```

```
/ *********************************************************************
函数名称: void INT0Init()
函数功能: 外部中断 0 初始化函数,设为下降沿触发,低优先级,开放中断
入口参数: 无
返回值: 无
函数作者: 果子冰
创建时间: 2011-06-26
********************************************************************* /
void INT0Init()
{
    INT0 = 1;                              //设置外部中断 0 为下降沿触发中断
    PX0 = 0;                               //设置外部中断 0 为低优先级中断
    EX0 = 1;                               //开放外部中断 0
    EA = 1;                                //开放总中断
}
void main()
{
    INT0Init();                            //外部中断 0 初始化
    P0 = SegCode[0];                       //数码管初始显示 0
    while(1);                              //死循环,防止程序跑偏
}
/ *********************************************************************
函数名称: void Int0() interrupt 0
函数功能: 外部中断 0 中断处理函数,实现按键检测,循环显示 0~9
入口参数: 无
返回值: 无
函数作者: 果子冰
创建时间: 2011-06-26
********************************************************************* /
void Int0() interrupt 0
{
    uchar temp=0;
    Delay(10);                             //延时 10ms,去抖动
    temp = P3 & 0x04;                      //读 P3.2 端口状态
    if(temp == 0)                          //有按键按下
    {
        dat++;
        if(dat > 9)
        {
            dat = 0;
        }
        P0 = SegCode[dat];                 //显示数字字符
        while(temp == 0)temp = P3 & 0x04;  //等待按键释放
    }
}
```

 思考:如果将外部中断 0 设置为低电平触发,应该怎么设计? 采用外部中断 1 呢?

2. MCS-51 单片机外部中断源的扩展

在一些实时、并发系统中,中断是有效的实现手段。然而,如图 4-5 所示,MCS-51

单片机的中断系统有 5 个中断源,其中只有 2 个外部中断请求输入端$\overline{INT0}$(P3.2)和$\overline{INT1}$(P3.3),2 个中断优先级,可实现 2 级中断嵌套。但在单片机的很多应用场合,往往需要多个外部中断输入端,MCS-51 单片机自身的中断系统不能满足要求,因此需要对外部中断源进行扩展。常用的 MCS-51 外部中断源扩展方式主要有用定时器作外部中断源扩展,以及中断和查询相结合扩展中断源。

(1)定时器作外部中断源扩展

MCS-51 单片机有两个定时器/计数器 T0 和 T1,在某些应用场合可将 T0 和 T1 设置为计数方式,计数初始值设置为满量程,则它们的计数输入端 T0(P3.4)或 T1(P3.5)引脚上发生负跳变时,计数器将加 1 产生溢出中断。利用此特性,可把计数器的溢出中断作为外部中断请求标志,从而把 T0 或者 T1 作为外部中断请求使用。

(2)中断和查询相结合扩展中断源

中断和查询相结合扩展中断源通过把各个中断源通过硬件(例如或非门电路)引入到单片机外部中断源输入端($\overline{INT0}$或$\overline{INT1}$),再把外部中断源送到单片机的某个输入/输出端口,当外部中断时,通过硬件引起单片机中断,在中断服务程序中通过软件查询,转到相应的中断服务程序。

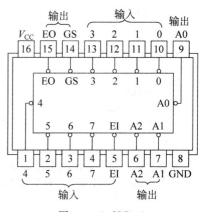

图 4-9　74HC148

【例 4.2】 利用 74HC148 译码电路扩展外部中断源 74HC148 元件,如图 4-9 所示,其真值表如表 4-8 所示。

表 4-8　74HC148 真值表

| 输　　入 | | | | | | | | | 输　　出 | | | | |
EI	0	1	2	3	4	5	6	7	A2	A1	A0	GS	EO
H	×	×	×	×	×	×	×	×	H	H	H	H	H
L	H	H	H	H	H	H	H	H	H	H	H	H	L
L	×	×	×	×	×	×	×	L	L	L	L	L	H
L	×	×	×	×	×	×	L	H	L	L	H	L	H
L	×	×	×	×	×	L	H	H	L	H	L	L	H
L	×	×	×	×	L	H	H	H	L	H	H	L	H
L	×	×	×	L	H	H	H	H	H	L	L	L	H
L	×	×	L	H	H	H	H	H	H	L	H	L	H
L	×	L	H	H	H	H	H	H	H	H	L	L	H
L	L	H	H	H	H	H	H	H	H	H	H	L	H

仿真电路如图 4-10 所示。按下 K_8,数值加 1;按下 K_7,数值加 2;按下 K_6,数值加 3;按下 K_5,数值加 4;按下 K_4,数值减 1;按下 K_3,数值减 2;按下 K_2,数值减 3;按下 K_1,数值减 4。数值最大值为 99,最小值为 0。显示器采用七段 2 位共阳数码管(7SEG-MPX2-CA),段选信号线接 P0.0~P0.6,位选信号线接 P1.0、P1.1,按键 K_1~K_2 分别接

74HC148 的信号输入端 0～7,GS 接单片机外部中断 0(INT0,P3.2 脚),输出端接 P2.0～P2.2。当有按键按下时,74HC148 对应输入端为低电平,GS 产生下降沿,触发中断。通过查询 P2.0～P2.2 引脚电平值,可确认哪个按键按下。

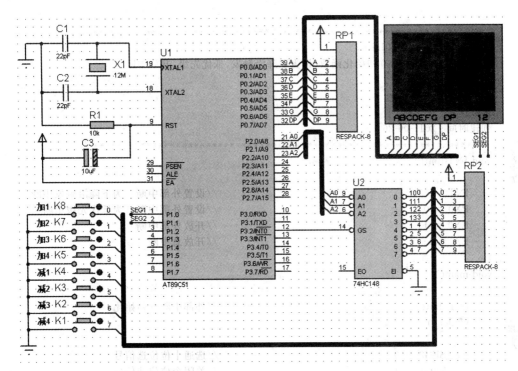

图 4-10 例 4.2 仿真电路图

参考程序如下:

```
#include <reg51.h>
#define uchar unsigned char
uchar SegCode[10] =                          //共阳极数码管显示器 0~9 字形码
{0xc0,0xf9,0xa4,0xb0,0x99,
 0x92,0x82,0xf8,0x80,0x90};
sbit SEG1 = P1^0;                            //定义十位数码管位选信号
sbit SEG2 = P1^1;                            //定义个位数码管位选信号
int dat = 10;
/ ***************************************************************
函数名称: void delay(uint x)
函数功能: 实现 xms 延时
入口参数: x,定时时间形参
返回值:无
函数作者:果子冰
创建时间: 2011-06-26
 *************************************************************** /
void Delay(int x)
{
    uchar i;
```

```
        while(x--)
        {
            for(i = 0; i < 110; i++);
        }
    }
/ *******************************************************************
函数名称: void INT0Init()
函数功能: 外部中断0初始化函数,设为下降沿触发,低优先级,开放中断
入口参数: 无
返回值: 无
函数作者: 果子冰
创建时间: 2011-06-26
  ******************************************************************* /
void INT0Init()
{
    INT0 = 1;                               //设置外部中断0为下降沿触发中断
    PX0 = 0;                                //设置外部中断0为低优先级中断
    EX0 = 1;                                //开放外部中断0
    EA = 1;                                 //开放总中断
}
void main()
{
    INT0Init();                             //外部中断0初始化
    while(1)
    {
        SEG2 = 0;                           //选通十位位选信号
        SEG1 = 1;                           //关闭个位位选信号
        P0 = SegCode[dat / 10];             //数码管显示十位
        Delay(10);
        SEG1 = 0;                           //选通个位位选信号
        SEG2 = 1;                           //关闭十位位选信号
        P0 = SegCode[dat % 10];             //数码管显示个位
        Delay(10);
    }
}
/ *******************************************************************
函数名称: void Int0() interrupt 0
函数功能: 外部中断0中断处理函数,实现按键检测,显示数字值的改变
入口参数:无
返回值: 无
函数作者: 果子冰
创建时间: 2011-06-26
  ******************************************************************* /
void Int0() interrupt 0
{
    uchar temp=0, key = 8;
    Delay(10);                              //延时10ms,去抖动
    temp = P2 & 0x07;                       //读P2口低3位状态
    if(temp != 0x07)                        //有按键按下
```

```
{    key = temp;                            //保存按键值
     while(temp != 0x07)temp = P2 & 0x07;   //等待按键释放
}else
{
     if(P3^2 == 0)                          //K₁ 按键按下
     {
          key = 7;
     }
}
switch(key)
{
     case 0 : dat = dat - 4;break;          //按键 K₁ 按下,减 4
     case 1 : dat = dat - 3;break;          //按键 K₂ 按下,减 3
     case 2 : dat = dat - 2;break;          //按键 K₃ 按下,减 2
     case 3 : dat--;break;                  //按键 K₄ 按下,减 1
     case 4 : dat = dat + 4;break;          //按键 K₅ 按下,加 4
     case 5 : dat = dat + 3;break;          //按键 K₆ 按下,加 4
     case 6 : dat = dat + 2;break;          //按键 K₇ 按下,加 4
     case 7 : dat++;break;                  //按键 K₈ 按下,加 4
     default : break;
}
if(dat > 99)
{
     dat = 99;
}
else if(dat < 0)
{
     dat = 0;
}
}
```

4.2 单片机的定时器/计数器

4.2.1 定时器/计数器概述

在前面的章节中我们曾利用 CPU 执行一段程序来实现延时,但是这种延迟的时间很不精确,而且受中断的干扰,因为中断发生的时候将打断主函数的执行,进入中断函数,而中断函数的执行需要消耗一定的时间,这样,等中断处理完毕再回到延时函数继续执行,会出现延时的误差。因此,在单片机的应用场合中,为了获得精确的定时,不能够采用软件延时的方式,而是采用单片机内部自带的两个 16 位加法定时器/计数器或者硬件定时来实现。

MCS-51 单片机定时器/计数器内部电路如图 4-11 所示。

如图 4-11 所示,MCS-51 单片机内部含两个 16 位定时器/计数器 T0 和 T1,分别由两个 8 位专用寄存器组成:T0 由 TH0 和 TL0 构成,T1 由 TH1 和 TL1 构成。T0 和 T1本质为加法计数器。当 T0 或 T1 用作计数器时,对芯片引脚 T0(P3.4)或 T1(P3.5)上输

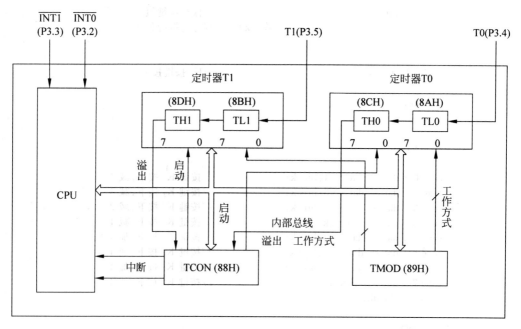

图 4-11　MCS-51 单片机定时器/计数器内部电路

入的脉冲计数,每输入一个脉冲,加法计数器加 1;当 T0 或 T1 用作定时器时,对内部机器周期(1 机器周期＝12 时钟周期)脉冲计数,由于机器周期是定值,故计数值一定时,时间也随之确定。每来一个脉冲,数值加 1,直到计数溢出,向单片机提出中断申请。

4.2.2　定时器/计数器控制

如图 4-11 所示,定时器/计数器 T0 和 T1 受方式寄存器 TMOD 和定时器控制寄存器 TCON 控制。方式寄存器 TMOD 设定 T0 和 T1 的工作方式;TCON 控制 T0 和 T1 的启动和停止。方式寄存器 TMOD 和控制寄存器 TCON 的格式和含义如下所述。

(1) 定时器/计数器控制寄存器 TCON(字节地址 88H,允许位寻址)格式如表 4-9 所示。

表 4-9　TCON 控制寄存器格式

位地址	8FH	8EH	8DH	8CH	8BH	8AH	89H	88H
TCON	TF1	TR1	TF0	TR0	IE1	IT1	IE0	IT0

在 TCON 控制寄存器中,与定时器/计数器 T0 和 T1 有关的控制位有 TF1、TF0、TR1 和 TR0。

① TF1:定时器/计数器 T1 溢出中断申请标志位。当定时器/计数器 T1 产生溢出(定时器/计数器从全"1"变为全"0"),硬件置 TF1＝1,申请中断,CPU 响应中断;转中断处理程序后,硬件置 TF1＝0。TF1 也可以软件查询后清除,软件置 TF1＝0。

② TR1：定时器/计数器 T1 启动控制位。当 GATE ＝ 0 时,由 TR1 启动 T1。TR1＝1,T1 启动计数;TR1＝0,T1 停止计数。当 GATE ＝ 1 时,由外部中断引脚$\overline{INT1}$(P3.3)和 TR1 启动 T1。$\overline{INT1}$＝1,TR1＝1,启动 T1 计数;TR1＝0,或者$\overline{INT1}$＝0,T1 停止计数。

③ TF0：定时器/计数器 T0 溢出中断申请标志位。其功能及操作同 TF1。

④ TR0：定时器/计数器 T0 启动控制位。其功能及操作同 TR1。

(2) 定时器/计数器工作方式寄存器 TMOD(字节地址 89H,不允许位寻址)格式如表 4-10 所示。

表 4-10　TMOD 工作方式寄存器格式

位	D7	D6	D5	D4	D3	D2	D1	D0
TMOD	GATE	C/$\overline{T}$	M1	M0	GATE	C/$\overline{T}$	M1	M0

表中,TMOD 的低 4 位用于控制 T0 的工作方式,高 4 位用于控制 T1 的工作方式,它们的含义完全相同。

① GATE：门控制位。GATE＝0,由软件控制启动 T0 和 T1 定时器(软件置 TR0＝1,启动 T0 定时器;软件置 TR0＝0,T0 定时器停止计数。软件置 TR1＝1,启动 T1 定时器;软件置 TR1＝0,T1 定时器停止计数);GATE＝1,由外部中断引脚$\overline{INT0}$(P3.2)、$\overline{INT1}$(P3.3)输入电平,和 TR0、TR1 一起分别控制 T0 和 T1 的运行。即$\overline{INT0}$(P3.2)输入高电平,且软件置 TR0＝1,方可启动 T0 定时器;$\overline{INT0}$(P3.2)输入低电平或者软件置 TR0＝0,均可以停止 T0 定时器。$\overline{INT1}$(P3.3)输入高电平,且软件置 TR1＝1,方可启动 T1 定时器;$\overline{INT1}$(P3.3)输入低电平或者软件置 TR1＝0,均可以停止 T1 定时器。

② C/$\overline{T}$：功能选择位。C/$\overline{T}$＝0,设置为定时器工作方式;C/$\overline{T}$＝1,设置为计数器工作方式,对外部输入脉冲进行计数。

③ M1、M0：工作方式选择位。定时器/计数器 T0 和 T1 共有 4 种工作方式,由 M0 和 M1 来选择,如表 4-11 所示。

表 4-11　T0、T1 工作方式选择

M1	M0	工作方式	功 能 说 明	最大计数值
0	0	方式 0	13 位计数器	$2^{13}＝8192$
0	1	方式 1	16 位计数器	$2^{16}＝65536$
1	0	方式 2	自动重新装入计数初始值的 8 位定时器/计数器	$2^8＝256$
1	1	方式 3	T0 用作 2 个 8 位定时器/计数器,关闭 T1	$2^8＝256$

• 方式 0

当定时器 T0 工作于方式 0 时,构成一个 13 位定时器/计数器,其逻辑电路结构图如图 4-12 所示。T1 工作于方式 0 时的结构和操作与定时器 T0 完成相同。

如图 4-12 所示,定时器 T0 工作于方式 0,由 13 位构成,其中高 8 位在 TH0 中,低 5 位在 TL0 中,TR0、GATE、$\overline{INT0}$控制 T0 的启动。当 GATE＝0 时,T0 由 TR0 控制启动;

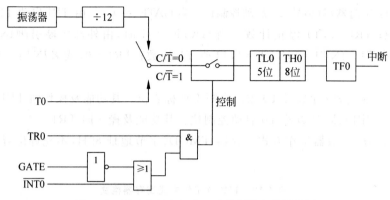

图 4-12　T0(或 T1)方式 0 时的逻辑电路结构图

当 GATE $=1$ 时，TR0 和 $\overline{\text{INT0}}$ 共同控制 T0 的启动。$C/\overline{T}$ 控制 T0 的工作方式，$C/\overline{T}=0$，T0 作为定时器使用，选择系统时钟的 12 分频作为计数源，T0 对机器周期进行计数，计数时间间隔 $T=12$ 时钟周期。例如，当 CPU 晶振频率为 12MHz 时，计数时间间隔 $1\mu s$，最大可定时时间为 $2^{13}=8192\mu s$。定时时间计算方法为

$$T = (2^{13} - N) \times 12/f_{osc}$$

其中，N 为定时时间初始值，f_{osc} 为 CPU 时钟频率。N 值的低 5 位放 TL0，高 8 位放 TH0，每当来一个时钟脉冲，TL0 加 1。如果产生溢出，自动向 TH0 进位，TH0 加 1，当 TH0 产生溢出时，中断位 TF0 自动置位，并申请中断。T0 工作于方式 0 时，定时器初始值不会自动重载，因此需要在中断处理函数中再次赋予 TL0、TH0 初始值。方式 0 不适合于精确的定时。

当 $C/\overline{T}=1$ 时，T0 工作于计数方式，外部计数脉冲由 T0(P3.4)脚输入。当外部信号电平发生由 1 到 0 的负跳变，计时器加 1，直到 TH0 产生溢出，产生中断申请。

定时器 T0、T1 工作于方式 0 的初始化流程图如图 4-13 和图 4-14 所示。

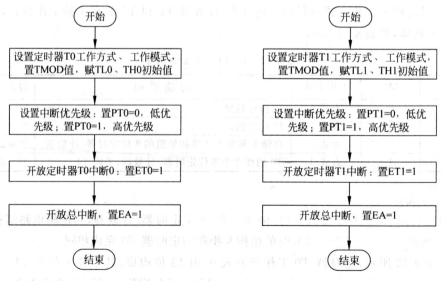

图 4-13　定时器 T0 初始化流程图　　　　　图 4-14　定时器 T1 初始化流程图

定时器 T0 中断函数编写格式如下：

```
void Timer0() interrupt 1
{
    TL0 = 初始值；
    TH0 = 初始值；
    中断处理；
}
```

定时器 T1 中断函数编写格式如下：

```
void Timer0() interrupt 3
{
    TL1 = 初始值；
    TH1 = 初始值；
    中断处理；
}
```

【例 4.3】　60s 定时器。

利用 T0 设计一个 60s 定时器，仿真电路如图 4-15 所示。当按下计时按键 K_1 时，开始计时。定时时间到，发光二极管 D_1 闪烁，蜂鸣器响；按下清零按键 K_2，发光二极管熄灭，蜂鸣器不响，显示器显示 0。显示器采用两个七段共阳数码管（7SEG-COM-ANODE），分别显示十位和个位，信号线分别接 P0.0～P0.6 和 P2.0～P2.6，采用静态显示方式，按键 K_1 和 K_2 接 P3.3 和 P3.2，蜂鸣器接 P1.1，发光二极管 D1 接 P1.0。本例单片机采用时钟频率 12MHz，定时时间 60s＝60000ms。当定时 1ms 时，得初始值

$$N = 2^{13} - T \times f_{osc}/12 = 8192 - 1000 = 7192 = 1110000011000B$$

得 TL0＝11000B＝24，TH0＝11100000B＝224。

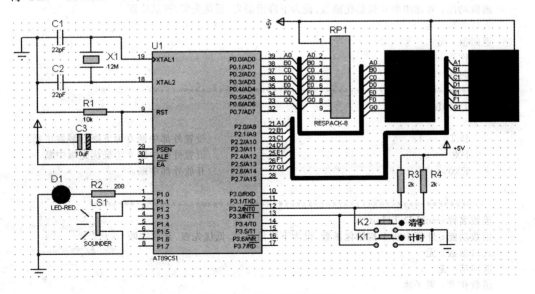

图 4-15　例 4.3 仿真电路

参考程序如下：

```c
#include <reg51.h>
#define uchar unsigned char
uchar SegCode[10] =                          //共阳极数码管显示器 0~9 字形码
{0xc0,0xf9,0xa4,0xb0,0x99,
 0x92,0x82,0xf8,0x80,0x90};
sbit D1 = P1^0;                              //发光二极管 D1 控制位
sbit SOUNDER = P1^1;                         //蜂鸣器控制位
int MS = 0;
int SECOND = 0;
/********************************************************************
函数名称：void delay(uint x)
函数功能：实现 xms 延时
入口参数：x,定时时间形参
返回值：无
函数作者：果子冰
创建时间：2011-06-26
********************************************************************/
void Delay(int x)
{
    uchar i;
    while(x--)
    {
        for(i = 0; i < 110; i++);
    }
}
/********************************************************************
函数名称：void INT0Init()
函数功能：外部中断 0 初始化函数,设为下降沿触发,低优先级,开放中断
入口参数：无
返回值：无
函数作者：果子冰
创建时间：2011-06-26
********************************************************************/
void INT0Init()
{
    INT0 = 1;                                //设置外部中断 0 为下降沿触发中断
    PX0 = 0;                                 //设置外部中断 0 为低优先级中断
    EX0 = 1;                                 //开放外部中断 0
}
/********************************************************************
函数名称：void INT1Init()
函数功能：外部中断 1 初始化函数,设为下降沿触发,低优先级,开放中断
入口参数：无
返回值：无
函数作者：果子冰
创建时间：2011-06-26
********************************************************************/
```

```c
void INT1Init()
{
    INT1 = 1;                              //设置外部中断 0 为下降沿触发中断
    PX1 = 0;                               //设置外部中断 0 为低优先级中断
    EX1 = 1;                               //开放外部中断 0
}
/ ************************************************************************
函数名称: void Timer0Init()
函数功能: 定时器 T0 初始化函数,设为定时模式,方式 0,1ms 定时,低优先级
入口参数: 无
返回值: 无
函数作者: 果子冰
创建时间: 2011-06-26
 ************************************************************************ /
void Timer0Init()
{
    TMOD = TMOD & 0x70;
          //GATE=0,C/T=0,M0,M1=0,T0 设置为定时器,方式 0,软件控制 TR0 启动定时
    TL0 = 24;                              //赋初值,1ms 定时
    TH0 = 224;
    PT0 = 0;                               //T0 为低优先级
    ET0 = 1;                               //开放定时器 T0 中断
}
void main()
{
    INT0Init();                            //外部中断 0 初始化
    INT1Init();                            //外部中断 1 初始化
    Timer0Init();                          //定时器 0 初始化
    EA = 1;                                //开放总中断
    D1 = 0;                                //D1 发光二极管熄灭
    while(1)
    {
        P0 = SegCode[SECOND / 10];         //数码管显示十位
        P2 = SegCode[SECOND % 10];         //数码管显示个位
        if(SECOND >= 60)                   //定时时间到,蜂鸣器响,D1 发光二极管亮
        { while(1)
            {
                SOUNDER = 1;
                D1 = 1;                    //点亮 D1 发光二极管
                Delay(1);
                SOUNDER = 0;
                Delay(1);
                if(SECOND < 60)            //按键 K2 按下,清零,停止蜂鸣,D1 熄灭
                {
                    D1 = 0;
                    break;                 //跳出内 while 循环
                }
            }
        }
    }
```

```
    }
}
/ ********************************************************************
函数名称: void Timer0() interrupt 1
函数功能: 定时器 T0 中断处理函数,实现定时 60s
入口参数: 无
返回值: 无
函数作者: 果子冰
创建时间: 2011-06-26
 ********************************************************************/
void Timer0() interrupt 1
{
    TL0 = 24;
    TH0 = 224;
    MS++;
    if(MS >= 1000)
    {
        MS = 0;
        SECOND++;
        if(SECOND >= 60)
        {
            TR0 = 0;                          //停止计时
        }
    }
}
/ ********************************************************************
函数名称: void Int0() interrupt 0
函数功能: 外部中断 0 中断处理函数,实现停止 T0 定时,蜂鸣器停止蜂鸣
入口参数: 无
返回值: 无
函数作者: 果子冰
创建时间: 2011-06-26
 ********************************************************************/
void Int0() interrupt 0
{
    Delay(10);                            //延时 10ms,去抖动
    if(P3^2 == 0)                         //有按键按下
    {
        TR0 = 0;                          //清零,停止 T0 定时
        SECOND = 0;
        MS = 0;
    }
}
/ ********************************************************************
函数名称: void Int1() interrupt 2
函数功能: 外部中断 1 中断处理函数,实现启动 T0 定时
入口参数: 无
返回值: 无
函数作者: 果子冰
```

创建时间：2011-06-26

```
**************************************************************** /
void Int1() interrupt 2
{
    Delay(10);                              //延时 10ms,去抖动
    if(P3^3 == 0)                           //有按键按下
    {
        TR0 = 1;                            //启动 T0 定时
    }
}
```

- 方式 1

当定时器 T0 工作于方式 1 时,构成一个 16 位定时器/计数器,其逻辑电路结构图如图 4-16 所示。T1 工作于方式 1 时的结构和操作与定时器 T0 完成相同。

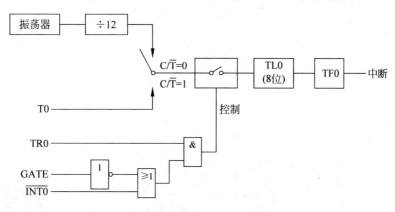

图 4-16　T0(或 T1)方式 1 时的逻辑电路结构图

如图 4-16 所示,其逻辑电路和工作情况与工作方式 0 完全相同,所不同的只是组成计数器的位数。计数值范围为 $1 \sim 65536(2^{16})$。

- 方式 2

当定时器 T0 工作于方式 1 时,构成一个初始值自动重载的 8 位定时器/计数器,其逻辑电路结构图如图 4-17 所示。T1 工作于方式 2 时的结构和操作与定时器 T0 完成相同。

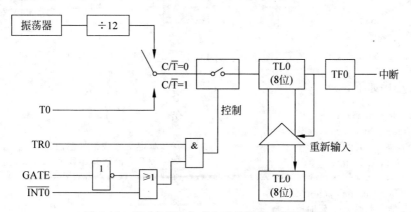

图 4-17　T0(或 T1)方式 2 时的逻辑电路结构图

如图 4-17 所示，当定时器工作于方式 2 时，16 位计数器被分成了两部分，其中 TL0 用于计数器，TH0 用作预置数存储器。初始化时，把初始计数值分别装入 TL0 和 TH0。启动计数后，TL0 进行计数，TH0 值保持不变；当 TL0 计数溢出时，置位 TF0，产生中断，单片机以硬件方式自动将 TH0 中保存的初始计数值载入 TL0，TL0 重新计数。如此循环，可实现精确定时。计数值范围为 $1\sim256(2^8)$。

【例 4.4】 方波信号发生器。

仿真电路如图 4-18 所示，P2.0 口输出频率范围 $10\sim320\text{kHz}$，按下按键 K_1，方波频率为原来频率的 1/2；按下按键 K_2，方波频率为原来频率的 2 倍。方波信号通过 P2.0 输出到示波器仿真器 D 通道（OSCILLOSCOPE）。要产生方波，只需要在半个周期 P2.0 输出高电平，然后在下一个半个周期让 P2.0 输出低电平。利用定时器 T1 实现定时，工作方式 2。由于产生频率为 10kHz，即 $T=100\text{ms}$，$1/2T=50\text{ms}$，则可设置 T1 定时 $100\mu\text{s}$，得初始值

$$N = 2^8 - T \times \frac{f_{\text{osc}}}{12} = 256 - 100 = 156$$

即 TL0＝TH0＝156。当 T1 定时中断 5 次后，P2.0 输出相反电平，产生频率为 10kHz 的方波。

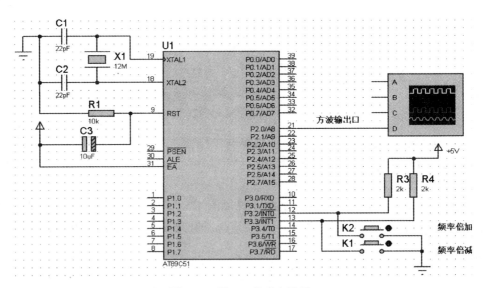

图 4-18   例 4.4 仿真电路图

参考程序如下：

```
#include <reg51.h>
#define uchar unsigned char
sbit Signal = P2^0;                              //定义方波信号输出口
int T = 500,Ttemp = 0;                           //T 为计数初始阈值，Ttemp 为计数变量
/*************************************************************
函数名称: void delay(uint x)
函数功能: 实现 xms 延时
入口参数: x,定时时间形参
```

返回值: 无

函数作者: 果子冰

创建时间: 2011-06-26

*** /

```c
void Delay(int x)
{
    uchar i;
    while(x－－)
    {
        for(i = 0; i < 110; i++);
    }
}
```

/ **

函数名称: void INT0Init()

函数功能: 外部中断 0 初始化函数,设为下降沿触发,低优先级,开放中断

入口参数: 无

返回值: 无

函数作者: 果子冰

创建时间: 2011-06-26

*** /

```c
void INT0Init()
{
    INT0 = 1;                    //设置外部中断 0 为下降沿触发中断
    PX0 = 0;                     //设置外部中断 0 为低优先级中断
    EX0 = 1;                     //开放外部中断 0
}
```

/ **

函数名称: void INT1Init()

函数功能: 外部中断 1 初始化函数,设为下降沿触发,低优先级,开放中断

入口参数: 无

返回值: 无

函数作者: 果子冰

创建时间: 2011-06-26

*** /

```c
void INT1Init()
{
    INT1 = 1;                    //设置外部中断 0 为下降沿触发中断
    PX1 = 0;                     //设置外部中断 0 为低优先级中断
    EX1 = 1;                     //开放外部中断 0
}
```

/ **

函数名称: void Timer1Init()

函数功能: 定时器 T1 初始化函数,设为定时模式,方式 2,$100\mu s$ 定时,低优先级

入口参数: 无

返回值: 无

函数作者: 果子冰

创建时间: 2011-06-26

*** /

```c
void Timer1Init()
```

```
{
    TMOD = TMOD & 0x0f;                     //高 4 位清"0"
    TMOD = TMOD | 0x20;
        //GATE=0,C/T=0,M0=0,M1=1,T1 设置为定时器,方式 2,软件控制 TR1 启动定时
    TL1 = 156;                              //赋初始值,100μs 定时
    TH1 = 156;
    PT1 = 0;                                //T1 为低优先级
    ET1 = 1;                                //开放定时器 T1 中断
}
void main()
{
    INT0Init();                             //外部中断 0 初始化
    INT1Init();                             //外部中断 1 初始化
    Timer1Init();                           //定时器 1 初始化
    EA = 1;                                 //开放总中断
    TR1 = 1;                                //启动定时器 T1
    while(1);                               //死循环,防止程序跑偏
}
/ *************************************************************
函数名称: void Int0() interrupt 0
函数功能:外部中断 0 中断处理函数,实现方波信号频率倍减
入口参数:无
返回值:无
函数作者:果子冰
创建时间:2011-06-26
 ************************************************************* /
void Int0() interrupt 0
{
    TR1 = 0;                                //关定时器 T1 中断
    Delay(10);                              //延时 10ms,去抖动
    if(P3^2 == 0)                           //有按键按下
    {   uchar temp;
        if(T < 16000)T = 2 * T;
        temp= P3 & 0x04;
        while(temp != 0x04)temp = P3 & 0x04;   //等待按键释放
    }
    TR1 = 1;                                //开定时器 T1 中断
}
/ *************************************************************
函数名称: void Int1() interrupt 2
函数功能:外部中断 1 中断处理函数,实现方波信号频率倍增
入口参数:无
返回值:无
函数作者:果子冰
创建时间:2011-06-26
 ************************************************************* /
void Int1() interrupt 2
{   TR1 = 0;                                //关定时器 T1 中断
    Delay(10);                              //延时 10ms,去抖动
    if(P3^3 == 0)                           //有按键按下
    {   uchar temp;
```

```
        if(T > 500) T = T / 2;
        temp= P3 & 0x08;
        while(temp != 0x08)temp = P3 & 0x08;    //等待按键释放
    }
    TR1 = 1;                                     //开定时器 T1 中断
}
/ ********************************************************************
函数名称: void Timer1() interrupt 3
函数功能: 定时器 T1 中断处理函数,产生方波信号
入口参数:无
返回值:无
函数作者:果子冰
创建时间: 2011-06-26
 ******************************************************************** /
void Timer1() interrupt 3
{
    Ttemp++;
    if(Ttemp >= T)
    {
        Ttemp = 0;
        Signal = ~Signal;
    }
}
```

载入 HEX 文件,运行仿真电路,结果如图 4-19 所示。

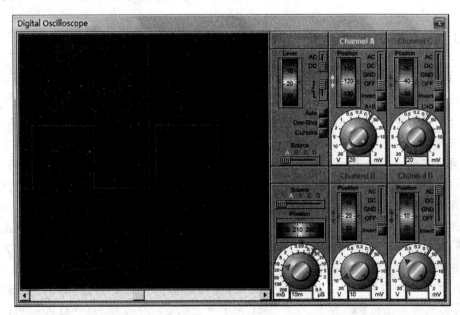

图 4-19　例 4.4 仿真结果

- 方式 3

当定时器工作于方式 3 时,T1 被关闭,T0 被拆成两个独立的 8 位计数器 TL0 和 TH0,其逻辑电路结构图如图 4-20 所示。其中,TL0 既可以作为计数器,也可以作为定时

器使用,使用 T0 的控制位和引脚信号；TH0 只能作为定时器使用,使用 T1 的控制位和引脚信号。由于 T1 的控制位和引脚信号已被 TH0 借用,所以此时 T1 不能够使用。计数值范围为 $1\sim256(2^8)$。

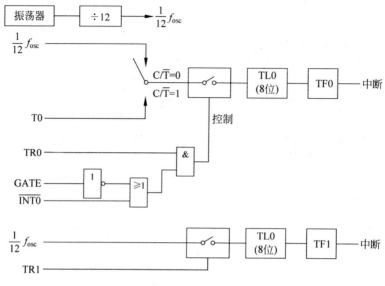

图 4-20　T0 方式 3 时的逻辑电路结构图

4.2.3　利用定时器播放音乐

目前市场上有很多种音乐芯片或者音乐模块可以直接产生各种曲子,但是这种模块价格比较贵,性价比不高,对于一些仅需要产生简单的音符或简短曲目的场合,使用单片机配合简单的蜂鸣器,就可以产生需要的音乐效果。用单片机播放音乐或者弹奏音乐,实质是按照特定的频率输出一连串方波,进而驱动蜂鸣器发出不同频率的声音,并将它们有机地组合起来,发出一段音乐。由于蜂鸣器发出的声音不包含相应幅度的谐波频率,因此,采用这种方法不能够演奏出多种音乐的声音。利用单片机和蜂鸣器来发音,首先要弄清楚音调和节拍这两个基本概念。

音调表示一个音符唱多高的频率。因此,只要知道了一个音符的频率,可计算出该音符的周期。例如,低 6LA 的频率为 $f=440\mathrm{Hz}$,则对应的周期为 $T=1/f=1/440=2272(\mu s)$,这个时间就是单片机定时器触发中断的时间。要让单片机驱动蜂鸣器发出低 6LA 音,只需要在 $T/2$ 时间内让单片机对应蜂鸣器的 I/O 口来回取反。例如,可设置单片机工作定时器工作方式为 1,晶振频率为 $f_{osc}=12\mathrm{MHz}$,由于 A 音的定时时间为 $T/2=1136\mu s$,可得

$$\mathrm{TH}_{440\mathrm{Hz}} = (65535 - T/2 \times 12/f_{osc})/256 = \mathrm{FBH}$$

$$\mathrm{TL}_{440\mathrm{Hz}} = (65535 - T/2 \times 12/f_{osc})\%256 = 90\mathrm{H}$$

采用同样的办法,可获得其他音调对应的计数器 TL 和 TH 的初始值。在单片机晶体振动器频率为 12MHz,定时器工作在方式 1 的情况下,C 调部分音符(3 个八度音)的频率与定时器初始值 N(TH 和 TL)的对照关系如表 4-12 所示。

节拍表示一个音符唱的时间。一般来说，如果没有特殊说明，1 拍的时长大约为 400～500ms。以 1 拍时长 400ms 为例，则 1/4 节拍时长为 100ms，1/8 节拍为 50ms，1/16 节拍为 25ms。因此，在单片机上控制一个音符唱多长可采用循环延时的方法来实现。先确定一个基本时长的延时，例如以 1/16 节拍时长为基本延时，则 1/8 节拍为 2 个延时，1/4 节拍为 4 个延时，以此类推。1/4 节拍与节拍码对照表如表 4-13 所示。

表 4-12 C 调音符频率与计数值 N 的对照表

C 调音符	频率/Hz	定时器定时初值		C 调音符	频率/Hz	定时器定时初值	
		十进制	十六进制			十进制	十六进制
低 1DO	262	63628	F88CH	中 5SO	748	64898	FD82H
低 2RE	294	63835	F95BH	中 6LA	880	64968	FDC8H
低 3MI	330	64021	FA15H	中 7SI	988	65030	FE06H
低 4FA	349	64103	FA67H	高 1DO	1046	65058	FE22H
低 5SO	392	64260	FB04H	高 2RE	1175	65110	FE56H
低 6LA	440	64400	FB90H	高 3MI	1318	65157	FE85H
低 7SI	494	64524	FC0CH	高 4FA	1397	65178	FE9EH
中 1DO	523	64580	FC44H	高 5SO	1568	65217	FEC1H
中 2RE	587	64684	FCACH	高 6LA	1760	65252	FEE4H
中 3MI	659	64777	FD09H	高 7SI	1967	65283	FF03H
中 4FA	698	64820	FD04H	不发音	0	0	0

表 4-13 1/4 节拍与节拍码对照表

节拍码	节拍数	节拍码	节拍数
1	1/4 拍	6	$1\frac{1}{2}$ 拍
2	2/4 拍	8	2 拍
3	3/4 拍	A	$2\frac{1}{2}$ 拍
4	1 拍	C	3 拍
5	$1\frac{1}{4}$ 拍	F	$3\frac{3}{4}$ 拍

各曲调 1/4 和 1/8 节拍的时间设定如表 4-14 所示。

表 4-14 曲调值与节拍延时时间关系表

曲调值	1/4 拍时间/ms	1/8 拍时间/ms
调 4/4	125	62
调 3/4	187	94
调 2/4	250	125

通过上面的分析，就可以在单片机上实现音乐演奏了。具体的实现方法为：将乐谱中的每一个音符的音调及节拍变换成相应的音调参数和节拍参数；然后将它们做成数据

表格,以数组的方式存储在存储器中(例如,将音符对应的音调的定时时间初始值存于数组 Table1 中,音符对应的节拍存于数组 Table2 中);再通过查询方式获得一个音符的相关参数,播放该音符;接着取出下一个音符的相关参数,直到播放完毕整个歌曲。对于休止符,将音调参数设为 FFH。节拍参数与其他音符的节拍参数确定方法一致,乐曲结束用节拍参数为 00H 来表示。

【例 4.5】 利用单片机演奏生日快乐歌。

仿真电路如图 4-21 所示,采用 P1.0 接无源蜂鸣器 LS1(注意,在 Proteus 中,蜂鸣器可以不接驱动电路,但是在实际电路中必须接驱动电路,如项目三的图 3-26 所示)。利用定时器 T0 产生音符频率对应的方波,T1 产生音符对应的节拍延时时间。生日快乐歌对应的简谱如图 4-22 所示。通过观察生日快乐歌的简谱可以看到,该歌曲共用到了低音 SO~低音 SI,高音 DO~高音 SO,以及所有的中音,一共 16 个音符,如表 4-15 所示。音乐曲调为 3/4,1/4 拍时间为 187ms,对应的节拍与节拍码如表 4-13 所示。为了节约单片机的存储空间,采用将如表 4-15 所示歌曲中的简谱定时器定时初始值并存储于无符号整数数组 Table1 中,将歌曲中每个音符对应的简谱码和节拍码存储于无符号字符数组 Table2 中,其中简谱码占高 4 位,节拍码占低 4 位,以十六进制表示。例如,0x12 表示简谱码为 3,对应低音 SO,节拍码为 2,对应 2/4 拍,由此获得低音 SO 对应的音频和节拍。定时器 T0、T1 工作在方式 1。音乐播放完毕,延时 2s,继续从头播放,如此循环。

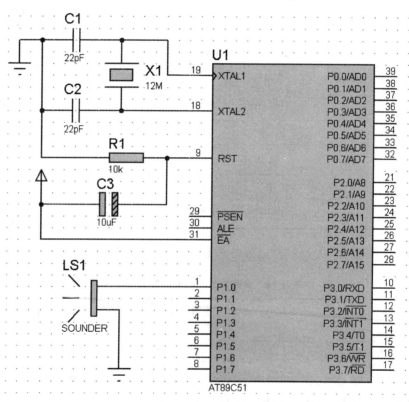

图 4-21   例 4.5 仿真电路

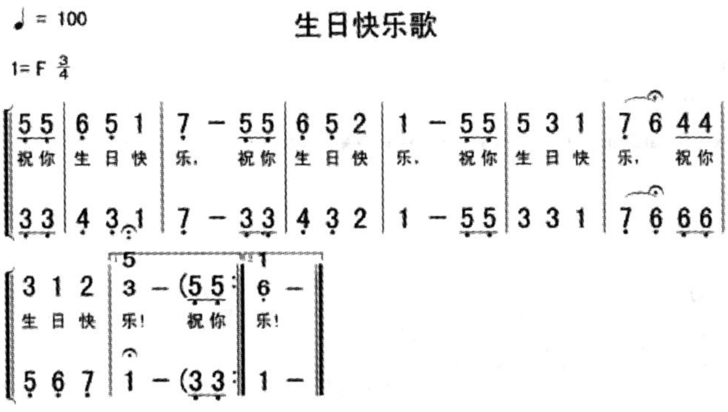

图 4-22 生日快乐歌简谱

表 4-15 简谱对应的简谱码、定时器初始值

简谱	音 符	简谱码	定时器初始值	简谱	音 符	简谱码	定时器初始值
5	低音 SO	1	64260	6	中音 LA	9	64968
6	低音 LA	2	64400	7	中音 SI	A	65030
7	低音 SI	3	64524	1	高音 DO	B	65058
1	中音 DO	4	64580	2	高音 RE	C	65110
2	中音 RE	5	64684	3	高音 MI	D	65157
3	中音 MI	6	64777	4	高音 FA	E	65178
4	中音 FA	7	64820	5	高音 SO	F	65217
5	中音 SO	8	64898		不发音	0	

参考程序如下：

```
# include <reg51.h>
# define uchar unsigned char
# define uint unsigned int
sbit SOUND = P1^0;                              //定义蜂鸣器接口
uint Table1[]=                                  //节拍延时初始值
{64260,64400,64524,64580,64684,64777,
 64820,64898,64968,65030,65058,65110,
 65157,65178,65217
};
uchar Table2[]=                                 //简谱码和节拍码
{ 0x12,0x12,0x24,0x14,0x44,0x34,0x04,0x12,0x12,
  0x24,0x14,0x54,0x44,0x04,0x12,0x12,0x84,0x64,
  0x44,0x34,0x94,0x72,0x72,0x64,0x44,0x54,0x64,
  0x04,0x12,0x12,0x24,0x00
};
uint TH = 0,TL = 0;                             //定时器0定时常数,产生音符音频
uint MS = 0;
/*******************************************************************
函数名称：void delay(uint x)
函数功能：实现 xms 延时
```

入口参数：x,定时时间形参
返回值：无
函数作者：果子冰
创建时间：2011-06-26
 *** /

```c
void Delay(int x)
{
    uchar i;
    while(x--)
    {
        for(i = 0; i < 110; i++);
    }
}
void main()
{
    uchar i,index= 0,c;
    uint Time1 = 0;
    TMOD = 0x11;
        //GATE=0,C/T=0,M0=0,M1=1,T0、T1设置为定时器,方式1,软件控制启动定时
    PT0 = 0;                              //T0为低优先级
    ET0 = 1;                              //开放定时器T0中断
    PT1 = 0;                              //T1为低优先级
    ET1 = 1;                              //开放定时器T1中断
    EA = 1;                               //开放总中断
    while(1)
    {
        for(i = 0;Table2[i]!=0;i++)
        {
            index = Table2[i] >> 4;       //取得简谱码
            if(index != 0)
            {
                TL = Table1[index-1] % 256;  //取得音频定时器初始值
                TH = Table1[index-1] / 256;
                TL0 = TL;
                TH0 = TH;
                TR0 = 1;                  //启动T0
            }
            else
            {
                TR0 = 0;                  //休止符不发声,停止T0
            }
            c = Table2[i] & 0x0f;         //取得节拍码
            Time1 = 187 * c;              //取得延时时间
            TH1 = 64536 / 256;            //T1定时初始值,定时1ms
            TL1 = 64536 % 256;
            TR1 = 1;                      //启动T1
            while(MS < Time1 );           //等待音符播放完毕
            MS = 0;
            TR0 = 0;
```

```
            TR1 = 0;
        }
        Delay(2000);                          //延时 2s,重新播放
    }
}
/ ***********************************************************
函数名称: void Timer0() interrupt 1
函数功能:定时器 T0 中断处理函数,产生音频信号
入口参数:无
返回值:无
函数作者:果子冰
创建时间:2011-06-26
*********************************************************** /
void Timer0() interrupt 1
{
    TL0 = TL;
    TH0 = TH;
    SOUND = ~SOUND;
}
/ ***********************************************************
函数名称: void Timer1() interrupt 3
函数功能:定时器 T1 中断处理函数,1ms 定时
入口参数:无
返回值:无
函数作者:果子冰
创建时间:2011-06-26
*********************************************************** /
void Timer1() interrupt 3
{
    TH1 = 64536 / 256;
    TL1 = 64536 % 256;
    MS++;
}
```

4.3　电子琴设计实践

4.3.1　Proteus 仿真电路设计

　　电子琴要求具有音乐演奏、保存、播放、显示功能,系统框图如图 4-23 所示。

　　电子琴设计要求如下:

　　(1) 设计一个 4×4 的键盘,并将 16 个按键设计成 16 个音,对应从低音 SO(5)到高音 RE(2)共 16 个音节。

　　(2) 按下每个音符按键后,蜂鸣器发出固定时长的对应音符,可弹奏想要表达的音乐。

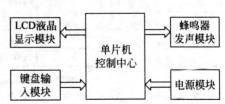

图 4-23　电子琴系统框图

（3）演奏的曲目具有保存功能。

（4）采用 LCD 显示信息。

（5）电子琴包含一首示例音乐。

根据电子琴系统设计要求,可得电子琴的仿真电路如图 4-24 所示。

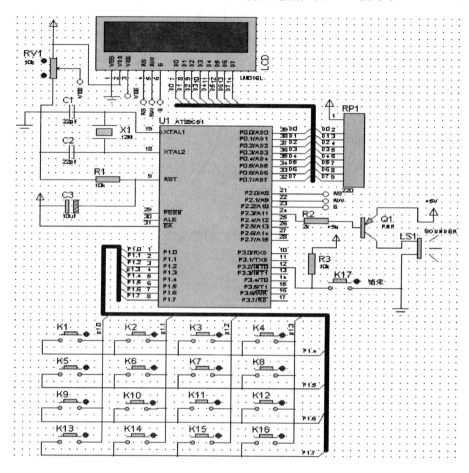

图 4-24 电子琴仿真电路

按键 $K_1 \sim K_{16}$ 对应的音符如表 4-16 所示。

表 4-16 按键矩阵与音符对照表

按键名称	音 符	按键名称	音 符	按键名称	音 符	按键名称	音 符
K_1	3 低音 MI	K_5	7 低音 SI	K_9	4 中音 FA	K_{13}	1 高音 DO
K_2	4 低音 FA	K_6	1 中音 DO	K_{10}	5 中音 SO	K_{14}	2 高音 RE
K_3	5 低音 SO	K_7	2 中音 RE	K_{11}	6 中音 LA	K_{15}	3 高音 MI
K_4	6 低音 LA	K_8	3 中音 MI	K_{12}	7 中音 SI	K_{16}	4 高音 FA

开机显示主菜单,提示按下按键 K_1 播放音乐,按下按键 K_2 弹奏音乐。在主菜单按下 K_1 按键后进入播放音乐菜单;再次按下按键 K_1 播放示例音乐;按下按键 K_2,则播放

录制的音乐,音乐播放完毕自动返回主菜单。在主菜单按下按键 K_2 进入弹奏音乐菜单;按下按键,发出如表 4-16 所示相应的音符;按下按键 K_{17},结束弹奏音乐,保存所演奏的音乐,回到主菜单。在播放音乐和录制音乐过程中,LCD1602 显示相应的音符。

4.3.2　程序设计

根据系统功能,可得主函数程序流程图如图 4-25 所示。

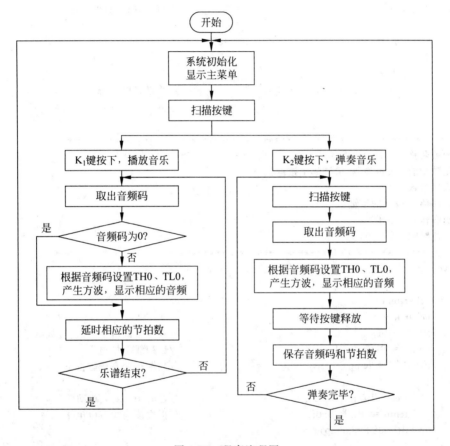

图 4-25　程序流程图

参考程序如下:

```
# include <reg51.h>
# define uchar unsigned char
# define uint unsigned int
sbit SOUND = P3^7;                        //定义蜂鸣器接口
uint Table1[]=                            //节拍延时初始值
{64021,64103,64260,64400,64524,64580,64684,64777,
 64820,64898,64968,65030,65058,65110,65157,65178
};
uint TH = 0,TL = 0;                       //定时器0定时常数,产生音符音频
```

```
uint MS = 0;
/ ******************************************************************
函数名称: void delay(uint x)
函数功能: 实现 xms 延时
入口参数: x,定时时间形参
返回值: 无
函数作者: 果子冰
创建时间: 2011-06-12
****************************************************************** /
void Delay(int x)                              //延时函数,延时 xms
{
    while(x——)
    {
        uchar i;
        for(i = 0; i < 110; i++);              //内部延时 1ms
    }
}

/ ******************************************************************
函数名称: uchar KeyScand()
函数功能: 按键检测,检测哪个按键按下
入口参数: 无
返回值  : 按下的按键值
函数作者: 果子冰
创建时间: 2011-06-12
****************************************************************** /
void KeyScand()
{
    uchar temp = 0;
    uchar key = 0;
    P1 = 0x0f;                                 //列线置高电平,行线置低电平
    temp = P1 & 0x0f;                          //读列线 I/O 电平
    if(0x0f != temp)                           //判断是否有按键按下
    {
        Delay(10);                             //延时 10ms,去抖动
        temp = P1 & 0x0f;                      //再次读列线 I/O 电平
        if(0x0f != temp)
        {
            temp = ~temp;                      //取反
            key = temp & 0x0f;                 //取得按键所在列值

        }                                      //行线置低电平
        P1 = 0xf0;                             //列线置低电平,行线置高电平
        temp = P1 & 0xf0;                      //读行线 I/O 电平
        if(0xf0 != temp)
        {
            temp = ~temp;                      //取反
            temp = temp & 0xf0;                //取得按键所在行值
            key = key + temp;                  //取得按键码值
        }
```

```
        switch(key)                            //查找按键码表,转换为相应码值
        {
            case 0x11 : key = 1 ; break;
            case 0x12 : key = 2 ; break;
            case 0x14 : key = 3 ; break;
            case 0x18 : key = 4 ; break;
            case 0x21 : key = 5 ; break;
            case 0x22 : key = 6 ; break;
            case 0x24 : key = 7 ; break;
            case 0x28 : key = 8 ; break;
            case 0x41 : key = 9 ; break;
            case 0x42 : key = 10; break;
            case 0x44 : key = 11; break;
            case 0x48 : key = 12; break;
            case 0x81 : key = 13; break;
            case 0x82 : key = 14; break;
            case 0x84 : key = 15; break;
            case 0x88 : key = 16; break;
            default : key = 0 ; break;
        }
    }
    if(key != 0)
    {

        TL = Table1[key-1] % 256;              //取得音频定时器初始值
        TH = Table1[key-1] / 256;
        TL0 = TL;
        TH0 = TH;
        TR0 = 1;                               //启动 T0
        TH1 = 64536 / 256;                     //T1 定时初始值,定时 1ms
        TL1 = 64536 % 256;
        TR1 = 1;                               //启动 T1
        while(0xf0 != temp)temp = P1 & 0xf0;   //等待按键释放,等待该音符播放完毕
        MS = 0;
        TR0 = 0;
        TR1 = 0;
    }
    else
    {
        TR0 = 0;                               //休止符不发声,停止 T0
    }
}
void main()
{
    TMOD = 0x11;
        //GATE=0,C/T=0,M0=0,M1=1,T0、T1 设置为定时器,方式 1,软件控制启动定时
    PT0 = 0;                                   //T0 为低优先级
    ET0 = 1;                                   //开放定时器 T0 中断
    PT1 = 0;                                   //T1 为低优先级
```

```
        ET1 = 1;                                    //开放定时器 T1 中断
        EA = 1;                                     //开放总中断
        while(1)
        {
            KeyScand();
        }
    }
/ ****************************************************************
函数名称: void Timer0() interrupt 1
函数功能: 定时器 T0 中断处理函数,产生音频信号
入口参数: 无
返回值: 无
函数作者: 果子冰
创建时间: 2011-06-26
 **************************************************************** /
void Timer0() interrupt 1
{
    TL0 = TL;
    TH0 = TH;
    SOUND = ~SOUND;
}
/ ****************************************************************
函数名称: void Timer1() interrupt 3
函数功能: 定时器 T1 中断处理函数,1ms 定时
入口参数: 无
返回值: 无
函数作者: 果子冰
创建时间: 2011-06-26
 **************************************************************** /
void Timer1() interrupt 3
{
    TH1 = 64536 / 256;
    TL1 = 64536 % 256;
    MS++;
}
```

小结

1. 单片机内部中断是指由 CPU 运行程序错误或执行内部程序调用引起的一种中断,也称为软件中断;外部中断是指由外部设备通过硬件请求的方式产生的中断,也称为硬件中断。

2. MCS-51 系列单片机具有 5 个中断源,分别是两个外部中断($\overline{\text{INT0}}$,对应 P3.2 引脚;$\overline{\text{INT1}}$,对应 P3.3 引脚)、两个定时器溢出中断(T0 溢出中断和 T1 溢出中断)和一个串口中断(TI/TR 中断)。

3. 中断处理过程分为 4 个阶段:中断请求、中断查询和响应、中断处理及中断返回。

4. 常用的 MCS-51 外部中断源扩展方式主要有用定时器作为外部中断源扩展以及中断和查询相结合扩展中断源。

5. 定时器/计数器的控制是通过软件设置来实现的,所涉及的特殊功能寄存器有 4 个,即 TMOD、TCON、IE 和 IP。

6. 51 系列单片机内部有两个 16 位的定时器/计数器(T/C),可用于定时控制、延时、对外部事件计数和检测等场合。通过编程,可设定任意一个或两个 T/C 工作,并使其工作在定时或计数方式。

习题

一、填空题

1. MS-51 单片机内部有_____个_____位定时器/计数器。

2. 计数器的选择开关是_____。

3. MS-51 单片机外部中断 INT0 的入口地址为_____。

4. 计数器 1 的溢出标志位为_____。

5. 定时器工作在方式 1 时,计数器的宽度为_____位。

6. MS-51 单片机一次只能处理_____个中断源。

二、简答题

1. 在 Keil C 的调试状态下,如何使用跟踪运行、单步运行、跳出函数运行命令?

2. 在 Keil C 的调试状态下,如何设置断点和删除断点?

3. 什么是中断和中断系统? 单片机采用中断系统带来了哪些优越性?

4. MCS-51 共有几个中断源? 各中断标志是如何产生的? 又是如何清零的? CPU 响应中断时,中断入口地址各是多少?

5. 什么是中断优先级? 什么是中断嵌套? 处理中断优先级的原则是什么?

6. 中断服务程序与普通子程序有什么根本的区别?

7. MCS-51 单片机内部有几个定时器/计数器? 有几种工作方式?

8. MCS-51 单片机的 T0、T1 定时器/计数器的四种工作方式各有什么特点?

9. 设 MCS-51 的单片机晶振为 6MHz,使用 T1 对外部事件进行计数。每计数 200 次后,T1 转为定时工作方式;定时 5ms 后,又转为计数方式;如此反复地工作。试编程实现。

10. 用方式 0 设计两个不同频率的方波,P1.0 输出频率为 200Hz,P1.1 输出频率为 100Hz,晶振频率 12MHz。

项目五

模拟手机通信

移动手机早已经广泛应用于日常生活，给人们的生活带来了极大的方便。移动手机的工作原理是采用无线电为传输介质，利用 CDMA 或 GPRS 等通信网络来完成数据的远程通信，其功能主要包括语音通信和数据传输。

项目任务描述

本项目采用 STC89C51 单片机为核心，用 4×5 按键组成 20 个按键矩阵，采用 ZLG7289B 数码管显示驱动及键盘扫描管理芯片对按键矩阵解码，利用 LCD12864 显示器作为显示媒介，用 SPI 总线驱动键盘和 LCD 显示器，通过串口传送信息，设计一个简易手机信息交流终端。

本项目对知识和能力的要求如表 5-1 所示。

表 5-1 项目对知识和能力的要求

项目名称	学习任务单元划分	任务支撑知识点	项目支撑工作能力
模拟手机通信	12864 液晶认知与实践	①LCD12864 的工作原理；②LCD12864 显示控制；③LCD12864 的指令系统；④LCD12864 的并行写时序；⑤ LCD12864 串行写时序；⑥LCD12864 显示字符；⑦LCD12864 显示图片	资料筛查与利用能力；新知识、新技能获取能力；组织、决策能力；独立思考能力；交流、合作与协商能力；语言表达与沟通能力；规范办事能力；批评与自我批评能力
	串口通信认知与实践	①数据传输过程概述；②并行传输与串行传输；③单工、半双工、全双工工作模式；④单片机的串口结构；⑤单片机的串口工作方式	
	模拟手机通信设计	① ZLG7289B 芯片的工作原理；② 利用 ZLG7289B 芯片解码按键矩阵；③RS-232 串行总线传输数据；④短信息的编写和发送	

5.1 12864 液晶认知与实践

5.1.1 12864 液晶的工作原理

在前面的项目中，我们曾经使用过 1602 液晶显示器，但是 1602 液晶显示器显示的字符非常有限，只能够显示 2 行 32 个字符，适用于简单应用场合。12864 是 128×64 点阵液晶显示模块的简称,由 128 列、64 行组成,即共有 128×64 个点来显示各种图形和字符(128 个 8×8 点阵字符,或 32 个 16×16 点阵的汉字),可与 CPU 直接接口,提供并行(8 位或 4 位并行)和串行(3 位串行)两种控制方式,具有光标显示、画面移位、睡眠等多种功能。TG12864B 液晶显示器控制模块的外观及引脚图如图 5-1 所示。

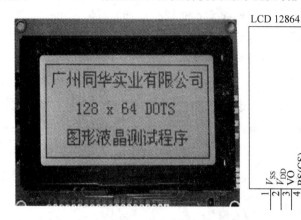

图 5-1　TG12864B 液晶显示器控制模块的外观及引脚

　　TG12864B 液晶显示器模块引脚功能定义如表 5-2 所示。12864 液晶显示模块的工作电压为 3.3～5.5V,最佳工作电压为 5.0V。VO 为液晶显示对比度调节端,电压越低,屏幕越亮,使用时通过外接一个 20kΩ 的电位器调整对比度。RS(CS) 为数据/指令选择端。RS=1(高电平),选择数据寄存器;RS=0(低电平),选择指令寄存器。当工作在串行方式时,CS 作为片选信号,低电平有效。DB0～DB7 为 8 位双向数据输入/输出端。PSB 为并/串通信方式选择端,PSB=1,选择并行通信方式;PSB=0,选择并行通信方式。

表 5-2　TG12864B 液晶显示器模块引脚功能定义

引脚	名　称	说　明	引脚	名　称	说　明
1	V_{SS}	电源地	11	DB4	数据 4
2	V_{DD}	电源正极	12	DB5	数据 5
3	VO	液晶显示对比度调节端	13	DB6	数据 6
4	RS (CS)	数据/指令选择端(H/L)(串行片选信号)	14	DB7	数据 7
5	R/W (SID)	读/写选择端(H/L)(串数据口)	15	PSB	并/串选择,H:选择并行方式;L:选择串行方式
6	E (SCLK)	使能信号,串同步时钟信号	16	NC	悬空
7	DB0	数据 0	17	/RST	复位,低电平有效
8	DB1	数据 1	18	NC	悬空
9	DB2	数据 2	19	LEDA	背光源负极(0V)
10	DB3	数据 3	20	LEDK	背光源正极(+5V)

5.1.2　12864 液晶显示控制

12864 液晶模块内部含有国标一级、二级简体中文字库的点阵图形液晶显示模块；其显示分辨率为 128×64，内置 8192 个 16×16 点汉字和 128 个 16×8 点 ASCII 字符集。利用该模块灵活的接口方式和简单、方便的操作指令，可构成全中文人机交互图形界面；可以显示 8×4 行 16×16 点阵的汉字，也可完成图形显示。

1. 忙标志 BF 说明

BF 标志提供内部工作情况。BF＝1 时，表示模块在进行内部操作，此时模块不接收外部指令和数据；BF＝0 时，模块为准备状态，随时可接收外部指令和数据。

2. 指令说明

12864 液晶模块控制芯片提供两套控制命令：基本指令和扩充指令。基本指令如表 5-3 所示，扩充指令如表 5-4 所示。

表 5-3　指令表 1(RE＝0：基本指令)

指　令	指　令　码										功　能
	RS	R/W	D7	D6	D5	D4	D3	D2	D1	D0	
清除显示	0	0	0	0	0	0	0	0	0	1	将 DDRAM 填满 20H，即空格，并且设定 DDRAM 的地址计数器(AC)为 00H
地址归位	0	0	0	0	0	0	0	0	1	X	设定 DDRAM 的地址计数器(AC)为 00H，并且将游标移到开头原点位置；这个指令不改变 DDRAM 的内容
显示状态开/关	0	0	0	0	0	0	1	D	C	B	D＝1：整体显示开 C＝1：游标开 B＝1：游标位置反白允许
进入模式设定	0	0	0	0	0	0	0	1	I/D	S	指定在数据的读取与写入时，设定游标的移动方向及指定显示的移位
游标或显示移位控制	0	0	0	0	0	1	S/C	R/L	X	X	设定游标的移动与显示的移位控制位。这个指令不改变 DDRAM 的内容
功能设定	0	0	0	0	1	DL	X	RE	X	X	DL＝0/1：4/8 位数据 RE＝1：扩充指令操作 RE＝0：基本指令操作
设定 CGRAM 地址	0	0	0	1	AC5	AC4	AC3	AC2	AC1	AC0	设定 CGRAM 地址
设定 DDRAM 地址	0	0	1	0	AC5	AC4	AC3	AC2	AC1	AC0	设定 DDRAM 地址(显示位址) 第一行：80H～87H 第二行：90H～97H

续表

指　　令	指　令　码										功　　能
	RS	R/W	D7	D6	D5	D4	D3	D2	D1	D0	
读取忙标志和地址	0	1	BF	AC6	AC5	AC4	AC3	AC2	AC1	AC0	读取忙标志(BF)可以确认内部动作是否完成,同时可以读出地址计数器(AC)的值
写数据到 RAM	1	0	数据								将数据 D7～D0 写入到内部的 RAM(DDRAM/CGRAM/IRAM/GRAM)
读出 RAM 的值	1	1	数据								从内部 RAM 读取数据 D7～D0(DDRAM/CGRAM/IRAM/GRAM)

表 5-4　指令表 2(RE＝1:扩充指令)

指　　令	指　令　码										功　　能
	RS	R/W	D7	D6	D5	D4	D3	D2	D1	D0	
待命模式	0	0	0	0	0	0	0	0	0	1	进入待命模式,执行其他指令都可终止待命模式
卷动地址开关开启	0	0	0	0	0	0	0	0	1	SR	SR＝1:允许输入垂直卷动地址 SR＝0:允许输入 IRAM 和 CGRAM 地址
反白选择	0	0	0	0	0	0	0	1	R1	R0	选择两行中的任一行作反白显示,并可决定反白与否。初始值 R1R0＝00,第一次设定为反白显示,再次设定变回正常
睡眠模式	0	0	0	0	0	0	1	SL	X	X	SL＝0:进入睡眠模式 SL＝1:脱离睡眠模式
扩充功能设定	0	0	0	0	1	CL	X	RE	G	0	CL＝0/1:4/8 位数据 RE＝1:扩充指令操作 RE＝0:基本指令操作 G＝1/0:绘图开关
设定绘图 RAM 地址	0	0	1	0 AC6	0 AC5	0 AC4	AC3 AC3	AC2 AC2	AC1 AC1	AC0 AC0	设定绘图 RAM 先设定垂直(列)地址 AC6AC5…AC0,再设定水平(行)地址 AC3AC2AC1AC0,将以上 16 位地址连续写入即可

3. 显示坐标关系

(1) 汉字显示坐标关系

12864 液晶模块显示资料 RAM 提供 64×2 个位元组的空间,最多可以控制 4 行 16 字(64 个字)的中文字形显示。当写入显示资料 RAM 时,可以分别显示 CGROM、HCGROM 与 CGRAM 的字形。ST7920A 可以显示三种字形,分别是半宽的 HCGROM 字形、CGRAM 字形及中文 CGROM 字形。三种字形由在 DDRAM 中写入的编码选择。在 0000H～0006H 的编码中将自动地结合下一个位元组。汉字显示坐标关系如表 5-5 所示。

表 5-5　汉字显示坐标关系

行号	X 坐标							
1	80H	81H	82H	83H	84H	85H	86H	87H
2	90H	91H	92H	93H	94H	95H	96H	97H
3	88H	89H	8AH	8BH	8CH	8DH	8EH	8FH
4	98H	99H	9AH	9BH	9CH	9DH	9EH	9FH

（2）图形显示坐标关系

水平方向 X 以字节为单位，垂直方向 Y 以位为单位。绘图显示 RAM 提供 64×32 个位元组的记忆空间，最多可以控制 256×64 点的二维绘图缓冲空间。在更改绘图 RAM 时，先连续写入水平与垂直的坐标值，再写入两个字节的数据到绘图 RAM，地址计数器（AC）会自动加 1；在写入绘图 RAM 的期间，绘图显示必须关闭。整个写入绘图 RAM 的步骤如下所述。

① 关闭绘图显示功能。

② 先将水平的位元组坐标（X）写入绘图 RAM 地址。

③ 再将垂直的坐标（Y）写入绘图 RAM 地址。

④ 将 D15～D8 写到 RAM 中。

⑤ 将 D7～D0 写到 RAM 中。

⑥ 打开绘图显示功能。

12864 液晶模块图形显示坐标关系如图 5-2 所示。

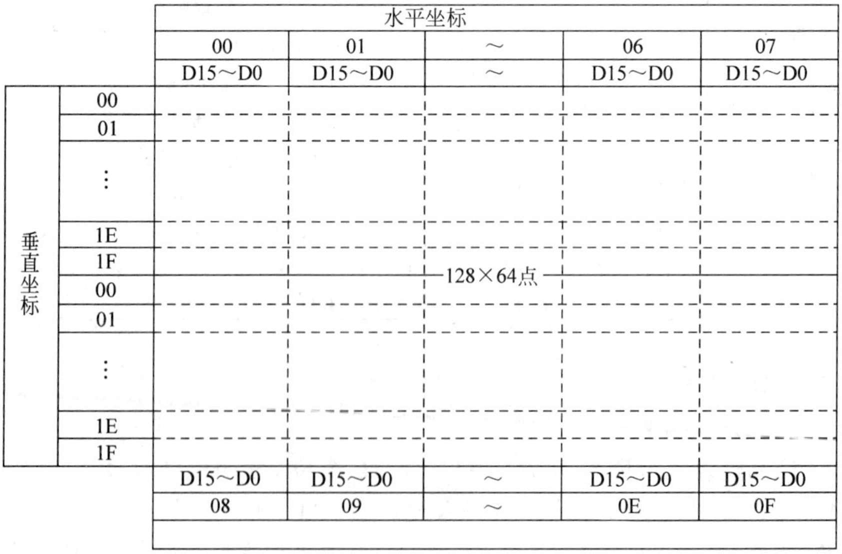

图 5-2　12864 液晶模块图形显示坐标关系

4. 并行写时序

CPU 以并行方式写数据给 12864 液晶模块的时序图如图 5-3 所示。

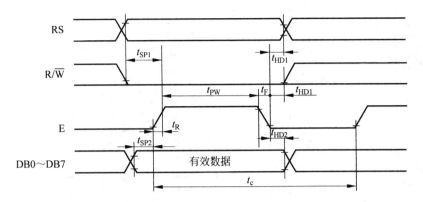

图 5-3　12864 液晶模块的并行写时序

（1）读状态：RS=0，R/$\overline{\text{W}}$=1，E=1；

（2）读数据：RS=1，R/$\overline{\text{W}}$=1，E=1；

（3）写指令：RS=0，R/$\overline{\text{W}}$=0，E=高脉冲；

（4）写数据：RS=1，R/$\overline{\text{W}}$=0，E=高脉冲。

5. 串行写时序

CPU 以串行方式写数据给 12864 液晶模块的时序图如图 5-4 所示。

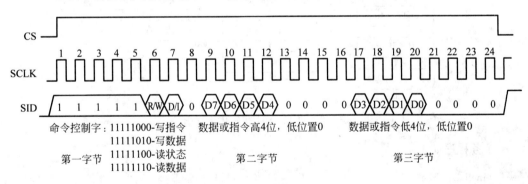

图 5-4　12864 液晶模块的串行写时序

6. 应用举例

【例 5.1】　8 位并行传输字符显示。

利用单片机与 12864 液晶模块，通过 8 位并行传输方式连接，显示 4 行汉字（4 行字分别为：广州民航职业技术学院；果子冰制作；www.caac.net；图形液晶测试程序）。单片机与 12864 连接电路如图 5-5 所示，通过 P0 口接 LCD12864 的 DB0～DB7，LCD12864 设置为 8 位并口传输模式。LCD12864 初始化流程图如图 5-6 所示。

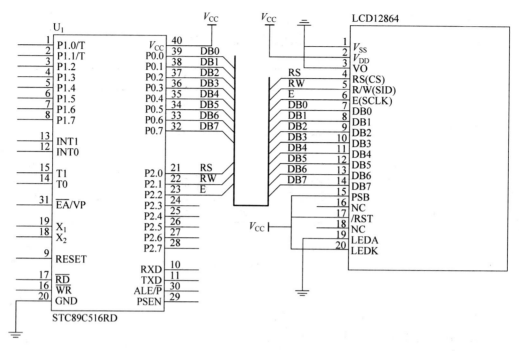

图 5-5　单片机与 12864 液晶并行连接图

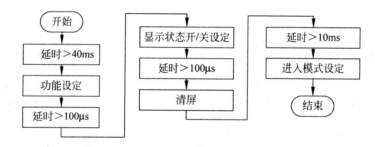

图 5-6　LCD12864 初始化流程图

参考程序如下：

```c
#include <reg51.h>
#define uchar unsigned char
#define uint unsigned int
sbit RS = P2^0;
sbit RW = P2^1;
sbit E = P2^2;
uchar Table[4][16]={                    //待显示字符串,二维数组
"广州民航职业学院",
"    果子冰制作   ",
"图形液晶测试程序",
"  www.caac.net "};
/**************************************************************
函数名称: void delay(uint x)
```

函数功能: 实现 xms 延时
入口参数:x,定时时间形参
返回值: 无
函数作者: 果子冰
创建时间: 2011-08-1
** /

```c
void Delay(int x)                                    //延时函数,延时 xms
{
    while(x－－)
    {
        uchar i;
        for(i = 0; i < 110; i++);                    //内部延时 1ms
    }
}
```

/ **
函数名称: void WriteCode(uchar comd)
函数功能: 向 LCD12864 液晶写入 1 字节命令
入口参数: uchar comd,命令字符
返回值: 无
函数作者: 果子冰
创建时间: 2011-08-1
** /

```c
void WriteCode(uchar comd)
{
    RS = 0;
    RW = 0;
    E  = 0;
    P0 = comd;
    Delay(2);
    E  = 1;                                          //高脉冲
    Delay(2);                                        //延时 2ms,等待指令写入 LCD
    E  = 0;
}
```

/ **
函数名称: void WriteData(uchar data)
函数功能: 向 LCD12864 液晶写入 1 字节数据
入口参数: uchar data,待写入数据
返回值: 无
函数作者: 果子冰
创建时间: 2011-08-1
** /

```c
void WriteData(uchar dat)
{
    RS = 1;
    RW = 0;
    E = 0;
    P0 = dat;
    Delay(2);
    E = 1;                                           //高脉冲
```

```
        Delay(2);                                    //延时 2ms,等待数据写入 LCD
        E = 0;
}
/ *********************************************************************
函数名称: void LCDInit()
函数功能: LCD12864 液晶初始化
入口参数: uchar funset,uchar dispset,uchar entrymode
        funset:功能设定参数
        dispset:显示状态开/关参数
        entrymode:进入模式设定参数
返回值:无
函数作者:果子冰
创建时间: 2011-08-1
 *********************************************************************/
void LCDInit(uchar funset, uchar dispset, uchar entrymode)
{      Delay(50);                                    //延时 50ms,确保 LCD 工作稳定
        WriteCode(funset);
        Delay(1);
        WriteCode(dispset);
        Delay(1);
        WriteCode(0x01);                             //清屏显示
        Delay(11);
        WriteCode(entrymode);
}
/ *********************************************************************
函数名称: void main()
函数功能: 主函数,12864 液晶显示字符
入口参数:无
返回值:无
函数作者:果子冰
创建时间: 2011-08-1
 ********************************************************************* /
void main()
{
        uchar i,j,addr;
        //设定 8 位接口,基本指令操作
        //设定显示开,光标关模式
        //设定 AC 为+1 模式,显示不移动
        LCDInit(0x30,0x0c,0x06);
        addr = 0x80;
        for(i = 0; i < 4; i++)                        //显示 4 行字符串
        {      WriteCode(addr);
                for(j = 0; j < 16; j++)
                {
                        WriteData(Table[i][j]);
                }
                switch(addr)
                {
                        case 0x80 : addr = 0x90;break;
```

```
        case 0x90 : addr = 0x88;break;
        case 0x88 : addr = 0x98;break;
        default :break;
    }
}
while(1);                                    //死循环,防止程序跑偏
}
```

【例5.2】 串口传输图像显示。

利用 LCD12862 液晶显示图像,连接电路如图 5-7 所示。单片机与 LCD12864 液晶采用串行连接方式,只占用了 P2 口的 P2.0、P2.1 和 P2.2 三个引脚,与并口连接相比,大大节约了单片机的硬件资源。

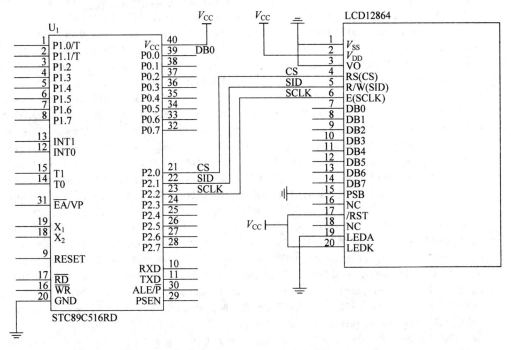

图 5-7　LCD12864 液晶与单片机串行连接图

参考程序如下:

```
#include <reg51.h>
#define uchar unsigned char
#define uint unsigned int
sbit CS = P2^0;
sbit SID = P2^1;
sbit SCLK = P2^2;
//显示图片数据
uchar code Picture[1024] = {
0x00,0x00,0x00,0x00,0x00,0x00,0x00,0x00,0x00,0x00,0x00,0x00,0x00,0x00,0x00,0x00,
0x00,0x01,0x82,0x80,0x00,0x00,0x00,0x02,0x10,0x00,0x0F,0xFB,0xC0,0x00,0x00,0x00,
```

```
0x00,0x02,0x42,0x80,0x00,0x00,0x00,0x19,0x18,0x00,0x0B,0xFF,0x80,0x00,0x00,0x00,
0x00,0x02,0xC2,0x80,0x00,0x00,0x00,0x21,0xFF,0x00,0x0F,0xFF,0x80,0x00,0x00,0x00,
0x00,0x3B,0xC1,0x80,0x00,0x00,0x00,0x57,0xFF,0xE0,0x0F,0xFF,0x80,0x00,0x00,0x00,
0x00,0x45,0xB9,0x80,0x80,0x00,0x00,0x8F,0xFF,0xF1,0x0F,0xFF,0x00,0x00,0x00,0x00,
0x00,0x82,0x44,0xA0,0x80,0x00,0x01,0x1E,0x8F,0xFE,0x0F,0xFF,0x00,0x00,0x00,0x00,
0x00,0x82,0x5C,0x10,0x60,0x00,0x00,0xF9,0x07,0xFC,0x0F,0xFF,0x00,0x00,0x00,0x00,
0x0F,0x83,0xF8,0x49,0xF8,0x00,0x00,0x33,0x06,0x7E,0x0F,0xFE,0x00,0x00,0x00,0x00,
0x10,0x8A,0x20,0x47,0xFE,0x00,0x00,0x67,0x06,0x7F,0x0E,0x0E,0x10,0x00,0x00,0x00,
0x10,0x92,0x10,0xA7,0x1F,0x00,0x00,0x6F,0x8F,0xFF,0x0C,0x04,0x00,0x00,0x00,0x00,
0x10,0x44,0x11,0x26,0x0F,0x00,0x00,0x4F,0xF3,0xFF,0x8C,0xE4,0x50,0x00,0x00,0x00,
0x08,0x78,0x51,0x3D,0x0F,0x80,0x00,0x1F,0xF3,0x9D,0xC9,0x02,0x00,0x00,0x00,0x00,
0x0F,0xCC,0x22,0x2D,0x9F,0x80,0x00,0x1F,0xCE,0x9E,0x89,0x02,0x10,0x00,0x00,0x00,
0x10,0x5F,0xC4,0x0B,0xE7,0xC0,0x00,0x1F,0xCF,0xF6,0x93,0xC2,0x00,0x00,0x00,0x00,
0x20,0x7C,0x49,0x5A,0x67,0xC0,0x00,0x1F,0xFF,0xFE,0x84,0x22,0x50,0x00,0x00,0x00,
0x21,0x7C,0x30,0x12,0x7F,0xC0,0x00,0x1F,0xFF,0xFE,0x05,0x22,0x00,0x00,0x00,0x00,
0x22,0x84,0x21,0x0B,0xFF,0xC0,0x00,0x1F,0xFF,0xF6,0x04,0x22,0x10,0x00,0x00,0x00,
0x11,0xA4,0x20,0x0B,0xFF,0xC0,0x00,0x0F,0xFF,0xD6,0x06,0x44,0x00,0x00,0x00,0x00,
0x0E,0x86,0x41,0x4B,0xFF,0xC0,0x00,0x0F,0xFF,0xCC,0x00,0x05,0x50,0x00,0x00,0x00,
0x10,0x97,0xFC,0x07,0xFF,0xC0,0x00,0x07,0xF0,0x1C,0x00,0x08,0x00,0x00,0x00,0x00,
0x20,0x8F,0xE9,0x15,0xFE,0xC0,0x00,0x07,0xE0,0x38,0x10,0x09,0x10,0x00,0x00,0x00,
0xF8,0x7F,0xF0,0x05,0xE2,0x80,0x1F,0xC3,0x80,0x78,0x10,0x10,0x00,0x00,0x00,0x00,
0xF4,0x5F,0xD5,0x49,0xE1,0x8F,0xE0,0x40,0xC1,0xF0,0x2C,0x65,0x50,0x00,0x00,0x00,
0x7A,0x5F,0xA0,0x08,0xC3,0x08,0x1F,0xC3,0xFF,0xC0,0x23,0x80,0x00,0x00,0x00,0x00,
0xBE,0xEE,0xD1,0x09,0x7E,0x07,0xFF,0xC0,0xFF,0x00,0x50,0x71,0x10,0x00,0x00,0x00,
0x6B,0x5F,0x00,0x08,0x00,0x07,0xFF,0xC0,0x00,0xE0,0x40,0x88,0x00,0x00,0x00,0x00,
0x1D,0xC0,0x55,0x48,0x74,0x03,0xFF,0xC0,0x20,0x20,0x95,0x05,0x50,0x00,0x00,0x00,
0x77,0xFE,0x00,0x04,0x8A,0x03,0xFF,0xC0,0x20,0x41,0x01,0x04,0x00,0x00,0x00,0x00,
0xBF,0xFF,0xC1,0x14,0x48,0x01,0xFF,0xC0,0x1F,0x83,0x87,0x04,0x08,0x00,0x00,0x00,
0xFF,0xFF,0xF0,0x02,0x38,0x01,0xFE,0x40,0x00,0x05,0x58,0x8F,0x90,0x00,0x00,0x00,
0xF0,0x40,0xF5,0x55,0x00,0x01,0xF0,0x40,0x00,0x18,0x30,0x70,0x50,0x00,0x00,0x00,
0xB8,0xA1,0xD0,0x00,0x80,0x00,0xE0,0x40,0x00,0x20,0x10,0x70,0x50,0x00,0x00,0x00,
0xC7,0xDE,0x21,0x11,0x60,0x00,0x40,0x80,0x00,0xC0,0x10,0xF0,0x48,0x00,0x00,0x00,
0xF8,0x29,0xD0,0x00,0x18,0x00,0x3F,0x00,0x03,0x00,0x0F,0x10,0x40,0x00,0x00,0x00,
0xBE,0x73,0x35,0x45,0x46,0x00,0x00,0x00,0x1C,0x00,0x02,0x0F,0x90,0x00,0x00,0x00,
0x6C,0x33,0x20,0x00,0x01,0xC0,0x00,0x01,0xFF,0x80,0x02,0x08,0x80,0x00,0x00,0x00,
0xBF,0xFC,0xD1,0x11,0x10,0x3D,0xFC,0x3F,0x00,0x60,0x02,0x08,0x50,0x00,0x00,0x00,
0x3F,0xFC,0xC0,0x00,0x00,0x06,0x03,0xC8,0x00,0x1C,0x01,0x18,0x20,0x00,0x00,0x00,
0x2E,0x33,0x04,0x44,0x44,0x18,0x00,0x70,0x00,0x03,0xC1,0xE8,0x20,0x00,0x00,0x00,
0x3F,0x73,0x00,0x00,0x00,0x60,0x00,0x20,0x00,0x00,0x39,0x08,0x10,0x00,0x00,0x00,
0x3F,0x6F,0xD0,0x10,0x11,0x80,0x00,0x40,0x00,0x00,0x06,0x04,0x08,0x00,0x00,0x00,
0x3F,0x5F,0xC0,0x00,0x06,0x20,0x00,0x40,0x00,0x20,0x01,0x04,0x00,0x00,0x00,0x00,
0xEF,0x3F,0xF7,0xFF,0xFF,0xF0,0x00,0x40,0x00,0x7F,0xFF,0xFF,0xF8,0x00,0x00,0x00,
0x17,0x7F,0x80,0x00,0x00,0x0C,0x00,0x40,0x00,0x80,0x00,0x00,0x00,0x00,0x00,0x00,
0x1E,0x3F,0x80,0x00,0x00,0x03,0x81,0xA0,0x07,0x00,0x00,0x00,0x00,0x00,0x00,0x00,
0x00,0x00,0x00,0x00,0x00,0x00,0x00,0x00,0x00,0x00,0x00,0x00,0x00,0x00,0x00,0x00,
0x00,0x00,0x00,0x00,0x00,0x00,0x00,0x00,0x00,0x00,0x00,0x00,0x00,0x00,0x00,0x00,
0x00,0x00,0x00,0x00,0x00,0x00,0x00,0x00,0x00,0x00,0x00,0x00,0x00,0x00,0x00,0x00,
0x00,0x00,0x00,0x00,0x00,0x00,0x00,0x00,0x00,0x00,0x00,0x00,0x00,0x00,0x00,0x00,
0x00;0x00,0x00,0x00,0x00,0x00,0x00,0x00,0x00,0x00,0x00,0x00,0x00,0x00,0x00,0x00,
```

```
0x00,0x00,0x00,0x00,0x00,0x00,0x00,0x00,0x00,0x00,0x00,0x00,0x00,0x00,0x00,0x00,
0x00,0x00,0x00,0x00,0x00,0x00,0x00,0x00,0x00,0x00,0x00,0x00,0x00,0x00,0x00,0x00,
0x00,0x00,0x00,0x00,0x00,0x00,0x00,0x00,0x00,0x00,0x00,0x00,0x00,0x00,0x00,0x00,
0x00,0x00,0x00,0x00,0x00,0x00,0x00,0x00,0x00,0x00,0x00,0x00,0x00,0x00,0x00,0x00,
0x00,0x00,0x00,0x00,0x00,0x00,0x00,0x00,0x00,0x00,0x00,0x00,0x00,0x00,0x00,0x00,
0x00,0x00,0x00,0x00,0x00,0x00,0x00,0x00,0x00,0x00,0x00,0x00,0x00,0x00,0x00,0x00,
0x00,0x00,0x00,0x00,0x00,0x00,0x00,0x00,0x00,0x00,0x00,0x00,0x00,0x00,0x00,0x00,
0x00,0x00,0x00,0x00,0x00,0x00,0x00,0x00,0x00,0x00,0x00,0x00,0x00,0x00,0x00,0x00,
0x00,0x00,0x00,0x00,0x00,0x00,0x00,0x00,0x00,0x00,0x00,0x00,0x00,0x00,0x00,0x00,
0x00,0x00,0x00,0x00,0x00,0x00,0x00,0x00,0x00,0x00,0x00,0x00,0x00,0x00,0x00,0x00,
0x00,0x00,0x00,0x00,0x00,0x00,0x00,0x00,0x00,0x00,0x00,0x00,0x00,0x00,0x00,0x00,
0x00,0x00,0x00,0x00,0x00,0x00,0x00,0x00,0x00,0x00,0x00,0x00,0x00,0x00,0x00,0x00,
0x00,0x00,0x00,0x00,0x00,0x00,0x00,0x00,0x00,0x00,0x00,0x00,0x00,0x00,0x00,0x00,
0x00,0x00,0x00,0x00,0x00,0x00,0x00,0x00,0x00,0x00,0x00,0x00,0x00,0x00,0x00,0x00};
//xms 延时
void Delay(int x)                              //延时函数,延时 xms
{
    while(x－－)
    {
        uchar i;
        for(i = 0; i < 110; i++);              //内部延时 1ms
    }
}
//向 LCD 写入一个字节
void WriteByte(uchar Bytename)
{
    uchar i, dat;
    CS = 1;
    for(i = 0; i < 8; i++)
    {
        SCLK = 0;
        Delay(1);                              //延时 1ms
        dat = Bytename & 0x80;
        if(dat)
        {
            SID = 1;
        }
        else
        {
            SID = 0;
        }
        Bytename <<= 1;
        SCLK = 1;
        Delay(1);
    }
}
//向 LCD12864 液晶写入 1 字节命令
void WriteCode(uchar comd)
{
    CS = 1;
```

212

```
        WriteByte(0xf8);
        WriteByte(comd & 0xf0);                      //写高 4 位
        comd <<= 4;
        WriteByte(comd & 0xf0);                      //写低 4 位
    }
    //向 LCD12864 液晶写入 1 字节数据
    void WriteData(uchar dat)
    {
        CS = 1;
        WriteByte(0xfa);
        WriteByte(dat & 0xf0);                       //写高 4 位
        dat <<= 4;
        WriteByte(dat & 0xf0);                       //写低 4 位
    }
    //开启图片显示功能
    void LCDPictureOn(void)
    {
        WriteCode(0x34);                             //进入扩充指令操作
        WriteCode(0x36);                             //扩充指令操作,绘图开
        WriteCode(0x30);                             //返回基本指令操作
    }
    //关闭图片显示功能
    void LCDPictureOff(void)
    {
        WriteCode(0x34);                             //进入扩充指令操作
        WriteCode(0x30);                             //扩充指令操作,绘图关
        WriteCode(0x30);                             //返回基本指令操作
    }
    //设定绘图地址
    void LCDGdramAddress(uchar VerticalAddr, uchar HorizontalAddr)
    {
        VerticalAddr &= 0x1F;
        HorizontalAddr &= 0x0F;
        WriteCode(0x34);                             //扩充指令模式,绘图开
        WriteCode(VerticalAddr|0x80);
        WriteCode(HorizontalAddr|0x80);
        WriteCode(0x30);                             //返回基本模式
    }
    //显示 LOGO 图形 128×64 点阵
    void Picturedisp(void)
    {
        uchar i,j;
        uchar * p;
        p = Picture;
        for(i=0;i<32;i++)                            //写入图形数据时,采用逐行扫描的方式
        {
            LCDGdramAddress(i,0);
            for(j=0;j<16;j++)
            {
```

```
            WriteData( * p);
            p++;
        }
    }
    for(i=0;i<32;i++)
    {
        LCDGdramAddress(i,8);
        for(j=0;j<16;j++)
        {
            WriteData( * p);
            p++;
        }
    }
}
//清屏
void Clearall(void)
{    WriteCode(0x01);
    Delay(1);
}
//LCD12864 液晶初始化
void LCDInit(void)
{
    WriteCode(0x30);            //功能设定,基本指令,基本指令,8bit 模式,基本指令
    WriteCode(0x0c);            //显示开,游标关,反白关
    WriteCode(0x01);            //清除显示
    WriteCode(0x06);            //进入设定点,游标 7 右移,画面不移动
}
//主函数
void main()
{
    LCDInit();                 //LCD 初始化
    Clearall();                //清屏
    LCDPictureOff();           //关图片显示功能
    Picturedisp();             //显示初始界面
    LCDPictureOn();            //开图片显示功能
    while(1);                  //死循环,防止程序跑偏
}
```

在 LCD12864 液晶中只能显示黑白图片。如果是彩色图片,必须通过相应软件转换为黑白图片,然后通过字模软件获得显示图像的数据。具体步骤如下:首先选一幅图片,然后用图像编辑软件截取 128×64 像素大小,并转换成单色 BMP 图片;接着用 1cm zimo 字模提取软件打开图片,将结构型格式设为从左到右、从上到下,C 语言每行 16 个,横向 8 点左高位,输出大小为 128×64;设置好相应参数后单击"参数"按钮确认;最后单击"数据保存"按钮,将图片转换为 64 行 16 列的数组数据;再选择"数据保存"命令,保存图片数组数据,如图 5-8 所示。

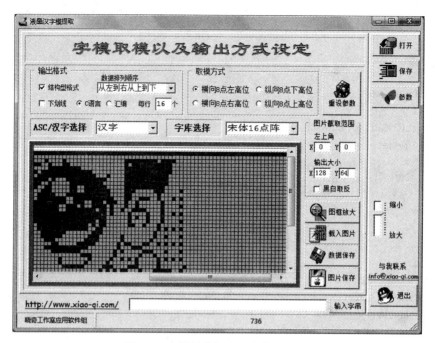

图 5-8　字模软件提取图片数组数据

5.2　串口通信认知与实践

5.2.1　串口通信基础

1. 数据传输过程概述

在传输数据的过程中,数据要通过介质(Media)从发送端传递到接收端。在发送端,先按介质的性质将数据转换成传输介质所承载的信号,送入介质进行传送。接收端从传输介质取得信号后,将其还原成数据。无论各种信号之间的差异多大,将数据转换成各类信号的方法大致相同。数据的传输过程如图 5-9 所示。

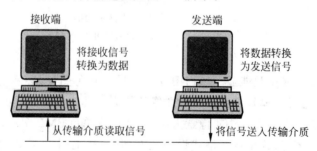

图 5-9　数据的传输过程

2. 并行传输与串行传输

在单片机应用系统中,同样存在数据的通信问题,如单片机与外围设备之间、单片机与电脑之间的信息交换等。无论单片机与外围设备采用何种通信介质相连,其通信方式都可分为并行和串行两种方式。并行通信是指数据的各位同时传送,特点是数据传输的速度快,但是所需要的传输线多,成本高,适合于短距离通信,如图 5-10(a)所示。串行通信是指数据一位一位按顺序传送,特点是数据传输的速度慢,占用传输线少,成本低,适合远距离传输,如图 5-10(b)所示。

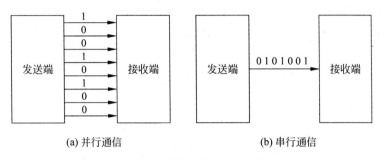

(a) 并行通信　　　　　　　　　　(b) 串行通信

图 5-10　并行通信与串行通信

3. 同步串行通信与异步串行通信

按照串行数据的时钟控制方式,串信通信又分为同步串行通信与异步串行通信。

（1）同步串行通信

同步串行通信是指发送方和接收方在同一个时钟信号控制下,逐位地发送与接收数据,从而使双方达到完全的同步,保证数据传输的正确性。发送端在发送数据之前,首先发送 1 或 2 位同步字符,接着按顺序发送 n 个字节的数据,数据发送完成后发送校验码,如图 5-11 所示。同步串行通信传输效率高,但需要同步时钟信号,硬件设备设计复杂,成本高。根据同步方法的不同,同步串行通信又分为外同步和自同步串行通信两种方式。

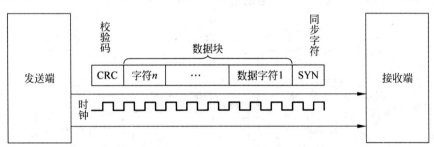

图 5-11　同步串行通信

（2）异步串行通信

异步串行通信是指发送端和接收端使用各自的时钟控制数据的发送和接收,数据通常以字符为单位组成字符帧,低位在前,高位在后,由发送端一帧一帧地发送,通过传输线被接收端一帧一帧地接收。发送端和接收端的时钟彼此独立,互不同步。

字符帧又称数据帧,由起始位、数据位、奇偶校验位和停止位 4 部分组成,如图 5-12 所示。

① 起始位:位于字符帧开头,仅占 1 位,为逻辑"0"电平,用于表征 1 帧字符帧数据传

输的开始。即在通信线上没有数据传输时，**数据线逻辑电平处于"1"电平状态；当变为逻辑"0"电平时**，表征 1 帧数据传输的开始，**接收端接收到该逻辑"0"电平后，就开始准备接收数据位信号。**

② 数据位：紧跟起始位之后，可以是 5、6、7、8 位，低位在前，高位在后。

③ 奇偶校验位：位于数据位之后，仅占 1 位，用来表征串行通信中采用奇校验还是偶校验。奇偶校验的作用是保证传输**数据的正确性**。若为偶校验，表示传输的 1 帧数据中含有"1"的个数为偶数；若为奇校验，**表示传输的 1 帧数据中含有"1"的个数为奇数**。这样，接收端收到信号后可通过查询数据含"1"个数是偶数还是奇数，判断数据接收正确与否。

④ 停止位：表征 1 帧数据传输的结束，放在 1 帧数据的最后，可以是 1 位、1.5 位或2 位。

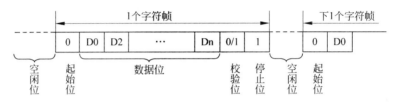

图 5-12　异步串行通信字符帧格式

4. 单工、半双工和全双工通信

按照数据的传输方向，串行通信分为单工通信方式、半双工通信方式和全双工通信方式三种。

（1）单工通信方式

单工通信就是指任何时刻传送的信息始终是一个方向，而不进行与此相反方向的传送，如图 5-13 所示。无线电广播和电视信号传播都是单工传送的例子。

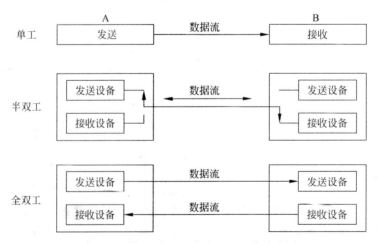

图 5-13　单工、半双工和全双工通信示意图

（2）半双工通信方式

半双工通信是指信息流可在两个方向上传输，但同一时刻只限于一个方向传输，如图 5-13 所示。如对讲机就是以这种方式通信的。

（3）全双工通信方式

全双工通信是指能同时双向通信，如图 5-13 所示。这种方式适用于计算机—计算机间通信。如现在的手机都采用这种方式通信。

5. 波特率

波特率是指每秒钟传送的二进制数码的位数，又称比特率，单位为 b/s。异步串行通信的波特率一般为 50～9600b/s。比特率越高，数据传输的速度越快。

5.2.2 串行通信的接口电路

串行通信接口电路的种类和型号很多，在设计通信接口时应根据需要，充分考虑通信距离、电平特性等因素，选择标准接口。如果通信距离很短，可直接以 TTL 电平连接，则只需要 TXD（串行数据发送）、RXD（串行数据接收）和 GND 三条数据线就可以。如两台单片机近距离相连就采用这种方式，如图 5-14 所示。当传输距离超过 15m，或者需要将单片机与电脑相连时，需要采用 RS-232 或者通过调制解调器（MODEM），将数字信号转换为模拟信号后采用电话线进行远距离传输，如图 5-15 和图 5-16 所示。

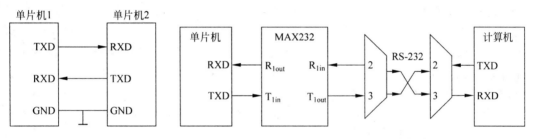

图 5-14 TTL 电平相连   图 5-15 单片机与 PC 连接

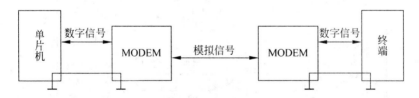

图 5-16 通过 MODEM 相连

RS-232 是使用最早、应用最广泛的一种异步串行通信总线标准，由美国电子工业协会制定。RS-232 主要用来定义计算机系统的一些数据终端设备（DTE）和数据通信设备（DCE）之间的电气性能，如 CRT、打印机与 CPU 的通信大都采用 RS-232 接口。当单片机向计算机发送信息的时候，必须通过 MAX232 等电平转换设备将 TTL 电平转换为 RS-232 电平，才能够发送给计算机；同理，当计算机向单片机发送信息的时候，必须先将 RS-232 电平转换为 TTL 电平，再送给单片机。RS-232 电平采用负逻辑，即＋5～＋15V 表示逻辑"0"，－15～－5V 表示逻辑"1"；单片机则采用 TTL 电平，即＋2.4～＋5V 表示逻辑"1"，0～2.4V 表示逻辑"0"。

5.2.3　51 单片机的串行口与编程

MCS-51 单片机内含一个可编程控制的全双工串行通信接口,通过设置相关的控制寄存器,可将该接口作为通用异步接收/发送器 UART,也可作为同步移位寄存器使用,进而对并行 I/O 口进行扩展。该串口具有 4 种工作方式,帧格式有 8 位、10 位和 11 位,并能够灵活设置各种波特率,使用简单、方便,在单片机应用系统中获得了广泛的应用。下面介绍其结构、工作方式等,并给出典型的使用案例供读者参考。

1. MCS-51 单片机的串行口结构

MCS-51 单片机的串行口内部结构如图 5-17 所示。从图中可以看出,MCS-51 单片机内部含有两个物理上相互独立的接收、发送数据缓冲器 SBUF。发送数据缓冲器与接收数据缓冲器二者共用 99H 地址,通过指令来区别对二者的操作。前者只可写,不能够读;后者则只能够读,不能够写,并使用各自的时钟源控制数据的发送和接收。当需要发送数据的时候,单片机将通过内部总线将 8 位数据以并口方式写入发送数据缓冲寄存器,然后在发送控制寄存器的控制下输出到移位寄存器,再利用定时器通过分频产生移位脉冲,低位在前,高位在后,一位一位地通过 TXD(P3.1)端口将数据发送出去。当一帧数据发送完毕后,硬件电路自动将发送中断标志 TI 置"1",并向 CPU 发出串口中断申请。其中,电源及波特率选择寄存器控制串口的波特率,不可位寻址;串行口控制寄存器 SCON 控制串口的工作方式和状态,可位寻址。串口接收数据的过程与发送数据的过程相反,工作原理大至相同,在这里不再详述。

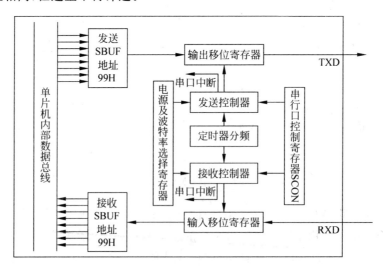

图 5-17　串行口内部结构示意图

2. 串行通信控制寄存器

(1) 串行口控制寄存器(SCON)

SCON 用于控制串行口的工作方式和状态,可位寻址,字节地址为 98H,其格式如

表 5-6 所示。

表 5-6 串行口控制寄存器

位地址	9FH	9EH	9DH	9CH	9BH	9AH	99H	98H
位名	SM0	SM1	SM2	REN	TB8	RB8	TI	RI

① SM0、SM1 决定串行口的工作方式,其定义如表 5-7 所示。

表 5-7 串行口工作方式

SM0	SM1	工作方式	功能说明	波 特 率
0	0	方式 0	8 位移位寄存器(用于扩展 I/O 口)	$f_{osc}/12$
0	1	方式 1	10 位异步收发(8 位数据)	波特率可变,由定时器 1 的溢出率控制
1	0	方式 2	11 位异步收发(9 位数据)	波特率固定,$f_{osc}/64$ 或者 $f_{osc}/32$
1	1	方式 3	11 位异步收发(9 位数据)	波特率可变,由定时器 1 的溢出率控制

② SM2:多机通信控制位,主要用于方式 2 和方式 3。串口工作于方式 0 时,SM2 必须置"0";在方式 1 时,若 SM2=1,只有接收到有效停止位时,RI 才置"1"。串口工作于方式 2 或者方式 3,若置 SM2=0,则不论串口接收到第 9 位 RB8 为"0"还是"1",TI、RI 都以正常方式被激活;若置 SM2=1,则 RI 的激活还与 RB8 位有关系(TI 的激活与 TB8 有关系),即此时串口只有接收到的第 9 位数据 RB8 为"1"才激活 RI,产生串口中断申请,否则即使 SM2=1,若 RB8=0,不激活 RI,串口不产生中断申请。

③ REN:允许/禁止串行接收位。软件置位或清零。置 REN=1,允许接收;置 REN=0,禁止接收。

④ TB8:发送数据的第 9 位。在方式 2 和方式 3 中,若 SM2=0,则 TI 以正常方式激活;若 SM2=1,要想激活 TI,必须软件置 TB8=1,否则,TI 不被激活。

⑤ RB8:接收数据的第 9 位。在方式 2 和方式 3 中,由软件置位或复位,可作为奇偶校验位。在多机通信中,可作为区别地址帧或数据帧的标识位,一般约定地址帧时 TB8 为"1",数据帧时 TB8 为"0"。功能同 TB8。

⑥ TI:发送中断标志位。在方式 0 中,发送完 8 位数据后,由硬件置位;在其他方式中,在发送停止位之初由硬件置位。因此,TI 是发送完一帧数据的标志。TI=1 时,也可向 CPU 申请中断;响应中断后,都必须由软件清除 TI。

⑦ RI:接收中断标志位。在方式 0 中,接收完 8 位数据后,由硬件置位;在其他方式中,在接收停止位的中间,由硬件置位。RI=1 时,也可申请中断;响应中断后,都必须由软件清除 RI。

(2)电源及波特率选择寄存器 PCON(地址 87H)

PCON 不可位寻址,跟串口通信有关的控制位只有 SMOD 位,SMOD 位为串口波特率选择位。在方式 1、2、3,当 SMOD=1 时,所设定的波特率加倍。其他位为电源控制位。其格式如表 5-8 所示。

表 5-8　电源及波特率选择寄存器 PCON

SMOD	—	—	—	GF1	GF0	PD	IDL

（3）中断允许控制寄存器 IE

IE 可位寻址,用于控制中断源的开放与禁止,其格式如表 5-9 所示。跟串口中断有关的控制位有 EA 和 ES。其中,EA 为中断允许总控制位,EA＝1 时,开放总中断；ES 为串行口中断允许控制位,ES＝1 时,允许串行口中断。

表 5-9　中断允许控制寄存器 IE

位地址	AFH	AEH	ADH	ACH	ABH	AAH	A9H	A8H
IE	EA	—	ET2	ES	ET1	EX1	ET0	EX0

（4）中断响应优先级控制寄存器 IP

IP 可位寻址,用于控制中断响应的优先级,其格式如表 5-10 所示。跟串口中断有关的控制为 PS,PS＝0 时,串行口中断响应优先级设置为低优先级；PS＝1 时,串行口中断响应优先级设置为高优先级。

表 5-10　中断响应优先级控制寄存器 IP

位地址	BFH	BEH	BDH	BCH	BBH	BAH	B9H	B8H
IP	—	—	—	PS	PT1	PX1	PT0	PX0

3. 串行口波特率的设定

在异步串行通信中,收、发双方必须约定一定的数据发送速率,即通信的波特率。MCS-51 单片机串口的波特率设定方法如下所述。

（1）方式 0 波特率设定

工作在方式 0,串口的波特率固定不变,为时钟频率的 $1/12$,即 $f_{osc}/12$。

（2）方式 1 波特率设定

工作在方式 1,串口的波特率 B 由定时器 T1 的溢出速率和 SMOD 位共同决定,即

$$B = \frac{2^{SMOD}}{32} \text{T1 溢出速率}$$

SMOD 取"0"或"1",其中 T1 的溢出速率取决于单片机定时器 T1 的计数速率和定时器的预置值,溢出速率为溢出周期的倒数。计数速率与 TMOD 寄存器的 $C/\overline{T}$ 位有关。当 $C/\overline{T}＝0$ 时,计数速率为 $f_{osc}/12$；当 $C/\overline{T}＝1$ 时,计数速率为外部输入时钟频率。

（3）方式 2 波特率设定

工作在方式 2,波特率取决于 SMOD 值。当 SMOD＝0 时,波特率为 $f_{osc}/64$；当 SMOD＝1 时,波特率为 $f_{osc}/32$。

（4）方式 3 波特率设定

方式 3 波特率的设定同方式 1 的设定。

由于波特率的计数相对麻烦,为了方便读者编程,本书给出了定时器 T1 产生的常用波特率设定,如表 5-11 所示,以供参考。

表 5-11　定时器 T1 产生的常用波特率

串行口模式	波特率	f_{osc}/MHz	SMOD	定时器 T1		
				C/$\overline{T}$	工作方式	初始值
方式 0	1Mb/s	12	×	×	×	×
方式 2	375Kb/s	12	1	×	×	×
方式 1、3	62.5Kb/s	12	1	0	2	FFH
	19.2Kb/s	11.0592	0	0	2	FDH
	9.6Kb/s	11.0592	0	0	2	FDH
	4.8Kb/s	11.0592	0	0	2	FAH
	110b/s	6	0	0	2	72H
	110b/s	12	0	0	1	FEEBH

4. 应用举例

（1）方式 0

串口工作于方式 0，发送和接收数据都是 8 位，SBUF 可作为同步移位寄存器使用，用于扩展并行 I/O 口，以固定波特率，低位在先，高位在后，通过 RXD 端口发送/接收数据。TXD 端口作为同步时钟信号（移位脉冲）使用，8 位数据发送（接收）完毕，TI(RI) 由硬件置位，并在中断允许情况下向 CPU 申请中断。CPU 响应中断后，应软件置 TI(RI) 为"0"，清除中断申请标志；之后，给 SBUF 送下一个需要发送的字符，或者接收下一个字节的字符。

【例 5.3】 扩展 I/O 口驱动 LED 数码管显示。

利用串行口的方式 0，对 I/O 口进行扩展，驱动共阳极数码管循环显示数字字符 0~9。仿真电路如图 5-18 所示。其中，CD4094 为串行输入、8 位并行输出移位寄存器。CD4094 真值表如表 5-12 所示。

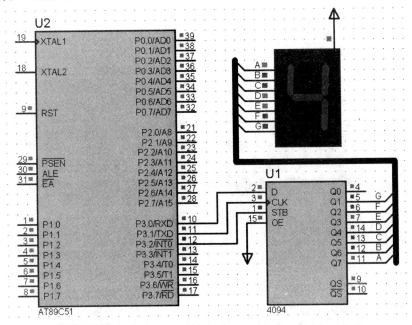

图 5-18　串口扩展 8 位 I/O 口驱动数码管显示

表 5-12　CD4094 真值表

时　钟	OE	STB	D	并行输出		串行输出	
				Q_1	Q_N	QS(Note1)	QS
↑	0	×	×	三态	三态	Q7	不变
↓	0	×	×	三态	三态	不变	Q7
↑	1	0	×	不变	不变	Q7	不变
↑	1	1	0	0	Q_{N-1}	Q7	不变
↑	1	1	1	1	Q_{N-1}	Q7	不变
↓	1	1	1	不变	不变	不变	Q7

参考程序如下：

```
#include <reg51.h>
#define uchar unsigned char
#define uint unsigned int
sbit STB = P3^2;
uchar SEGCODE[10] = {0xc0,0xf9,0xa4,0xb0,0x99,0x92,0x82,0xf8,0x80,0x90};
//延时函数,延时 xms
void Delay(uint x)
{
    uchar i;
    while(x——)
    {
        for(i = 0; i < 110; i++);
    }
}
void main()
{
    uchar i;
    SCON = 0x00;                    //设置串口工作方式 0,禁止接收
    EA = 1;                        //开放总中断
    ES = 1;                        //开放串口中断
    while(1)
    {
        for(i = 0; i < 10; i++)
        {   STB = 1;               //选通 CD4094
            SBUF = SEGCODE[i];     //将 8 位数据送发送缓冲区
            while(0 == TI);        //等待 8 位数据发送完毕
            TI = 0;                //清除串口中断标志
            STB = 0;               //关闭选通
            Delay(1000);
        }
    }
}
```

(2) 方式 1

串口工作于方式 1,相当于 10 位(1 位"0"起始位,8 位数据,1 位"1"停止位)通用异步

串行通信接口 UART,使用 RXD(P3.0)作为数据输入线,TXD(P3.1)作为数据输出线。发送时,将数据写入发送缓冲器 SBUF,启动发送器发送数据,一帧数据(10 位)发送完毕,TI 由硬件置位,并在中断允许情况下向 CPU 申请中断。CPU 响应中断后,应软件置 TI 为"0",清除中断申请标志,之后再给 SBUF 送下一个需要发送的字符。接收时,应先置 REN 为"1",允许串行口接收数据。串口采样 RXD,当 RXD 出现 1 到 0 电平负跳变,SBUF 开始接收一帧数据。一帧数据接收完毕,硬件置位 RI,申请串行中断。串行中断处理后,应由软件清除 RI 标志,然后开始接收下一帧数据。

【例 5.4】 方式 1 发送信息。

单片机晶体振荡器频率为 11.0592MHz,串口工作方式为方式 1,数据传输波特率为 9.6Kb/s,将"I Love MCU!"信息发送出去。设定时器 T1 工作方式 2,C/$\overline{\text{T}}$=0,SMOD=0,T1 计数初值为 X,则

$$溢出周期\ T = (256 - X) \times 12/f_{osc}$$

$$B = \frac{2^{SMOD}}{32} \times \frac{f_{osc}}{12 \times (256 - X)}$$

将数据代入,可得 X=FDH。

参考程序如下:

```
#include <reg51.h>
#define uchar unsigned char
#define uint unsigned int
uchar Buff[12]={
"I Love MCU!"
};
void main()
{
    uchar i;
    SCON = 0x40;              //设置串口工作方式1,禁止接收
    PCON = PCON & 0x7f;      //SMOD = 0;
    TMOD = 0x20;             //定时器T1工作于方式2,为自动重载计数初值的8位定时器
    TL1 = 0xfd;             //设置波特率为9.6Kb/s
    TH1 = 0xfd;
    TR1 = 1;                //启动定时器T1中断
    EA = 1;                 //开放总中断
    for(i = 0; i < 12; i++)
    {
        SBUF = Buff[i];
        while(0 == TI);     //等待8位数据发送完毕
        TI = 0;             //清除串口中断标志
    }
    while(1);
}
```

(3) 方式 2、方式 3

单片机串口工作在方式 2、方式 3 相当于一个 11 位(1 位"0"起始位,8 位数据,1 位奇偶校验位,1 位"1"停止位)的通用异步串行通信接口 UART。发送数据时,将 8 位数据写

入 SBUF,其中第 9 位为 SCON 寄存器的 TB8 提供。同样,接收的时候,将接收到的第 9 位存放在 SCON 寄存器的 RB8 中。方式 3 与方式 2 的数据格式完全相同,唯一区别是方式 3 串口的波特率是可变的。

【例 5.5】 双机通信。

单片机 A、B 晶体振荡器频率为 11.0592MHz,串口工作方式为方式 3,偶校验,数据传输波特率为 9.6Kb/s。首先,A 机向 B 机发送共阳极数码管显示字符"0123456789"的字符码,B 机收到该信息后通过共阳极数码管将字符显示出来(A 极与 B 极数码管显示器通过 P0 口驱动),然后向 A 机发送"9876543210"的字符码;同样,A 机收到信息后将信息显示出来。其中,发送信息采用查询发送,接收信息采用中断方式。

参考程序如下:

(1) A 机程序

```c
#include <reg51.h>
#define uchar unsigned char
//缓存区
uchar Buff[10]={0xc0,0xf9,0xa4,0xb0,0x99,0x92,0x82,0xf8,0x80,0x90};
//延时函数,延时 xms
void Delay(int x)
{
    uchar i;
    while(x--)
    {
        for(i=0;i<110;i++);
    }
}
//串口初始化函数
void SerialInit(void)
{
    SCON = 0xd8;              //设置串口工作方式 3,允许接收
    PCON = PCON & 0x7f;       //SMOD = 0;
    TMOD = 0x20;              //定时器 T1 工作于方式 2
    TL1 = 0xfd;               //设置波特率为 9.6Kb/s
    TH1 = 0xfd;
    ET1 = 1;                  //允许 T1 中断
    TR1 = 1;                  //启动定时器 T1 中断
    EA = 1;                   //开放总中断
    ES = 1;
}
void main()
{
    uchar i;
    SerialInit();
    for(i=0;i<10;i++)
    {
        SBUF = Buff[i];
        while(!TI);           //等待 8 位数据发送完毕
```

```
            TI = 0;
            P0 = Buff[i];
            Delay(100);
        }
    while(1);
}
void SerialInterrupt() interrupt 4
{
    if(RI)
    {
        RI = 0;
        P0 = SBUF;
        Delay(1);
    }
}
```

(2) B 机程序

```
#include <reg51.h>
#define uchar unsigned char
//缓存区
uchar Buff[10]={0xc0,0xf9,0xa4,0xb0,0x99,0x92,0x82,0xf8,0x80,0x90};
uchar index = 0;
//延时函数,延时 xms
void Delay(int x)
{
    uchar i;
    while(x——)
    {
        for(i = 0; i < 110;i++);
    }
}
//串口初始化函数
void SerialInit( void )
{
    SCON = 0xd8;                    //设置串口工作方式 3,允许接收
    PCON = PCON & 0x7f;            //SMOD = 0;
    TMOD = 0x20;                    //定时器 T1 工作于方式 2
    TL1 = 0xfd;                     //设置波特率为 9.6Kb/s
    TH1 = 0xfd;
    ET1 = 1;                        //允许 T1 中断
    TR1 = 1;                        //启动定时器 T1 中断
    EA = 1;                         //开放总中断
    ES = 1;
}
void main()
{
```

```
        uchar i;
        SerialInit();
        while(index < 10);                    //等待 10 个字符接收完毕
        for(i = 9; i >=0; i——)
        {
            SBUF = Buff[i];
            while(!TI);
            TI = 0;
            P0 = Buff[i];
            Delay(100);
        }
        while(1);
}
void SerialInterrupt() interrupt 4
{
    if(RI)
    {
    RI = 0;
    Buff[index] = SBUF;
    P0 = SBUF;
    Delay(1);
    index++;

    }
}
```

5.3 模拟手机通信设计

本手机通信系统总体框图如图 5-19 所示,主要由按键模块、显示模块、通信模块、MCU 控制模块四部分组成。本手机系统具有短信编写、收发、阅读功能。

图 5-19 手机通信系统

5.3.1 通信模块设计

通信模块采用单片机串行口通信,电路图如图 5-20 所示。

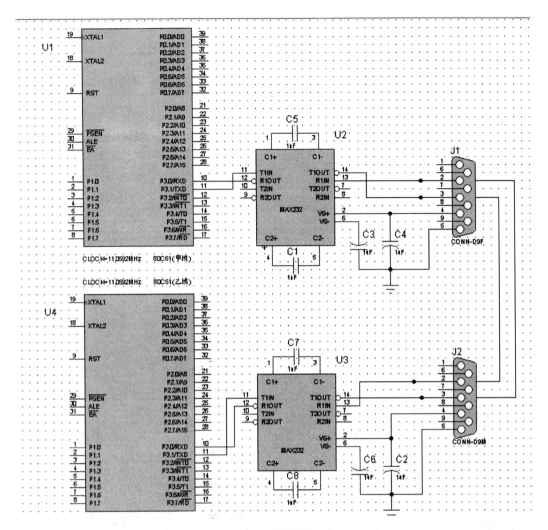

图 5-20　通信模块电路

5.3.2　按键与显示模块设计

为了节约单片机的硬件资源,按键模块采用数码管显示驱动及键盘扫描管理芯片 ZLG7289B。该芯片可直接驱动 8 位共阴式数码管(或 64 只独立 LED),还可以扫描管理多达 64 个按键。ZLG7289B 内部含有显示译码器,可直接接收 BCD 码或十六进制码,同时具有 2 种译码方式。ZLG7289B 采用 SPI 串行总线与微控制器接口,仅占用少数几根 I/O 口线。利用片选信号,多片 ZLG7289B 还可以并接在一起使用,能够方便地实现多于 8 位的显示或多于 64 个按键的应用。采用 LCD12864 进行显示。按键与显示模块电路如图 5-21 所示。

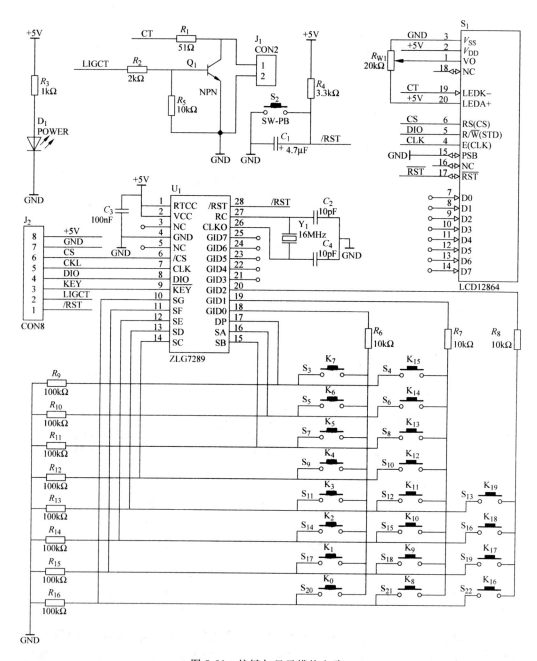

图 5-21　按键与显示模块电路

小结

1. 12864 是 128×64 点阵液晶显示模块的简称,由 128 列、64 行组成,即共有 128×
64 个点来显示各种图形和字符(128 个 8×8 点阵字符,或 32 个 16×16 点阵的汉字),可与 CPU 直接接口,提供并行(8 位或 4 位并行)和串行(3 位串行)两种控制方式,具有光标显示、画面移位、睡眠等多种功能。

2. 在单片机应用系统中,经常会遇到数据通信的问题,如在单片机与外围设备之间、一个单片机应用系统与另一个单片机应用系统之间、单片机应用系统与 PC 之间的数据传送,都离不开通信技术。

3. MCS-51 单片机内含一个可编程控制的全双工串行通信接口,通过设置相关的控制寄存器,可将该接口作为通用异步接收/发送器 UART,也可作为同步移位寄存器使用,进而对并行 I/O 口进行扩展。

4. MCS-51 单片机串口具有 4 种工作方式,帧格式有 8 位、10 位和 11 位,并能够灵活设置各种波特率,使用简单、方便。

5. MCS-51 单片机内部含有两个物理上相互独立的接收、发送数据缓冲器 SBUF。

习题

一、填空题

1. 在工作方式 1 中串行口一帧发送_____位有效数据。

2. 在工作方式 0 中串口波特率为_____。

3. 晶体振荡器频率为 12MHz,以方式 2 工作。当 SMOD=0 时,波特率为_____;当 SMOD=1 时,波特率为_____。

4. 晶体振荡器频率为 12MHz,当 C/T=0 时,定时器的计数速率为_____ MHz。

二、简答题

1. 什么是串行异步通信? 它有哪些作用?

2. 什么是并行传输和串行传输? 它们有什么区别?

3. 什么是单工通信方式、半双工通信方式和全双工通信方式?

4. 89C51 单片机的串行口由哪些功能部件组成? 各有什么作用?

5. 89C51 串行口有几种工作方式? 有几种帧格式? 各工作方式的波特率如何确定?

6. 设 $f_{soc}=11.0592$MHz,试编写一段程序,其功能为对串行口初始化,使之工作于方式 1,波特率为 1200b/s。用查询串行口状态的方法读出接收缓冲区的数据,并回送到发送缓冲区。

7. 当 89C52 串行口按工作方式 1 进行串行数据通信时,假定波特率为 1200b/s,以中断方式传送数据。请编写全双工通信程序。

项目六

数字电压表设计

数字电压表(DVM)是将被测的电压量自动地转换成数字量,并将其结果用数字形式显示出来的一种测量仪器。数字电压表是数字仪表的基础与核心,在科学研究或工业测试中,当需要对电压进行快速而准确的测量时,均使用这种电表。

项目任务描述

本项目采用 STC89C51 单片机为核心,以 12 位的 A/D 转换 TLC2543 为数据采样系统,基于自动控制原理,实现电压量程的自动切换、数据采样、电压显示等功能。

本项目对知识和能力的要求如表 6-1 所示。

表 6-1   项目对知识和能力的要求

项目名称	学习任务单元划分	任务支撑知识点	项目支撑工作能力
数字电压表设计	A/D 和 D/A 工作原理	①基本概念认知;②A/D 转换器概述;③D/A 转换器概述。	资料筛查与利用能力;新知识、新技能获取能力;组织、决策能力;独立思考能力;交流、合作与协商能力;语言表达与沟通能力;规范办事能力;批评与自我批评能力
	A/D 转换器接口电路及程序设计	①结构及功能认知;②ADC0809 芯片接口及程序设计;③TLC2543 芯片结构及功能认知;④TLC2543 芯片接口及程序设计	
	D/A 转换器接口电路及程序设计	①DAC0832 芯片结构及功能认知;②DAC0832 芯片接口及程序设计;③TLC5618 芯片结构及功能认知;④TLC5618 芯片接口及程序设计	

6.1   A/D 和 D/A 工作原理

6.1.1   基本概念

1. 信息、信号和数据的概念

(1) 信息

所谓信息,是指客观事物属性和相互联系特性的表征,它反映了客观事物的存在形式和运动状态。表示信息的形式可以是数值、文字、图形、声音、图像以及动画等。

（2）信号

信号（也称为讯号）是运载信息的工具，是信息的载体。从广义上讲，它包含光信号、声信号和电信号等。例如，古代人利用点燃烽火台而产生的滚滚狼烟，向远方军队传递敌人入侵的消息，这属于光信号；当我们说话时，声波传递到他人的耳朵，使他人了解我们的意图，这属于声信号；遨游太空的各种无线电波、四通八达的电话网中的电流等，都可以用来向远方表达各种消息，这属于电信号。人们通过对光、声、电信号进行接收，才知道对方要表达的消息。

（3）数据

数据是把事件的某些属性规范化后的表现形式，它能被识别，也可以被描述，是关于自然、社会现象和科学试验的定量或定性的记录。例如十进制数、二进制数、字符等。信号数据可用于表示任何信息，如符号、文字、语音、图像等，从表现形式上可归结为两类：模拟信号和数字信号。

2. 模拟信号与数字信号

（1）模拟信号

模拟信号（Analog Signal）是指信号的幅度随着时间的变化而取值，它是连续的（幅值可由无限个数值表示）信号，例如温度、速度、压力、声音以及位置等，都是最常见的模拟信号。图 6-1 所示便是几种常见的模拟信号波形。

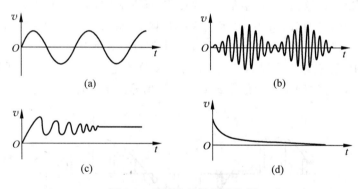

图 6-1　几种常见的模拟信号

（2）数字信号

数字信号是与模拟信号相对应的另一种信号，是指信号的幅度和时间上都是离散、突变的信号，是模拟信号经量化后得到的离散的值。例如，在计算机中用二进制代码表示的字符、图形、音频与视频数据等都是数字信号，如图 6-2 所示。单片机系统内部运算时采用的是由"0"和"1"组成的二进制代码，对于模拟信号无法直接操作，必须借助 A/D 转换芯片将模拟信号转换为数字信号后才能够操作。同样，单片机输出的是数字信号，必须先经过 D/A 转换芯片转换，变成可对现场物理量进行控制的模拟信号。

模拟信号的数字化需要三个步骤：采样、量化和编码，如图 6-3 所示。

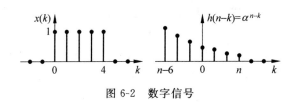

图 6-2　数字信号

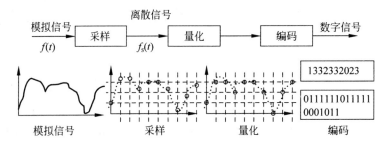

图 6-3　模拟信号数字化过程示意图

3. 采样定理

采样定理又称香农采样定理、奈奎斯特采样定理,是信息论,特别是通信与信号处理学科中的一个重要基本结论:如果信号是带限的,并且采样频率高于信号带宽的 1 倍,那么,原来的连续信号可以从采样样本中完全重建出来。所谓采样,是指将连续时间信号(模拟信号)转换为离散信号(数字信号)的过程,即在时间(或空间)上,以 T 为单位时间间隔来测量连续信号的值。其中,T 称为采样间隔,采样过程产生的一系列连续信号的值称为样本。样本代表了原来的信号,每一个样本都对应着测量这一样本的特定时间点,而采样间隔 T 的倒数就称为采样频率。重建是指对样本进行插值的过程,即从离散的样本 $x[n]$ 中,用数学的方法确定连续信号 $x(t)$。模拟信号的采样过程如图 6-4 所示。

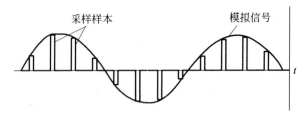

图 6-4　模拟信号采样示意图

4. 量化与编码

量化又称幅值量化,即把采样信号 $x(nT_s)$ 经过舍入或截尾的方法把模拟信号的连续幅度变为有限数量的有一定间隔的离散值过程,如图 6-5 所示。编码是按照一定的规律,把量化后的值用二进制数字表示,然后转换成二值或多值的数字信号流。简单的编码方式是二进制编码。具体说来,就是用 n 比特二进制码来表示已经量化了的样值,每个二进制数对应一个量化值,然后把它们排列,得到由二值脉冲组成的数字信息流。

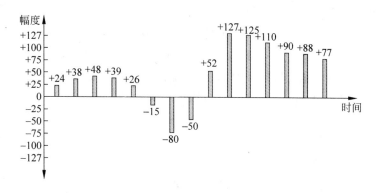

图 6-5　模拟信号的量化示意图

6.1.2　A/D 转换器概述

A/D(模/数)转换器将模拟信号变成数字信号,以便于数字设备处理。

1. A/D 转换器的分类

A/D 转换器主要分为以下几种类型:积分型、逐次逼近型、并行比较型/串并行比较型、$\sum$-Δ 调制型、电容阵列逐次比较型及压频变换型。

(1) 积分型(如 TLC7135)。

积分型 A/D 工作原理是将输入电压转换成时间(脉冲宽度信号)或频率(脉冲频率),然后由定时器/计数器获得数字值。其优点是用简单电路就能获得高分辨率;缺点是由于转换精度依赖于积分时间,因此转换速率极低。初期的单片 A/D 转换器大多采用积分型,现在逐次比较型逐步成为主流。

(2) 逐次比较型(如 TLC0831)。

逐次比较型 A/D 由一个比较器和 D/A 转换器通过逐次比较逻辑构成,从 MSB 开始,顺序地对每一位将输入电压与内置 D/A 转换器输出进行比较,经 n 次比较而输出数字值。其电路规模属于中等。其优点是速度较高、功耗低,在低分辨率(<12 位)时价格便宜,但高精度(>12 位)时价格很高。

(3) 并行比较型/串并行比较型(如 TLC5510)。

并行比较型 A/D 采用多个比较器,仅作一次比较而实行转换,又称 Flash(快速)型。由于转换速率极高,n 位的转换需要 $2n-1$ 个比较器,因此电路规模极大,价格也高,只适用于视频 A/D 转换器等速度特别高的领域。

串并行比较型 A/D 结构上介于并行型和逐次比较型之间,最典型的是由 2 个 $n/2$ 位的并行型 AD 转换器配合 D/A 转换器组成,用两次比较实行转换,所以称为 Half Flash(半快速)型。还有分成三步或多步实现 A/D 转换的,叫做分级(Multistep/Subrangling)型 A/D;从转换时序角度,又可称为流水线(Pipelined)型 A/D。现代的分级型 A/D 中还加入了对多次转换结果作数字运算而修正特性等功能。这类 A/D 速度比逐次比较型高,电路规模比并行型小。

（4）$\sum$-Δ（Sigma/FONT＞delta）调制型（如 AD7705）。

$\sum$-Δ 型 A/D 由积分器、比较器、1 位 D/A 转换器和数字滤波器等组成。其原理上近似于积分型。它将输入电压转换成时间（脉冲宽度）信号，用数字滤波器处理后得到数字值。电路的数字部分基本上容易单片化，因此容易做到高分辨率。它主要用于音频和测量。

（5）电容阵列逐次比较型。

电容阵列逐次比较型 A/D 在内置 D/A 转换器中采用电容矩阵方式，也可称为电荷再分配型。一般的电阻阵列 D/A 转换器中多数电阻的值必须一致，在单芯片上生成高精度的电阻并不容易。如果用电容阵列取代电阻阵列，可以用低廉成本制成高精度单片A/D 转换器。目前使用的逐次比较型 A/D 转换器大多为电容阵列式的。

（6）压频变换型（如 AD650）。

压频变换型是通过间接转换方式实现模/数转换的。其原理是首先将输入的模拟信号转换成频率，然后用计数器将频率转换成数字量。从理论上讲，这种 A/D 的分辨率几乎可以无限增加，只要采样的时间能够满足输出频率分辨率要求的累积脉冲个数的宽度。其优点是分辨率高，功耗低，价格低，但是需要外部计数电路共同完成 A/D转换。

2. A/D 转换器的主要技术指标

（1）分辨率（Resolution）：指数字量变化一个最小量时模拟信号的变化量，定义为满刻度与 $2n$ 的比值。分辨率又称精度，通常以数字信号的位数来表示。

（2）转换速率（Conversion Rate）：指完成一次从模拟量转换到数字量的 A/D 转换所需时间的倒数。积分型 A/D 的转换时间是毫秒级，属低速 A/D；逐次比较型 A/D 是微秒级，属中速 A/D；全并行/串并行型 A/D 可达到纳秒级。采样时间则是另外一个概念，是指两次转换的间隔。为了保证转换正确完成，采样速率（Sample Rate）必须小于或等于转换速率。因此，有人习惯上将转换速率在数值上等同于采样速率，也是可以接受的。其常用单位是 ksps 和 Msps，表示每秒采样千/百万次（kilo/Million Samples per Second）。

（3）量化误差（Quantizing Error）：量化误差是由于 A/D 的有限分辨率而引起的误差，即有限分辨率 A/D 的阶梯状转移特性曲线与无限分辨率 A/D（理想 A/D）的转移特性曲线（直线）之间的最大偏差。通常是 1 个或半个最小数字量的模拟变化量，表示为 1LSB、1/2LSB。

（4）偏移误差（Offset Error）：偏移误差是输入信号为零时输出信号不为零的值，可外接电位器调至最小。

（5）满刻度误差（Full Scale Error）：满刻度误差是满度输出时对应的输入信号与理想输入信号值之差。

（6）线性度（Linearity）：线性度指实际转换器的转移函数与理想直线的最大偏移，不包括以上三种误差。

其他指标还有绝对精度（Absolute Accuracy）、相对精度（Relative Accuracy）、微分非线性、单调性和无错码、总谐波失真（Total Harmonic Distotortion，THD）和积分非线性。

6.1.3 D/A 转换器概述

D/A（数/模）转换器将数字信号转换为模拟信号，与外界接口。

1. D/A 转换器的分类

D/A 转换器的内部电路构成无太大差异，一般按输出是电流还是电压、能否作乘法运算等进行分类，大致分为电压输出型、电流输出型、乘算型、一位 D/A 转换器。

（1）电压输出型（如 TLC5620）

电压输出型 D/A 转换器虽有直接从电阻阵列输出电压的，但一般采用内置输出放大器以低阻抗输出。直接输出电压的器件仅用于高阻抗负载，由于无输出放大器部分的延迟，故常作为高速 D/A 转换器使用。

（2）电流输出型（如 THS5661A）

电流输出型 D/A 转换器很少直接利用电流输出，大多外接电流—电压转换电路得到电压输出。后者有两种方法：一是只在输出引脚上接负载电阻而进行电流—电压转换，二是外接运算放大器。用负载电阻进行电流—电压转换的方法，虽可在电流输出引脚上出现电压，但必须在规定的输出电压范围内使用，而且由于输出阻抗高，所以一般外接运算放大器使用。

（3）乘算型（如 AD7533）

D/A 转换器中有使用恒定基准电压的，也有在基准电压输入上加交流信号的。后者由于能得到数字输入和基准电压输入相乘的结果而输出，因而称为乘算型 D/A 转换器。乘算型 D/A 转换器不仅可以进行乘法运算，而且可以作为使输入信号数字化衰减的衰减器，以及对输入信号进行调制的调制器使用。

（4）一位 D/A 转换器

一位 D/A 转换器与前述转换方式全然不同，它将数字值转换为脉冲宽度调制或频率调制的输出，然后用数字滤波器作平均化而得到一般的电压输出（又称位流方式），用于音频等场合。

2. D/A 转换器的主要技术指标

（1）分辨率（Resolution）：指最小模拟输出量（对应数字量仅最低位为"1"）与最大量（对应数字量所有有效位为"1"）之比。

（2）建立时间（Setting Time）：是将一个数字量转换为稳定模拟信号所需的时间，也可以认为是转换时间。D/A 中常用建立时间来描述其速度，而不是 A/D 中常用的转换速率。一般的，电流输出 D/A 建立时间较短，电压输出 D/A 则较长。

其他指标还有线性度（Linearity）、转换精度、温度系数/漂移等。

6.2　A/D 转换器接口电路及程序设计

6.2.1　8 位 A/D 芯片 ADC0809 接口电路及程序设计

1. ADC0809 芯片结构及功能认知

ADC0809 是 8 位逐次逼近型 A/D 转换器,内含 8 路 8 位 A/D 转换器,即分辨率为 8 位,具有转换启停控制端,转换时间为 $100\mu s$;采用单个 +5V 电源供电,模拟输入电压为 $0\sim+5V$,不需零点和满刻度校准,工作温度范围为 $-40\sim+85℃$,功耗低;芯片内带通道地址译码锁存器,输出带三态数据锁存器;启动信号为脉冲启动方式。ADC0809 内部结构图如图 6-6 所示。从图中可以看出,ADC0809 由 8 路模拟开关、3 条地址线的通道地址锁存与译码器、比较器、8 位开关树型 D/A 转换器、逐次逼近寄存器组成。

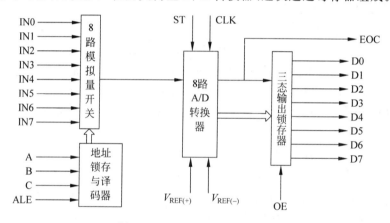

图 6-6　ADC0809 内部结构图

ADC0809 的外部引脚和芯片外形如图 6-7 所示,引脚功能说明如表 6-2 所示。ADC0809 芯片有 28 条引脚,采用双列直插式封装,对输入模拟量要求信号单极性,电压范围是 $0\sim5V$。若信号太小,必须放大;输入的模拟量在转换过程中应该保持不变,若模拟量变化太快,需在输入前增加采样保持电路。

图 6-7　ADC0809 的外部引脚和芯片外形

表 6-2　ADC0809 引脚功能说明

引 脚 标 号	引 脚 名 称	功 能 描 述
1～5,26～28	IN0～IN7	8 路模拟量输入端
8,14,15,17～21	D0～D7	8 位数字量输出端
23～25	A、B、C	3 位地址输入线,用于选通 8 路模拟输入中的一路
22	ALE	地址锁存允许信号,输入,高电平有效
6	ST	A/D 转换启动信号,输入,高电平有效
7	EOC	A/D 转换结束信号,输出。当 A/D 转换结束时,此端输出一个高电平(转换期间一直为低电平)
9	OE	数据输出允许信号,输入,高电平有效。当 A/D 转换结束时,此端输入一个高电平,才能打开输出三态门,输出数字量
10	CLK	时钟脉冲输入端。要求时钟频率不高于 640kHz
11	V_{CC}	电源,单一+5V
12,13,16	$V_{REF(+)}$,$V_{REF(-)}$,GND	基准电压,地

ALE 为地址锁存允许输入线,高电平有效。当 ALE 线为高电平时,地址锁存与译码器将 A、B、C 三条地址线的地址信号锁存,经译码后,被选中的通道的模拟量进转换器进行转换。A、B 和 C 为地址输入线,用于选通 IN0～IN7 上的一路模拟量输入。通道选择表如表 6-3 所示。

表 6-3　模拟通道选择

地　址　码			选通的模拟通道
C	B	A	
0	0	0	INT0
0	0	1	INT1
0	1	0	INT2
0	1	1	INT3
1	0	0	INT4
1	0	1	INT5
1	1	0	INT6
1	1	1	INT7

ADC0809 的工作过程如下:首先输入 3 位地址,并使 ALE＝1,将地址存入地址锁存器。此地址经译码选通 8 路模拟输入之一到比较器。START 上升沿将逐次逼近寄存器复位。START 下降沿启动 A/D 转换,约经 10μs 之后,EOC 输出信号变低,指示转换正在进行。直到 A/D 转换完成,EOC 变为高电平,指示 A/D 转换结束,结果数据存入锁存器。这个信号可用作中断申请。当 OE 输入高电平时,输出三态门打开,转换结果的数字量输出到数据总线上。

ADC0809 的工作时序如图 6-8 所示。

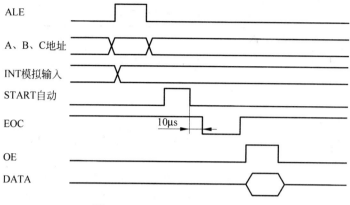

图 6-8　ADC0809 的工作时序图

2. ADC0809 应用举例

【**例 6.1**】　ADC0809 采样模拟电压并通过 LCD1602 显示。

如图 6-9 所示为 ADC0809 与单片机的接口电路,模拟电压输入端接 INT3 通道,数据输出端 OUT1～OUT8 接单片机的 P3.0～P3.7,启动信号 START 由 P1.2 产生,ALE

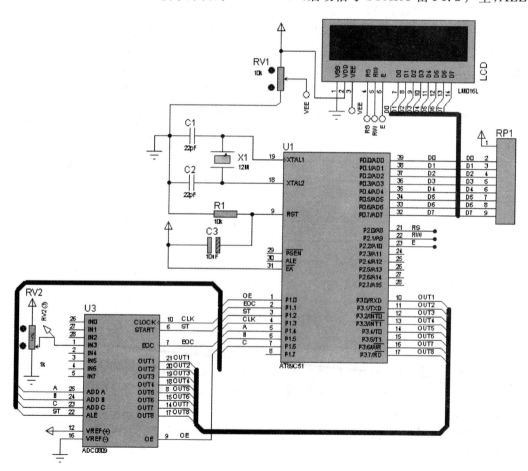

图 6-9　ADC0809 与单片机的接口电路

和 START 相连,即按输入通道地址接通模拟量并启动转换。地址选通信号 C、B、A 分别接单片机的 P1.6、P1.5、P1.4,数据输出允许信号 OE 接单片机的 P1.0,A/D 转换结束信号端 EOC 接单片机 P1.1 口。ADC0809 的时钟脉冲由单片机的定时器 0 产生,由 P1.3 输出。

参考程序如下:

```
/ ***********************************************************
文件名称:例 7-1.c
程序功能:ADC0809 采集模拟电压变量并在 LCD1602 液晶显示
程序作者:果子冰
创建时间:2011-06-13
 *********************************************************** /
#include <reg51.h>
#define uchar unsigned char        //宏定义
sbit RS = P2^0;                     //声明 LCD1602RS 信号控制位
sbit RW = P2^1;                     //声明 LCD1602R/W 信号控制位
sbit E = P2^2;                      //声明 LCD1602 使能端 E 控制位
sbit OE = P1^0;
sbit EOC = P1^1;                    //定义查询信号,当 AD0809 转换加速,EOC 为低电平
sbit ST = P1^2;                     //定义 AD0809 启动信号
sbit CLK = P1^3;                    //定义 AD0809 时钟信号
uchar Table[2][16]={               //待显示字符串,二维数组
"current Voltage ",
"      5.00V "};
/ ***********************************************************
函数名称:void delay(uint x)
函数功能:实现 xms 延时
入口参数:x,定时时间形参
返回值:无
函数作者:果子冰
创建时间:2011-06-13
 *********************************************************** /
void Delay(int x)                   //延时函数,延时 xms
{
    while(x——)
    {
        uchar i;
        for(i = 0; i < 110; i++);  //内部延时 1ms
    }
}
/ ***********************************************************
函数名称:void WriteCode(uchar comd)
函数功能:向 LCD1602 液晶写入 1 字节命令
入口参数:uchar comd,命令字符
返回值:无
函数作者:果子冰
创建时间:2011-06-13
 *********************************************************** /
void WriteCode(uchar comd)
```

```
{
    RS = 0;
    RW = 0;
    E = 1;
    P0 = comd;
    Delay(2);                        //延时 2ms,等待指令写入 LCD
    E = 0;
}
```

```
/ *********************************************************************
函数名称: void WriteData(uchar data)
函数功能: 向 LCD1602 液晶写入 1 字节数据
入口参数: uchar data,待写入数据
返回值:无
函数作者:果子冰
创建时间:2011-06-13
********************************************************************* /
void WriteData(uchar dat)
{
    RS = 1;
    RW = 0;
    E = 1;
    P0 = dat;
    Delay(2);                        //延时 2ms,等待数据写入 LCD
    E = 0;
}
```

```
/ *********************************************************************
函数名称: void LCDInit()
函数功能: LCD1602 液晶初始化
入口参数: uchar dismode, uchar disctr, uchar inputmode
返回值:无
函数作者:果子冰
创建时间:2011-06-13
********************************************************************* /
void LCDInit(uchar dismode, uchar disctr, uchar inputmode)
{    Delay(40);                      //延时 40ms,确保 LCD 工作稳定
    WriteCode(dismode);
    WriteCode(disctr);
    WriteCode(0x01);                 //清除显示
    WriteCode(inputmode);
}
```

```
/ *********************************************************************
函数名称: void main()
函数功能: 主函数,检测电压并显示
入口参数:无
返回值:无
函数作者:果子冰
创建时间:2011-06-12
********************************************************************* /
void main()
```

```
{
    uchar i, volt;
    TMOD = 0x02;
    TH0 = 0x14;
    TL0 = 0x00;
    IE = 0x82;
    TR0 = 1;
    P1 = P1 & 0x3f;                      //选通 INT3 通道
    //设定 8 位接口,2 行显示模式,5×7 点阵模式
    //设定显示开,无光标模式
    //设定 AC 为+1 模式,显示不移动
    LCDInit(0x38,0x0c,0x06);
    WriteCode(0x80);
    for(i = 0; i < 16; i++)          //显示第一行字符串
    {
        WriteData(Table[0][i]);
    }
    WriteCode(0x80+0x40);
    for(i = 0; i < 16; i++)          //显示第二行字符串
    {
        WriteData(Table[1][i]);
    }
    while(1)
    {
        ST = 0;                      //START 上升沿将逐次逼近寄存器复位
        ST = 1;                      //START 下降沿启动 A/D 转换
        ST = 0;
        while(EOC == 0);             //等待 A/D 转换结束
        OE = 1;                      //转换结果输出到数据总线
        volt = P3;                   //获得转换结果
        OE = 0;
        Table[1][6] = volt * 5/256+'0';              //显示个位
        Table[1][8] = volt * 5 * 10/256%10+'0';      //显示小数点后 1 位
        Table[1][9] = volt * 5 * 100/256%10+'0';     //显示小数点后 2 位
        WriteCode(0x80+0x40);
        for(i = 0; i < 16; i++)                      //显示第二行字符串
        {
            WriteData(Table[1][i]);
        }
    }
}
void Timer0_INT() interrupt 1
{
    CLK = !CLK;
}
```

6.2.2　12 位 A/D 芯片 TLC2543 接口电路及程序设计

TLC2543 是 TI 公司的 12 位串行模/数转换器,使用开关电容逐次逼近技术完成

A/D 转换过程。TLC2543 采用串行输入结构,大大节约了单片机的 I/O 资源。它具有 11 位模拟输入通道,3 路内置自测试方法,采样率为 66Kb/s,线性误差 $\pm 1LSB_{max}$,有转换结束输出 EOC,具有单、双极性输出,可编程的 MSB 或 LSB 前导,可编程输出数据长度等特点。它价格适中,在仪器仪表中应用广泛。TLC2543 的内部逻辑结构如图 6-10 所示。

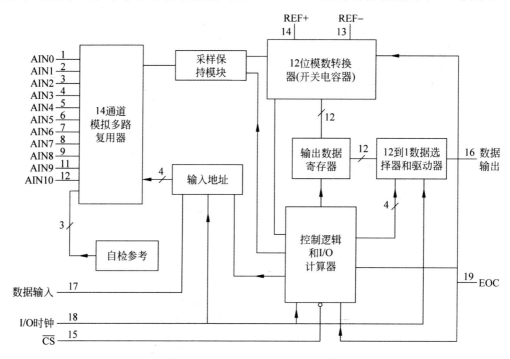

图 6-10   TLC2543 内部逻辑结构

TLC2543 与外围电路的连线很简单,三个控制输入端为 CS(片选)、输入/输出时钟(I/O CLOCK)以及串行数据输入端(DATA INPUT),可以直接与 SPI 器件连接,不需要其他外部逻辑。同时,它还能在高达 4MHz 的串行速率下与主机通信。片内的 14 通道多路器可以选择 11 个输入中的任何 1 个或 3 个内部自测试电压中的 1 个,采样保持是自动的,转换结束,EOC 输出变高。TLC2543 采用 20 脚封装,其引脚图如图 6-11 所示,引脚说明如表 6-4 所示。

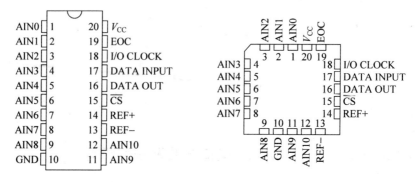

图 6-11   TLC2543 引脚图

表 6-4 TLC2543 引脚功能说明

引脚标号	引脚名称	功能描述
1～9,11,12	AIN0～AIN10	模拟量输入端
15	$\overline{\text{CS}}$	片选信号。下降沿使能 DATA INPUT、DATA OUT 和 I/O CLOCK
17	DATA INPUT	串行数据输入端。数据在 I/O CLOCK 的上升沿串入,前 4 位数据为模拟电压的通道号或片内自测电压通道号,高位在前
16	DATA OUT	串行数据输出端。数据在 I/O CLOCK 的下降沿写入。在 CS 无效或进行 A/D 转换时,该脚保持高阻状态。在数据输出时,由软件编程决定是高位在前还是低位在前
19	EOC	转换结束标志。在输入串行数据的最后一个时钟周期的下降沿,即开始 A/D 转换时,EOC 脚变低,直到转换结束后变高。此时数据准备完毕,可以输出
10	GND	电源地,REF 接该脚
18	I/O CLOCK	I/O 时钟
14	REF+	正参考电压端,一般情况接 V_{CC}
13	REF-	负参考电压端,一般情况接地
20	V_{CC}	正电源电压输入端,电压为 (5 ± 0.5)V

TLC2543 的工作过程如下:首先在 8、12 或 16 时钟周期里向片内控制寄存器写入 8 位控制字,控制字中的 2 位决定时钟长度,在最后一个时钟周期的下降沿启动 A/D 转换过程,经过一段转换时间,在随后的 8、12 或 16 个时钟周期里,从 DATA OUT 脚读出数据。TLC2543 的控制字如表 6-5 所示。

表 6-5 TLC2543 控制字定义

功 能	控 制 字							
	地 址				L1	L2	LSBF	BIP
	D7	D6	D5	D4	D3	D2	D1	D0
AIN0	0	0	0	0				
AIN1	0	0	0	1				
AIN2	0	0	1	0				
AIN3	0	0	1	1				
AIN4	0	1	0	0				
AIN5	0	1	0	1				
AIN6	0	1	1	0				
AIN7	0	1	1	1				
AIN8	1	0	0	0				
AIN9	1	0	0	1				
AIN10	1	0	1	0				
AIN11	1	0	1	1				
$(V_{\text{REF}(+)}-V_{\text{REF}(-)})/2$	1	1	0	0				
$V_{\text{REF}(-)}$	1	1	0	1				
$V_{\text{REF}(+)}$	1	1	1	0				
软件断电模式	1	1	1	1				
8b					0	1		

续表

功　能	控　制　字							
	地　址				L1	L2	LSBF	BIP
	D7	D6	D5	D4	D3	D2	D1	D0
12b					×	0		
16b					1	1		
高位在前							0	
低位在前							1	
无极性输出								0
有极性输出								1

控制字的前 4 位(D7~D4)代表 11 个模拟通道的地址；当其为 1100~1110 时，选择片内检测电压；当其为 1111 时，为软件选择的断电模式，此时，A/D 转换器的工作电流只有 25μA。控制字的第 3 位和第 4 位(D3~D2)决定输出数据的长度，01 表示输出数据长度为 8 位；11 表示输出数据长度为 16 位；X0 表示输出数据长度为 12 位，X 可以为 1 或 0。控制字的第 2 位(D1)决定输出数据的格式，0 表示高位在前，1 表示低位在前。控制字的第 1 位(D0)决定转换结果输出的格式。当其为 0 时，为无极性输出(无符号二进制数)，即模拟电压为 $V_{\text{REF}(+)}$ 时，转换的结果为 0FFFH；模拟电压为 $V_{\text{REF}(-)}$ 时，转换的结果为 0000H。当其为 1 时，为有极性输出(有符号二进制数)，即模拟电压高于 $(V_{\text{REF}(+)} - V_{\text{REF}(-)})/2$ 时，符号位为 0；模拟电压低于 $(V_{\text{REF}(+)} - V_{\text{REF}(-)})/2$ 时符号位为 1；模拟电压为 $V_{\text{REF}(+)}$ 时，转换的结果为 03FFH；模拟电压为 $V_{\text{REF}(-)}$ 时，转换的结果为 0800H。模拟电压为 $(V_{\text{REF}(+)} - V_{\text{REF}(-)})/2$ 时，转换的结果为 0000H。

TLC2543 每次转换和数据传递可以使用 12 或 16 个时钟周期得到全 12 位分辨率，也可以使用 8 个时钟周期得到 8 位分辨率。片选脉冲($\overline{\text{CS}}$)必须插到每次转换的开始处，或是在转换时序的开始处变化一次后保持$\overline{\text{CS}}$为低电平，直到时序结束。8 位时钟传送时序图(使用$\overline{\text{CS}}$，MSB 在前)如图 6-12 所示，8 位时钟传送时序图(不使用$\overline{\text{CS}}$，MSB 在前)如

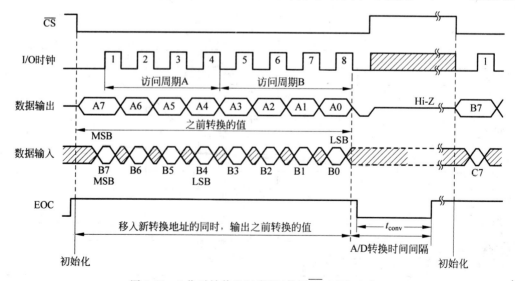

图 6-12　8 位时钟传送时序图(使用$\overline{\text{CS}}$，MSB 在前)

图 6-13 所示,12 位时钟传送时序图(使用$\overline{\text{CS}}$,MSB 在前)图 6-14 所示,12 位时钟传送时序图(不使用$\overline{\text{CS}}$,MSB 在前)如图 6-15 所示,16 位时钟传送时序图(使用$\overline{\text{CS}}$,MSB 在前)如图 6-16 所示,16 位时钟传送时序图(不使用$\overline{\text{CS}}$,MSB 在前)如图 6-17 所示。从时序图可以看出,在 TLC25432 的$\overline{\text{CS}}$变低时开始转换和传送数据,CPU 将通道选择、数据长度选择、前导选择、单双极性选择的控制信息送入 DATA INPUT 脚的同时,还从 DATA OUT 脚读出 A/D 转换的结果。在 I/O CLOCK 上升沿时数据变化,即 I/O CLOCK 低电平时将要写入 DATA INPUT 的数据准备好,当 I/O CLOCK 高电平时读出 DATA OUT 的数据。当$\overline{\text{CS}}$为高时,I/O CLOCK 和 DATA INPUT 被禁止,DATA OUT 为高阻状态,不能操作。

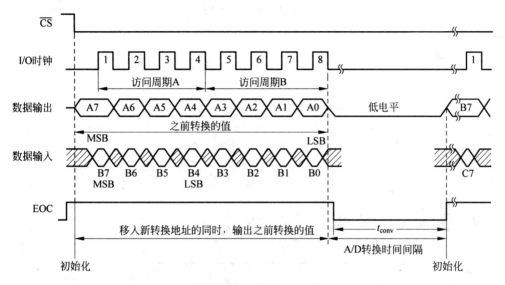

图 6-13 8 位时钟传送时序图(不使用$\overline{\text{CS}}$,MSB 在前)

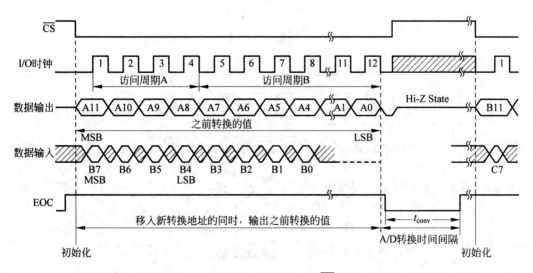

图 6-14 12 位时钟传送时序图(使用$\overline{\text{CS}}$,MSB 在前)

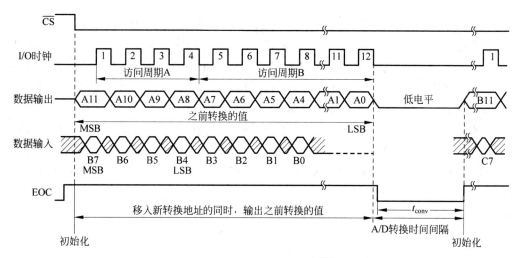

图 6-15　12 位时钟传送时序图（不使用$\overline{\text{CS}}$，MSB 在前）

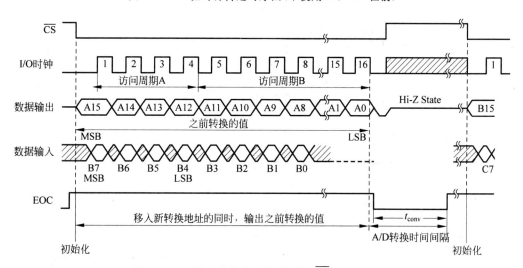

图 6-16　16 位时钟传送时序图（使用$\overline{\text{CS}}$，MSB 在前）

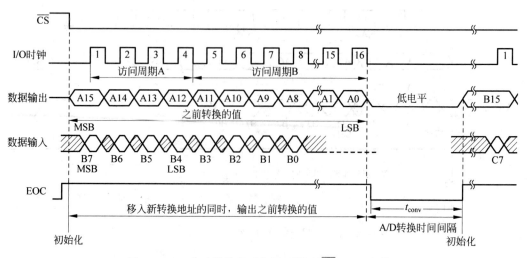

图 6-17　16 位时钟传送时序图（不使用$\overline{\text{CS}}$，MSB 在前）

6.3 D/A 转换器接口电路及程序设计

6.3.1 8 位 D/A 芯片 DAC0832 接口电路及程序设计

1. DAC0832 芯片结构及功能认知

DAC0832 是采用 CMOS 工艺制成的单片直流输出型 8 位 D/A 转换芯片,内含两级输入寄存器,具备双缓冲、单缓冲和直通三种输入方式,可与数据总线直接相连,其电路具有极好的温度跟随特性。在双缓冲方式下,DAC0832 在输出模拟信号的同时可以采集下一个数字量,提高了转换速度。利用两级转换器,可以让多个 D/A 转换器同时工作,再通过第二级锁存信号实现多路 D/A 转换的同时输出。DAC0832 由于采用 CMOS 电流开关和控制逻辑,获得了低功耗、低输出的泄漏电流误差。芯片采用 R-2RT 型电阻网络,对参考电流进行分流,完成 D/A 转换,转换结果以一组差动电流 I_{OUT1} 和 I_{OUT2} 输出。DAC0832 内部逻辑结构如图 6-18 所示。

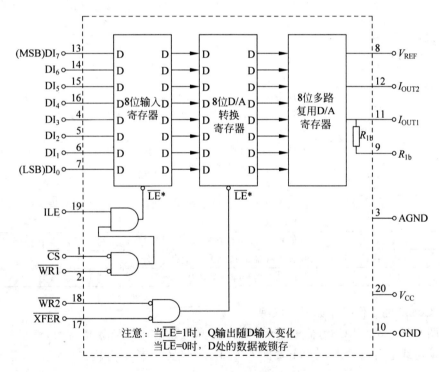

图 6-18 DAC0832 逻辑结构图

DAC0832 的引脚图和芯片外形如图 6-19 所示。

DAC0832 引脚功能说明如表 6-6 所示。

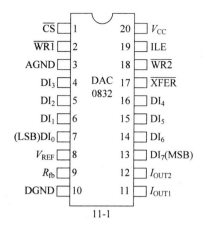

11-1

图 6-19　DAC0832 引脚和芯片外形图

表 6-6　DAC0832 引脚功能说明

引脚标号	引脚名称	功能描述
1	$\overline{CS}$	输入寄存器选择信号,低电平有效
2	$\overline{WR1}$	写信号 1,作为第一级锁存信号,将输入数据锁存到输入寄存器
3	AGND	模拟地
4~7,13~16	$DI_0 \sim DI_7$	8 位数据输入端
8	V_{REF}	参考电压输入端,可接电压范围为±10V,外部标准电压通过 V_{REF} 与 T 型电阻网络相连
9	R_{fb}	反馈电阻引出端。R_{fb} 端可直接接外部运算放大器的输出端。相当于将反馈电阻接在运算放大器的输入端和输出端之间
10	DGND	数字地
11	I_{OUT1}	模拟电流输出端 1。当 DAC 寄存器中全为"1"时,输出电流最大,当 DAC 寄存器中全为"0"时,输出电流为"0"
12	I_{OUT2}	模拟电流输出端 2。$I_{OUT1} + I_{OUT2} =$ 常数
17	$\overline{XFER}$	传输控制信号,低电平有效。数据向 DAC 寄存器传送信号,传送后即启动转换
18	$\overline{WR2}$	写信号 2,将锁存在输入寄存器中的数据写入寄存器中进行锁存
19	ILE	输入寄存器的数据允许锁存信号
20	V_{CC}	芯片供电电压端,范围为+5~+15V,最佳工作状态为+15V

DAC0832 的工作时序如图 6-20 所示。

如图 6-20 所示,当 $\overline{CS}$ 为低电平后,数据线上的数据才开始保持有效,然后将 $\overline{WR}$ 置低。从 I_{OUT} 线上可以看出,在 $\overline{WR}$ 置低 t_S 后 D/A 转换结束,I_{OUT} 输出稳定。若只控制完成一次转换,接下来将 $\overline{WR}$ 和 $\overline{CS}$ 拉高即可;如连续转换,只需要改变数字端输入数据。

2. DAC0832 应用举例

【例 6.2】 ADC0832 产生锯齿波电压信号。

仿真电路如图 6-21 所示,ADC0832 在单缓冲方式下,ILE 接+5V,写信号控制数据的锁存,$\overline{WR1}$ 和 $\overline{WR2}$ 相连,接单片机的 P3.6,即数据同时写入两个寄存器;传送允许信号

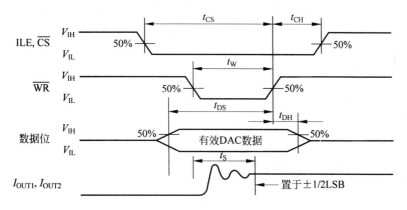

图 6-20　DAC0832 芯片的操作时序图

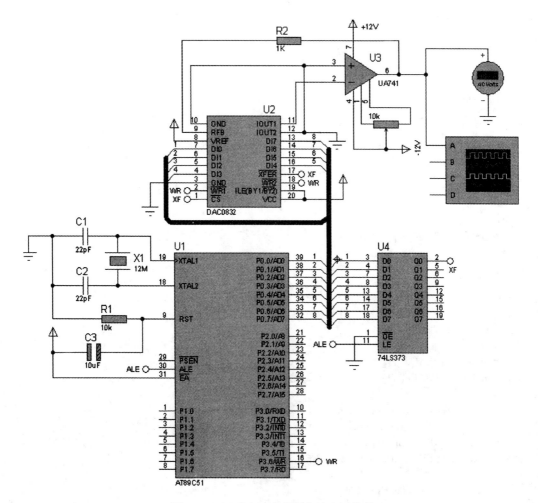

图 6-21　ADC0832 产生锯齿波电压信号

$\overline{\text{XFER}}$与片选信号$\overline{\text{CS}}$相连,即选中本片 ADC0832 后,写入数据立即启动转换。本例中 ADC0832 的地址为 FFFEH。注意,这种单缓冲方式适用于只有一路模拟信号输出的场合。

参考程序如下：

```c
#include <reg52.h>
#include <absacc.h>
#define uint unsigned int
#define uchar unsigned char
#define DAC0832 XBYTE[0xfffe]
void DelayMS(uint ms)
{
    uchar i;
    while(ms--)
    {
        for(i=0;i<120;i++);
    }
}
void main()
{
    uchar i;
    while(1)
    {
        for(i=0;i<256;i++)            //形成锯齿波输出值,最大值 255
        DAC0832 = i;                  //D/A 转换输出
        DelayMS(1);
    }
}
```

ABSACC.H 库文件如下：

```c
/*--------------------------------------------------------------------------
ABSACC.H
Direct access to 8051, extended 8051 and Philips 80C51MX memory areas.
Copyright (c) 1988-2002 Keil Elektronik GmbH and Keil Software, Inc.
All rights reserved.
--------------------------------------------------------------------------*/
#ifndef __ABSACC_H__
#define __ABSACC_H__

#define CBYTE ((unsigned char volatile code  *) 0)
#define DBYTE ((unsigned char volatile data  *) 0)
#define PBYTE ((unsigned char volatile pdata *) 0)
#define XBYTE ((unsigned char volatile xdata *) 0)

#define CWORD ((unsigned int volatile code  *) 0)
#define DWORD ((unsigned int volatile data  *) 0)
#define PWORD ((unsigned int volatile pdata *) 0)
#define XWORD ((unsigned int volatile xdata *) 0)
```

```
# ifdef __CX51__
# define FVAR(object, addr) ( * ((object volatile far * ) (addr)))
# define FARRAY(object, base) ((object volatile far * ) (base))
# define FCVAR(object, addr) ( * ((object const far * ) (addr)))
# define FCARRAY(object, base) ((object const far * ) (base))
# else
# define FVAR(object, addr) ( * ((object volatile far * ) ((addr)＋0x10000L)))
# define FCVAR(object, addr) ( * ((object const far * ) ((addr)＋0x810000L)))
# define FARRAY(object, base) ((object volatile far * ) ((base)＋0x10000L))
# define FCARRAY(object, base) ((object const far * ) ((base)＋0x810000L))
# endif

# endif
```

仿真结果如图 6-22 所示。

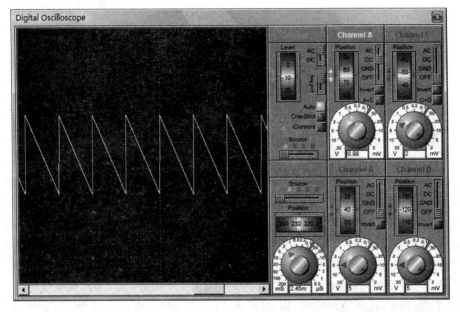

图 6-22　产生的锯齿波

6.3.2　12 位 D/A 芯片 TLC5618 接口电路及程序设计

TLC5618 是美国 TI 公司生产的可编程双路 12 位串行 D/A 转换器。该芯片采用 3 线串行方式输入，输出带缓冲放大器，直接输出所转换的电压。它采用 8 脚封装，单一 5V 电源工作。此外，它还有可编程的建立时间和软件断电、内部上电复位功能。TLC5618 的引脚图如图 6-23 所示。

TLC5618 芯片引脚功能说明如表 6-7 所示。

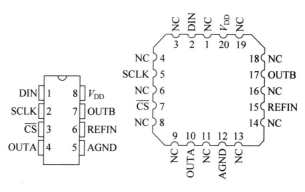

图 6-23　TLC5618 的引脚图

表 6-7　TLC5618 芯片引脚功能说明

引 脚 标 号	引 脚 名 称	功 能 描 述
1	DIN	数据输入
2	SCLK	串行时钟输入
3	$\overline{\text{CS}}$	芯片选择,低电平有效
4	OUTA	DACA 模拟输出
5	AGND	模拟地
6	REFIN	基准电压输入
7	OUTB	DACB 模拟输出
8	V_{DD}	正电源,+5V

　　DIN(1 脚)为串行数据输入端,SCLK(2 脚)为串行时钟输入端;$\overline{\text{CS}}$(3 脚)为芯片选择端,低电平有效。当$\overline{\text{CS}}$为低电平时,允许 SCLK 将 DIN 数据输入内部移位寄存器,而$\overline{\text{CS}}$的上升沿把数据送到 DAC 寄存器;$\overline{\text{CS}}$为高电平时,SCLK 禁止,为低电平。OUTA(4 脚)为 DACA 模拟输出端,其输出电压极性与基准输入相同,其满度输出为基准电压输出的 2 倍,且小于电源电压(−0.4V)。输出电压$=2\times$(VREFIN)$\times D/4096$,其中 D 为输入的二进制数。AGND(5 脚)为模拟地;REFIN(6 脚)为基准电压输入端,其内部为一个高阻(10M Q)的输入缓冲器,REFIN 的输入电压范围为 1~$(V_{\text{DD}}-1.1)$V,典型值为 2.048V。OUTB(7 脚)为 DACB 模拟输出,同 OUTA。V_{DD}(8 脚)为电源电压端,典型值为 5V,工作电流为 0.6~2.5mA,掉电方式时为 1A。上电时,内部电路将 DAC 寄存器的值复位到 0。另外,为提高精度,在V_{DD}与 AGND 之间应接 0.1F 的滤波电容。输出缓冲器具有可达电源电压幅度的输出,它带有短路保护,并能驱动具有 100pF 负载电容器的 2kΩ 负载。基准电压输入经过缓冲,它使 DAC 输入电阻与代码无关。TLC5618 的最大串行时钟速率为$f(\text{SCLK})_{\max}=1/[t_{\text{W(CH)min}}+t_{\text{W(CL)min}}]=20(\text{MHz})$。

　　TLC5618 芯片的内部结构功能示意图如图 6-24 所示。

　　如图 6-24 所示,TLC5618 主要由 16 位串行接收寄存器,12 位 DAC 锁存器 A、锁存器 B,权电阻网络 A、网络 B,输出缓冲放大器、基准源输入缓冲器、双缓冲锁存器、上电复位电路及控制逻辑电路等部分组成。16 位串行接收寄存器中接收的数据包括 12 位数据位和 4 位编程位。12 位数据位将根据编程命令的不同而被写入锁存器 B 或双缓冲锁存

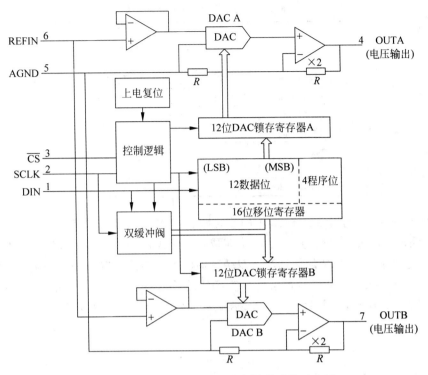

图 6-24 TLC5618 芯片的内部结构功能示意图

器,而 4 位可编程位用以实现包括上述功能在内的各种控制功能。数据的传送顺序及时序关系如图 6-25 所示。当片选($\overline{CS}$)为低电平时,输入数据由时钟定时,以最高有效位在前的方式读入 16 位移位寄存器,其中前 4 位为编程位,后 12 位为数据位。SCLK 的下降沿把数据移入输入寄存器,然后$\overline{CS}$的上升沿把数据送到 DAC 寄存器。所有$\overline{CS}$的跳变应当发生在 SCLK 输入为低电平时。其中可编程位的功能如表 6-8 所示。

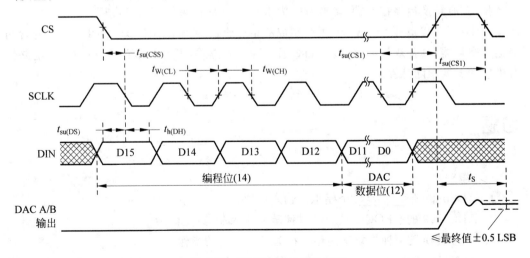

图 6-25 TLC5618 工作时序图

表 6-8   可编程位 D15～D12 的功能

可 编 程 位				器件功能说明
D15	D14	D13	D12	
1	×	×	×	把串行接口寄存器的数据写入锁存器 A 并用缓冲器锁存数据更新锁存器 B
0	×	×	0	写锁存器 B 和双缓冲锁存器
0	×	×	1	仅写双缓冲锁存器
×	1	×	×	$14\mu s$ 建立时间
×	0	×	×	$3\mu s$ 建立时间
×	×	0	×	上电(Power-up)操作
×	×	1	×	断电(Power-down)方式

在实际应用中,利用 TLC5618 中的双缓冲器,可以仅用一条写指令使 TLC5618 的两个 DAC 输出同时发生改变,具体分两步完成:首先执行一条双缓冲器写指令(D15=0,D12=1),这条指令将 SIR 的数据写入双缓冲器而不影响锁存器 A 和锁存器 B;然后,执行锁存器 A 写指令(D15=1),这条指令使 SIR 的数据写入锁存器 A,将双缓冲器的数据写入锁存器 B。这样,两个 DAC 同时接收到新的数据,它们的输出同时发生改变。

小结

1. A/D 转换器主要分为积分型、逐次逼近型、并行比较型/串并行型、Σ-Δ 调制型、电容阵列逐次比较型及压频变换型。

2. D/A 转换器的内部电路构成无太大差异,一般按输出是电流还是电压、能否作乘法运算等分类,大致分为电压输出型、电流输出型、乘算型、一位 D/A 转换器。

3. ADC0809 是 8 位逐次逼近型 A/D 转换器,内含 8 路 8 位 A/D 转换器,即分辨率为 8 位,具有转换启停控制端,转换时间为 $100\mu s$,在数据采集等领域应用广泛。

4. DAC0832 是采用 CMOS 工艺制成的单片直流输出型 8 位 D/A 转换芯片,内含两级输入寄存器,具备双缓冲、单缓冲和直通三种输入方式,可与数据总线直接相连,电路具有极好的温度跟随特性。

习题

一、填空题

1. ADC0809 带_____个模拟量输入通道。

2. ADC0809 的 CLOCK 是外部时钟脉冲输入端,典型值为_____。

3. D/A 转换是一种将数字信号转换为_____的操作。

4. TLC5618 主要由_____,12 位 DAC 锁存器 A、_____,权电阻网络 A、网络 B,输出缓冲放大器,_____,双缓冲锁存器,上电复位电路及控制逻辑电路等部分组成。

5. DAC0832 是采用 CMOS 工艺制成的单片直流输出型_____位 D/A 转换芯片，内含两级输入寄存器，具备_____、_____和_____三种输入方式，可与数据总线直接相连，电路具有极好的温度跟随特性。

二、简答题

1. 在一个 f_{osc} 为 12MHz 的 89C52 系统中接有一片 ADC0809，它的地址为 7FFFH。试编写 ADC0809 初始化程序和定时采样通道 2 的程序（假设采样频率为 1ms/次，每次采样 4 个数据）。

2. 试说明 TLC5618 的特点和与 89C52 的接口方式。

3. 试说明 DAC0832 的特点。

4. D/A 转换器有哪些性能指标？

项目七

智能小车设计

在科学探索以及紧急抢险中经常会遇到对一些危险或人类不能直接到达的地域的探索,例如火星探索、核电站核辐射探测等,这些都需要机器人来完成。机器人在复杂的地形中如何行进自如,并实时传输各种探测到的信息,成为一项必不可少的基本功能。

项目任务描述

本项目基于双单片机控制 ST178H 红外光电管传感器矩阵,设计了智能小车巡线互相超车系统。该系统具有循迹、自动壁障、无线收发等功能。该系统采用 NRF24L01 通信模块进行双车通信,使得彼此的速度达到最佳,而不会发生碰撞。在速度处理方面,巧妙地利用了车轮本身的自有特点,利用 PI 速度控制算法,使得小车行驶过程中始终保持一个合理的速度。在超车区,前车通过壁障传感器及时减慢速度;后车通过超声波检测,巧妙地驶入超车区,超越前车。

本项目对知识和能力的要求如表 7-1 所示。

表 7-1 项目对知识和能力的要求

项目名称	学习任务单元划分	任务支撑知识点	项目支撑工作能力
智能小车设计	直流电机工作原理	① 直流电机工作原理认知 ② 步进电机工作原理认知	资料筛查与利用能力;新知识、新技能获取能力;组织、决策能力;独立思考能力;交流、合作与协商能力;语言表达与沟通能力;规范办事能力;批评与自我批评能力
	常见传感器	① 光电传感器认知 ② 超声波传感器认知 ③ 温度传感器认知 ④ 速度传感器认知 ⑤ 角度传感器认知	
	智能小车设计实践	① 系统方案设计与比较 ② 理论分析与计算 ③ 电路与程序设计 ④ 测试方法与测试结果	

7.1 直流电机工作原理

1. 直流电机的工作原理

电动机是一种将机械能与电能进行转换的执行元件,简称电机。直流电机就是将直流电能转换为机械能的装置,其内部结构如图 7-1 所示。其中,固定部分有磁铁和电刷,磁铁称为主磁极。转动部分有环形铁芯和绕在环形铁芯上的绕组。图 7-1 所示为一台最简单的两极直流电机模型,它的固定部分(定子)上装设了一对直流励磁的静止的主磁极 N 和 S,在旋转部分(转子)上装设电枢铁芯。定子与转子之间有一个气隙。在电枢铁芯上放置了由 A 和 X 两根导体连成的电枢线圈,线圈的首端和末端分别连到两个圆弧形的铜片上,此铜片称为换向片。换向片之间互相绝缘,由换向片构成的整体称为换向器。换向器固定在转轴上,换向片与转轴之间互相绝缘。在换向片上放置着一对固定不动的电刷 B1 和 B2,当电枢旋转时,电枢线圈通过换向片和电刷与外电路接通。直流电机的工作原理就是把电枢线圈中感应的交变电动势,靠换向器配合电刷的换向作用,使之从电刷端引出时变为直流电动势。感应电动势的方向按右手定则确定,导体受力的方向用左手定则确定。电枢一经转动,由于换向器配合电刷对电流的换向作用,直流电流交替地由导体 A 和 X 流入,使线圈边只要处于 N 极下,其中通过电流的方向总是由电刷 B1 流入的方向,而在 S 极下时,总是从电刷 B2 流出的方向。这就保证了每个极下线圈边中的电流始终是一个方向,从而形成一种方向不变的转矩,使电动机能连续地旋转。这就是直流电动机的工作原理。

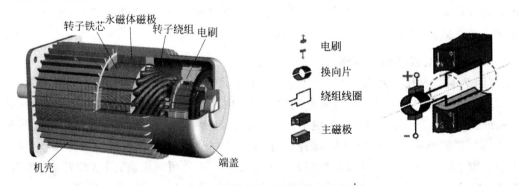

图 7-1 直流电机内部结构示意图

直流电机具有调速范围广,易于平滑调节,过载、启动、制动转矩,易于控制,可靠性高,能量损耗小等特点。直流电机分为普通直流电机、减速直流电机、无刷直流电机、伺服直流电机和永磁直流电机等类型。

2. 直流电机的驱动电路

根据电机学和电力拖动理论,电机的驱动电路为直流电机提供足够大的驱动电流,进而控制电机的正转和反转。直流电机不同,其驱动电流也不相同。直流电机驱动电路主要包括三极管电流放大驱动电路和电机专用驱动模块电路。

（1）三极管电流放大驱动电路

当驱动单个直流电机，并且电机的驱动电流不大时，可采用三极管构成驱动电路，如图 7-2 所示。这种调速方式有调速特性优良、调整平滑、调速范围广、过载能力大，能承受频繁的负载冲击，还可以实现频繁的无级快速启动和反转等优点。

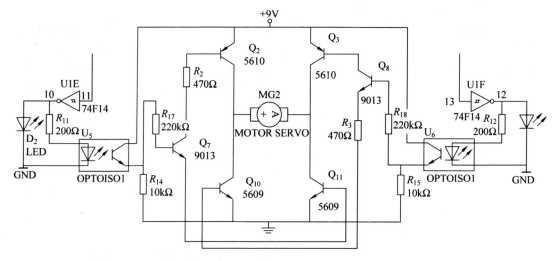

图 7-2　三极管电流放大驱动电路

（2）电机专用驱动模块电路

常见专用直流电机驱动电路有 L298、MC33886 等。其中，MC33886 是飞思卡尔公司的 5A 集成 H 桥芯片；MC33886 芯片内置了控制逻辑、电荷泵、门驱动电路以及低导通电阻的 MOSFET 输出电路，适合用来控制感性直流负载，可以提供连续的 5A 电流，并且集成了过流保护、过热保护、欠压保护，如图 7-3 所示。

3. 直流电机程序设计举例

【例 7.1】　利用单片机控制直流电机加、减速运转。

直流电机驱动电路采用三极管电流放大驱动电路，通过 PWM 控制直流电机速度，单片机外接按键 $K_1 \sim K_4$。当按下按键 K_1 时，直流电机速度增加 1 倍，加速运行；当按下按键 K_2 时，直流电机速度减少一半，减速运行；K_3、K_4 分别控制直流电机的运行和停止，并采用七段共阴极数码管显示直流电机运行速度。PWM 采用矩形波，通过按键 K_1 和 K_2 调节 PWM 波的占空比，初始状态高电平为 1ms，低电平为 256ms。仿真电路如图 7-4 所示，其中直流电机在 Proteus 中的元件名称为 MOTOR-DC。

参考程序如下：

```
#include <reg52.h>
#define uchar unsigned char
#define uint unsigned int
//数码管 I/O 引脚定义,接 P0 口
sfr LED = 0x80;
//电机控制引脚 I/O 口定义
sbit DJL1 = P2^0;
```

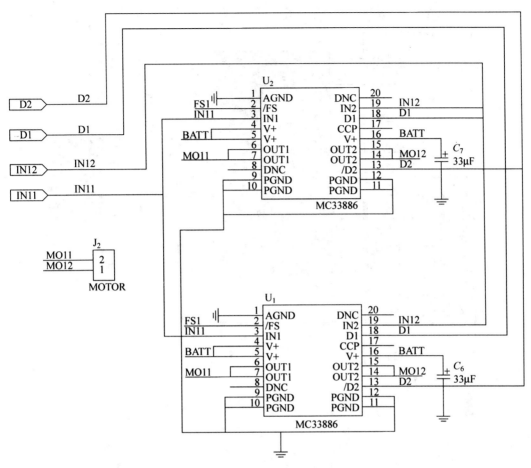

图 7-3 MC33886 直流电机驱动电路

sbit DJL2 = P2^1；
//按键 I/O 口定义
sbit k1 = P2^4；   //每按一次,当前速度加速 1 倍
sbit k2 = P2^5；   //每按一次,当前速度减速 1 倍
sbit k3 = P2^6；   //直流电机开始运行
sbit k4 = P2^7；   //直流电机停止运行
uint M = 1；   //速度倍数,全局变量
//显示字符码表,0~9
uchar SegCode[10]=
{0x3f,0x06,0x5b,0x4f,0x66,0x6d,0x7d,0x07,0x7f,0x6f}；
uint OnTimeCounter = 0；   //直流电机正转时间计数器初始值,全局变量,1ms
uint OffTimeCounter = 0； //直流电机不转动时间初始值,全局变量,1ms,保持原状态
uint OnTimeOut = 1；   //直流电机正转时间,单位为 ms,全局变量
uint OffTimeOut = 256；   //直流电机不转动时间,单位为 ms,全局变量
bit On_Off = 0；
       //直流电机正转控制位。为"1",则直流电机正转,前进;为"0",则直流电机不运转
/***
函数名称：void delay(uint x)
函数功能：实现 xms 延时

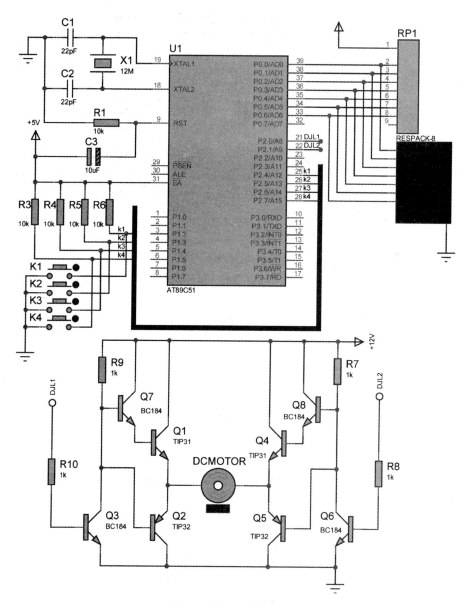

图 7-4   例 7.1 仿真电路

入口参数：x,定时时间形参
返回值：无
函数作者：果子冰
创建时间：2011-06-12
    ** /
void delay(uint x)   //延时函数,延时 xms
{
    while(x——)
    {
        uchar i;

```
        for(i = 0; i < 110; i++);          //内部延时 1ms
    }
}
/ **********************************************************************
函数名称：uchar KeyScand()
函数功能：按键检测,检测哪个按键按下
入口参数：无
返回值：按下的按键值
函数作者：果子冰
创建时间：2011-06-12
********************************************************************** /
 uchar KeyScand()
 {
     uchar temp = 0;
     uchar key = 0;
     temp = P2 & 0xf0;        //取 P2 口高 4 位值
     if(0xf0 != temp)          //判断是否有按键按下
     {
         delay(10);            //延时 10ms,去抖动
         temp = P2 & 0xf0;
         if(0xf0 != temp)
         {
             key = temp;
             switch(key)       //取得按键值
             {
                 case 0xe0 : key = 1;break;
                 case 0xd0 : key = 2;break;
                 case 0xb0 : key = 3;break;
                 case 0x70 : key = 4;break;
                 default : key = 0;break;
             }
             while(0xf0 != temp) temp = P2 & 0xf0;   //等待按键释放

         }
     }
     return key;
}
//直流电机初始化
void motor_init()
{
    DJL1 = 0;                                    //直流电机停止转动
    DJL2 = 0;
}
//直流电机前进
void motor_ahead()
{
    DJL1 = 1;                                    //直流电机正传
    DJL2 = 0;
}
```

```
/ *************************************************************************
函数名称: void sysinit()
函数功能: 系统初始化函数,数码管显示初始车速设置为1倍速,
         开放总中断,INTO设置为下降沿触发中断,T0设置为16位定时器
入口参数: 无
返回值  : 无
函数作者: 果子冰
创建时间: 2011-06-12
************************************************************************ /
void sysinit()
{
    DJL1 = 0;                               //初始化,直流电机停止运行
    DJL2 = 0;
    LED = SegCode[1];                       //数码管显示初始车速设置为0倍速度
    TMOD = TMOD & 0xf1;                     //T0设置为方式1,1ms定时
    TL0 = 0x18 ;
    TH0 = 0xfc ;
    ET0 = 1 ;                               //开放定时器0中断
    EA = 1;                                 //开放总中断
}
//主函数
void main()
{
    uchar key = 0;
    sysinit();
    while(1)
    {
        key = KeyScand();                   //扫描按键
        switch(key)
        {
            case 1:                         //当前速度加1倍
                motor_init();               //直流电机停止运转
                M==9 ? M=1:M++;
                OnTimeOut = 2 * OnTimeOut;
                OffTimeOut = 256 - OnTimeOut;
                LED = SegCode[M];
                break;
            case 2:                         //当前速度减1倍
                motor_init();               //直流电机停止运转
                M==1 ? M=9:M--;
                OnTimeOut = OnTimeOut / 2;
                OffTimeOut = 256 - OnTimeOut;
                LED = SegCode[M];
                break;
            case 3:
                TR0 = 1;break;              //启动定时器,直流电机开始运转
            case 4:                         //停止定时器,直流电机停止运转
                TR0 = 0;
                LED = SegCode[0];break;
```

```
                default :break;
            }
        }
    }
    //定时器 T0 中断处理函数,控制直流电机匀速运行
    void Time0Interrupt() interrupt 1
    {
        TL0 = 0x18;                        //重载定时器初始值
        TH0 = 0xfc ;
        if(On_Off == 1)                    //当前直流电机正转
        {
            motor_ahead();
            OnTimeCounter++;
            if(OnTimeCounter >= OnTimeOut)
            {
                motor_init();          //如果直流电机正转时间到,则直流电机停止运转
                On_Off = 0;            //置标志位为停止运转
                OnTimeCounter = 0;
            }
        }
        else
        {   motor_init();              //直流电机停止运转
            OffTimeCounter++;
            if(OffTimeCounter >= OffTimeOut)
            {
                motor_ahead();         //如果直流电机停止运转时间过去,则直流电机正转
                On_Off = 1;            //置标志位为正转
                OffTimeCounter = 0;
            }
        }
    }
```

7.2 常见传感器

传感器是能感受(或响应)规定的被测物理量,并按照一定规律转换成可用信号输出的器件或装置。传感器按测量对象参数可分为光电传感器、超声波传感器、温度传感器、速度传感器、角度传感器等。

7.2.1 光电传感器

光电传感器是一种小型电子设备,它可以检测出其接收到的光强的变化,并将检测到的光强度变化转换为光信号变化,然后借助光电元件进一步将光信号转换为电信号。由于光电检测方法具有精度高、反应快、非接触等优点,而且可测参数多,传感器的结构简单,形式灵活多样,因此,光电传感器在检测和控制中应用非常广泛。如图75所示为不同类型的光电传感器。

图 7-5　不同类型的光电传感器

根据检测模式的不同,光电传感器可分为反射式光电传感器、透射式光电传感器和聚焦式光电传感器。反射式光电传感器将发光器与光敏器件置于一体内,发光器发射的光被检测物反射到光敏器件。透射式光电传感器将发光器与光敏器件置于相对的两个位置,光束也是在两个相对的物体之间,穿过发光器与光敏器件的被检测物体会阻断光束,并启动受光器。聚焦式光电传感器将发光器与光敏器件聚焦于特定距离,只有当被检测物体出现在聚焦点时,光敏器件才会接收到发光器发出的光束。

7.2.2　超声波传感器

超声波传感器是一种利用超声波来测量距离,探测障碍物,区分被测物体的大小的传感器。超声波传感器由一个超声波发射器和一个超声波接收器构成,发射器向外发射一个固定频率的声波信号,当遇到障碍物时,声波返回被接收器接收。如图 7-6 所示为 US-100 超声波模块。

图 7-6　US-100 超声波模块

US-100 超声波测距模块可实现 0~4.5m 的非接触测距功能,拥有 2.4~5.5V 的宽电压输入范围,静态功耗低于 2mA,自带温度传感器对测距结果进行校正,同时具有 GPIO、串口等多种通信方式,内带看门狗,工作稳定、可靠。US-100 超声波模块电平触发测距工作时序如图 7-7 所示,串口触发测距工作时序如图 7-8 所示。

如图 7-7 所示,只需要在 Trig/TX 引脚输入一个 $10\mu s$ 以上的高电平,系统便可发出 8 个 40kHz 的超声波脉冲,然后检测回波信号。当检测到回波信号后,模块还要进行温度值的测量,然后根据当前温度对测距结果进行校正,将校正后的结果通过 Echo/RX 引脚输出。在此模式下,模块将距离值转化为 340m/s 时的时间值的 2 倍,通过 Echo 端输出一个高电平。可根据此高电平的持续时间来计算距离值,即距离值=(高电平时间×340m/s)/2。

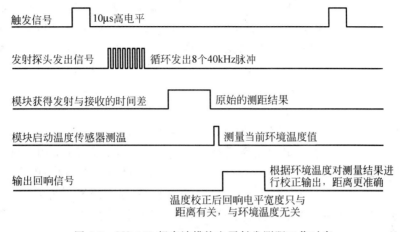

图 7-7　US-100 超声波模块电平触发测距工作时序

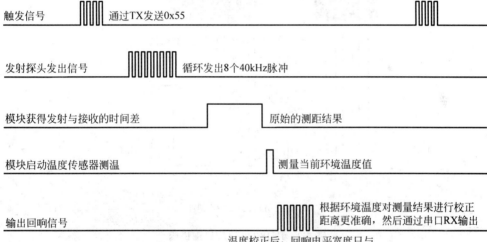

图 7-8　US-100 串口触发测距工作时序

如图 7-8 所示,在此模式下,只需要在 Trig/TX 引脚输入 0x55(波特率 9600b/s),系统便可发出 8 个 40kHz 的超声波脉冲,然后检测回波信号。当检测到回波信号后,模块还要进行温度值的测量,然后根据当前温度对测距结果进行校正,将校正后的结果通过 Echo/RX 引脚输出。输出的距离值共两个字节,第一个字节是距离的高 8 位(HData),第二个字节为距离的低 8 位(LData),单位为 mm,即距离值为(HData×256 +LData)mm。

7.2.3　温度传感器

温度传感器是一种利用物质各种物理性质随温度变化的规律把温度转换为电量的传

感器,是各种传感器中最常用的一种,主要分为模拟温度传感器和数字温度传感器两种类型。模拟温度传感器是早期使用的温度传感器,如热敏电阻等,随着环境温度的变化,其阻值发生线性变化,然后根据其阻值的变化转换为电压的变化,进而计算出环境的温度。常见的模拟温度传感器有 LM3911、LM335、LM45、AD22103、AD590 等。数字温度传感器是采用数字式接口的温度传感器,具有外形小、接口简单的特点。常见的数字温度传感器主要有 DS1612、DS18B20、LM75A 等。

DS18B20 是美国 DALLAS 公司推出的数字温度传感器,支持"一线总线"接口,具有微型化、低功耗、高性能、抗干扰能力强等优点。封装后的 DS18B20 可用于电缆沟测温,高炉水循环测温,锅炉测温,机房测温,农业大棚测温,洁净室测温,弹药库测温等各种非极限温度场合。DS18B20 的测温范围为 $-55 \sim +125℃$,固有测温分辨率为 $0.5℃$,工作电压为 $3 \sim 5V/DC$,在使用中不需要任何外围元件,其引脚图如图 7-9 所示,引脚详细说明如表 7-2 所示。

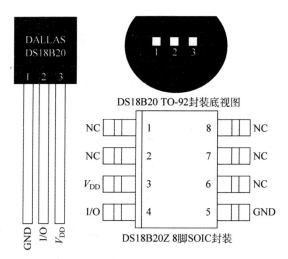

图 7-9   DS18B20 引脚图

表 7-2   DS18B20 引脚详细说明

引脚 8 脚 SOIC	引脚 PR35	符 号	说 明
5	1	GND	地
4	2	I/O	单线运用的数据输入/输出引脚
3	3	V_{DD}	电源正极

DS18B20 有两种供电方式:数据总线供电方式和外部供电方式。若采用数据总线方式,V_{DD} 应接地,这样可节省一根线,但测温时间较长。DS1820 由 64 位激光 ROM、温度传感器、非易失性温度报警触发器 TH 和 TL 三个主要数字部件构成。器件用如下方式从单线通信线上汲取能量:在信号线处于高电平期间,把能量存储在内部电容里;在信号线处于低电平期间,消耗电容上的电能工作,直到高电平到来再给寄生电源(电容)充电。

DS18B20 依靠一个单线端口通信。在单线端口条件下,必须先建立 ROM 操作协议,才能进行存储器和控制操作。因此,控制器必须首先提供下面 5 个 ROM 操作命令之一:

①读 ROM(33H),读取 DS18B20 温度传感器 ROM 中的编码;②匹配 ROM(55H)。发出该命令之后,接着发出 64 位 ROM 编码,访问单总线上与该编码相对应的 DS18B20 并使之做出响应,为下一步对该 DS18B20 的读/写做准备;③搜索 ROM(F0H),用于确定挂接在同一总线上 DS18B20 的个数,识别 64 位 ROM 地址,为操作各器件做好准备;④跳过 ROM(CCH),忽略 64 位 ROM 地址,直接向 DS18B20 发温度转换命令,适用于一个从机工作;⑤报警搜索(ECH),执行之后,只有温度超过设定值上限或下限的芯片才做出响应。这些命令对每个器件的激光 ROM 部分进行操作,在单线总线上挂有多个器件时,可以区分出单个器件,同时向总线控制器指明有多少器件或是什么型号的器件。成功执行完一条 ROM 操作序列后,即可进行存储器和控制操作,控制器可以提供 6 条存储器和控制操作指令中的任一条。其中,64 位 ROM 各位定义如表 7-3 所示。

表 7-3　64 位 ROM 各位定义

8 位 CRC 码	48 位序列号	8 位产品类型标号

一条控制操作命令指示 DS18B20 完成一次温度测量。测量结果放在 DS18B20 的暂存器里,用一条读暂存器内容的存储器操作命令把暂存器中的数据读出。温度报警触发器 TH 和 TL 各由一个 E^2PROM 字节构成。如果没有对 DS18B20 使用报警搜索命令,这些寄存器可以作为一般用途的用户存储器使用。可以用一条存储器操作命令对 TH 和 TL 进行写入,对这些寄存器的读出需要通过暂存器。所有数据都是以最低有效位在前的方式读写。DS18B20 内部有 9 个字节的暂存器,开始两个暂存器(T_{MSB}、T_{LSB})存放当前测量到的温度值,以 16 位补码形式表示 12 位温度读数(其中最高位为符号位,即温度值共 11 位)。单片机发出温度转换命令后,DS18B20 将测量的温度值保存在 T_{MSB} 和 T_{LSB} 中,供单片机读取。单片机在读取数据时,一次会读 2 字节共 16 位,读完后,将低 11 位的二进制数转换为十进制数据后再乘以 0.0625,便为所测得的实际温度值。另外,还需要判断温度的正、负,前 5 个数字为符号位,这 5 位同时变化,只需要判断 11 位就可以了。前 5 位都为“1”,表示温度为负值。由于温度值是以 16 位补码形式存储,所以所测得的数值需要取反加 1,然后再乘以 0.0625。若前 5 位为“0”,则为正温度,只需要将低 11 位转换为十进制数值,然后乘以 0.625,即得实际温度值。单片机温度与数字量的对应关系示例如表 7-4 所示。

表 7-4　温度/数据关系表

温度/℃	数据输出(二进制)	数据输出(十六进制)
+125	0000 0111 1101 0000	07D0
+25.0625	0000 0001 1001 0001	0191
+0.5	0000 0000 0000 1000	0008
0	0000 0000 0000 0000	0000
−0.5	1111 1111 1111 1000	FFF8
−25.0625	1111 1110 0110 1111	FE6F
−55	1111 1100 1001 0000	FC90

以+125℃为例,DS18B20 中存储的温度值为 0000 0111 1101 0000B,其中高 5 位为"0",表示为正温度,取低 11 位,转换为十进制数为 2000,2000×0.0625=125(℃)。若存储值为 1111 1111 1111 1000B,其中高 5 位为"1",表示为负温度,则取低 11 位,取反加 1,得 1000B,转换为十进制为 8,再乘以 0.0625,得 0.5,由于高 5 位为"1",表示-0.5℃。

当有多个 DS18B20 温度传感器通过总线与单片机相连时,如果单片机要对其中的某一个 DS18B20 温度传感器进行操作,首先单片机逐个与 DS18B20 温度传感器挂靠,读出其系列号,然后单片机发出匹配 ROM 命令(55H),紧接着主机提供 64 位系列号(包括该 DS18B20 温度传感器的 48 位系列号),之后的操作就是针对该 DS18B20 温度传感器的。

如果单片机只与一个 DS18B20 温度传感器相连,则只需要跳过 ROM(CCH)命令,就可以进行温度转换(发送 44H 命令启动向 DS18B20 进行温度转换)和读取操作(BEH 命令读取暂存器中 9 个字节的温度数据;4EH 写暂存器,发出向内部 RAM 的第 2、3 字节写上限、下限温度数据命令;紧跟该命令之后,是传送两个字节的数据,48H 复制暂存器,将 RAM 中第 2、3 字节的内容复制到 E^2PROM 中)。其中,暂存器 RAM 由 9 个字节的存储器组成,如表 7-5 所示,第 0~1 字节是温度的显示位;第 2 个和第 3 个字节是复制的 TH 和 TL,同时第 2 个和第 3 个字节的数字可以更新;第 4 个字节是配置寄存器,同时第 4 个字节的数字可以更新;第 5、6、7 个字节是保留的。

表 7-5　暂存器 RAM 的 9 个字节寄存器内容

寄存器内容	字节地址	寄存器内容	字节地址
温度值低位(LSB)	0	保留	5
温度值高位(MSB)	1	保留	6
高温限值(TH)	2	保留	7
低温限制(TL)	3	CRC 校验值	8
配置寄存器	4		

DS1820 需要严格的协议以确保数据的完整性。协议包括几种单线信号类型:复位脉冲、存在脉冲、写"0"、写"1"、读"0"和读"1"。所有这些信号,除存在脉冲外,都是由总线控制器发出的。通过单线总线端口访问 DS18B20 的协议如下:初始化→ROM 操作命令→存储器操作命令→执行/数据。和 DS1820 间的任何通信都需要以初始化序列开始。DS18B20 初始化时序如图 7-10 所示。先将数据线置高电平"1",延时 1~2μs;接着置数据线为低电平,延时 480~960μs;再置数据线高电平,然后延时 15~60μs 等待数据线,变为低电平。如果初始化成功,则在 60~240μs 产生一个由 DS18B20 返回的低电平"0"(存在脉冲)。注意,不能无限等待下去,否则会进入死循环。当单片机读到数据线变为低电平后还要延时,其延时时间从发出高电平算起最少要 480μs,然后将数据线置高电平,完成 DS18B20 初始化。

DS18B20 写时序如图 7-11 所示,向 DS18B20 写一个字节的步骤如下:①首先置数据线低电平"0";②延时确定的时间为 15μs;③按从低位到高位的顺序发送数据(一次只发送 1 位);④延时 45μs;⑤将数据线置高电平"1";⑥重复①~⑤,直到发送完整个字节;⑦最后将数据线置高电平"1",结束本次写操作。

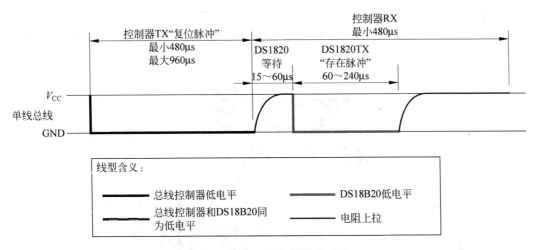

图 7-10　DS18B20 初始化时序

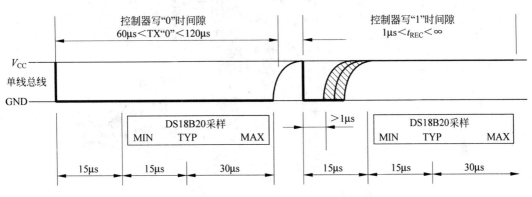

图 7-11　DS18B20 写时序

DS18B20 读时序如图 7-12 所示。对 DS18B20 读一个字节数据的操作步骤如下：①将数据线置高电平"1"；②延时 2μs；③将数据线置低电平"0"；④延时 6μs；⑤将数据线置高电平"1"；⑥延时 4μs；⑦读数据线的状态得到一个状态位，并进行数据处理；⑧延时 30μs；⑨重复步骤①～⑦，直到读完一个字节数据。

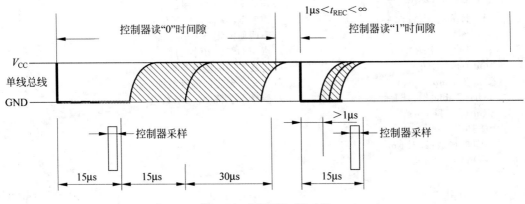

图 7-12　DS18B20 读时序

【例 7.2】 检测环境温度并显示。

环境温度可以通过 DS18B20 检测,并利用单片机控制。当单片机读取到温度传感器存储的温度值后,可通过 LED 或 LCD 等方式显示,仿真电路如图 7-13 所示。

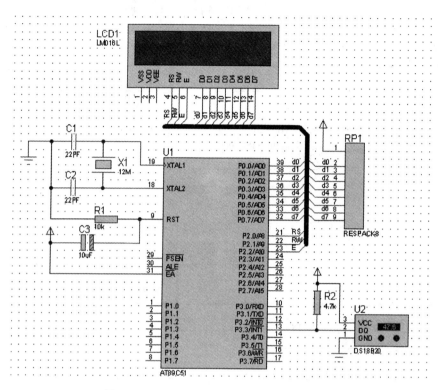

图 7-13　DS18B20 环境温度检测仿真电路图

参考程序如下:

```c
#include <reg51.h>
#include <intrins.h>
#define uchar unsigned char        //宏定义
#define uint unsigned int          //宏定义
sbit RS = P2^0;                     //声明 RS 信号控制位
sbit RW = P2^1;                     //声明 R/W 信号控制位
sbit E = P2^2;                      //声明使能端 E 控制位
sbit DQ = P3^3;                     //声明 DS18B20 控制位
uint temp = 0;                      //定义整型的温度数据
float f_temp = 0;                   //定义浮点型的温度数据
uchar Table[2][16]={               //待显示字符串,二维数组
"Current Temp : ",
"TEMP:          "};
//延时函数,延时 xms
void Delay(int x)
{
    while(x--)
    {
```

```
        uchar i;
        for(i = 0; i < 110; i++);    //内部延时 1ms
    }
}
//向 LCD1602 液晶写入 1 字节命令
void WriteCode(uchar comd)
{
    RS = 0;
    RW = 0;
    E = 1;
    P0 = comd;
    Delay(2);                        //延时 2ms,等待指令写入 LCD
    E = 0;
}
//向 LCD1602 液晶写入 1 字节数据
void WriteData(uchar dat)
{
    RS = 1;
    RW = 0;
    E = 1;
    P0 = dat;
    Delay(2);                        //延时 2ms,等待数据写入 LCD
    E = 0;
}
//LCD1602 液晶初始化
void LCDInit(uchar dismode, uchar disctr, uchar inputmode)
{   Delay(40);                       //延时 40ms,确保 LCD 工作稳定
    WriteCode(dismode);
    WriteCode(disctr);
    WriteCode(0x01);                 //清除显示
    WriteCode(inputmode);
}
//延时 xμs
void Delayμs(uint x)
{
    while(--x);
}
//DS18B20 初始化函数
uchar DS18B20Init()
{
    uchar status = 0;
    DQ = 1;
    Delayμs(2);                      //延时 2μs
    DQ = 0;
    Delayμs(600);                    //延时 600μs
    DQ = 1;
    Delayμs(200);                    //延时 200μs,等待 DQ 变为低电平
    if(DQ == 0)status = 1;
    DQ = 1;
```

```
        return status;
}
//从 DS18B20 读一个字节数据
uchar Ds18B20ReadOneByte()
{
    uchar i,dat=0;
    for(i=0;i<8;i++)
    {
        DQ = 1;
        Delayμs(2);                    //延时 2μs
        DQ = 0;
        Delayμs(6);                    //延时 6μs
        DQ = 1;
        Delayμs(4);                    //延时 4μs
        dat >>= 1;
        if(DQ)
            dat |= 0x80;
        Delayμs(30);                   //延时 30μs
    }
    DQ = 1;
    return dat;
}
//向 DS18B20 写一个字节数据
void DS18B20WriteOneByte(uchar dat)
{
    uchar i;
    for(i=0;i<8;i++)
    {
        DQ = 0;
        Delayμs(15);                   //延时 15μs
        DQ = dat& 0x01;
        Delay(45);                     //延时 45μs
        DQ = 1;
        dat >>= 1;
    }
    DQ = 1;
}
//DS18B20 开始获取温度并转换
void DS18B20TempChange()
{
    DS18B20Init();                     //等待 DS18B20 初始化完成
    Delay(1);
    DS18B20WriteOneByte(0xcc);         //写跳过读 ROM 指令
    DS18B20WriteOneByte(0x44);         //写温度转换指令
}
//读取 DS18B20 寄存器存储的温度数据
void GetTemp()
{
    uchar TH,TL;
```

```
        DS18B20Init();                      //等待 DS18B20 初始化完成
        Delay(1);
        DS18B20WriteOneByte(0xcc);          //写跳过读 ROM 指令
        DS18B20WriteOneByte(0xbe);          //读取暂存器中 9 个字节的温度数据
        TL = Ds18B20ReadOneByte();          //读低 8 位
        TH = Ds18B20ReadOneByte();          //读高 8 位
        temp = TH;                          //两个字节组合为一个字
        temp <<= 8;
        temp = temp | TL;
}
//显示温度
void DisplayTemp()
{
        uint t = temp;
        uchar i;
        if((t & 0x800) > 0){                //第 12 位为"1",表示负温度,否则为正温度
            Table[1][7] = '-';
            t = t & 0x7ff;                  //取低 11 位
            t = ~t + 1;
        }
        else
        {
            Table[1][7] = '+';
            t = t & 0x7ff;                  //取低 11 位
        }
        f_temp = t * 0.0625;                //温度在寄存器中为 12 位,分辨率为 0.0625
        t = f_temp * 100 + 0.5;             //乘以 100,表示小数点后面取 2 位,加 0.5 是四舍五入
        Table[1][8] = t / 10000 + '0';      //温度的百位
        Table[1][9] = ( t % 10000)/1000 + '0';          //温度的十位
        Table[1][10] = ( t % 1000)/100 + '0';           //温度的个位
        Table[1][11] = '.';
        Table[1][12] = (t % 100)/10 + '0';              //温度的小数点后 1 位
        Table[1][13] = t % 10 + '0';                    //温度的小数点后 2 位
        WriteCode(0x80+0x40);
        for(i = 0; i < 16; i++)                         //显示第 2 行字符串
        {
            WriteData(Table[1][i]);
        }
}
void main()
{
        uchar i;
        LCDInit(0x38,0x0c,0x06);
        WriteCode(0x80);
        for(i = 0; i < 16; i++)                         //显示第 1 行字符串
        {
            WriteData(Table[0][i]);
        }
```

```
WriteCode(0x80＋0x40);
for(i = 0; i < 16; i++)                          //显示第 2 行字符串
{
    WriteData(Table[1][i]);
}
while(1)
{
    DS18B20TempChange();                         //DS18B20 开始获取温度并转换
    GetTemp();
    DisplayTemp();
    Delay(1000);
}
}
```

7.3 智能小车设计实践

1. 任务

甲车车头紧靠起点标志线,乙车车尾紧靠边界,甲、乙两辆小车同时启动,先后通过起点标志线,在行车道同向而行,实现两车交替超车领跑功能。跑道如图 7-14 所示。

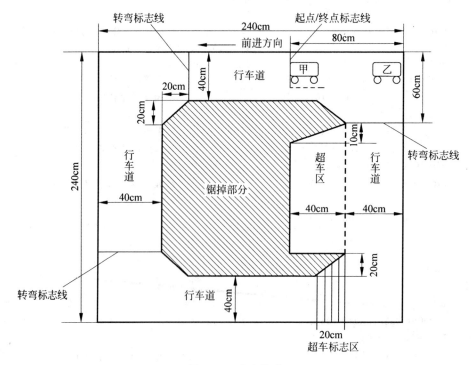

图 7-14 小车赛道

2. 要求

（1）基本要求

① 甲车和乙车分别从起点标志线开始，在行车道各正常行驶一圈。

② 甲、乙两车按图 7-14 所示位置同时启动，乙车通过超车标志线后在超车区内实现超车功能，并先于甲车到达终点标志线，即第一圈实现乙车超过甲车。

③ 甲、乙两车在完成②时的行驶时间要尽可能短。

（2）发挥部分

① 在完成基本要求②后，甲、乙两车继续行驶第二圈，要求甲车通过超车标志线后实现超车功能，并先于乙车到达终点标志线，即第二圈完成甲车超过乙车，实现交替领跑。甲、乙两车在第二圈行驶的时间要尽可能短。

② 甲、乙两车继续行驶第三圈和第四圈，并交替领跑；两车行驶的时间要尽可能短。

③ 在完成上述功能后，重新设定甲车起始位置（在离起点标志线前进方向 40cm 范围内任意设定），实现甲、乙两车四圈交替领跑功能，行驶时间要尽可能短。

7.3.1 系统方案设计与比较

1. 系统总体方案设计

根据题目的要求，系统可以划分为控制部分和信号检测部分。其中，控制部分包括系统控制器模块、电机驱动模块、通信模块、速度控制模块、显示模块、按键模块。信号检测则由路面轨迹检测模块（起点/终点标志线、转弯标志线、超车区标志线、赛道边界线等检测）、车辆检测模块、速度检测模块构成。系统总体框图如图 7-15 所示。

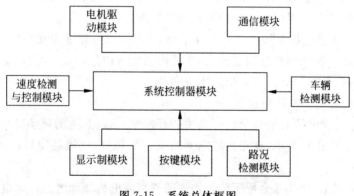

图 7-15 系统总体框图

2. 系统各模块方案设计与比较

（1）系统控制器模块设计与比较

方案 1：采用 FPGA 作为系统的控制器。FPGA 的优点是运行速度快，可对检测到的各种信号做出实时反应，控制车体做出相应的动作，可以实现复杂的逻辑功能，功能强大，I/O 口资源非常丰富；其缺点是 FPGA 引脚很多，集成度高，编程复杂，电路焊接和编程都不容易,且成本较高。

方案 2:采用 AT89C516RC+双单片机控制方式。单片机的优点是应用广泛,成本低、技术成熟、体积小,编程和电路焊接容易实现;其缺点是单片机 I/O 口资源不多,运行速度不够快,不能够对外部信号变化做出迅速反应。

方案比较:本系统对数据的处理速度要求并不高,FPGA 的优势得不到体现,综合比较之后,选择既可以满足系统要求,电路又相对简单的方案 2 双单片机方案。其中,单片机 A 负责小车速度检测与控制、路况检测与小车运行方向的控制;单片机 B 负责无线通信模块、按键检测模块、菜单显示模块、车辆检测模块的控制,实现运行中的各种信号的采集,并与另一小车进行通信;当两辆小车距离过近的时候,通过串口及时通知单片机 A 控制小车采取避让措施,系统控制器框图如图 7-16 所示。

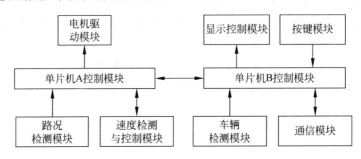

图 7-16　双单片机控制系统

（2）速度检测与控制模块设计与比较

方案 1:采用步进电机并通过在小车的驱动轴齿轮上加装光电旋转编码器,在单位时间内对旋转编码器的输出脉冲进行计数,进而测得小车的速度和运行距离。

方案 2:采用直流电机,PWM 方式驱动电机工作,速度检测采用 TCRT5000 传感器模块配合车轮的码盘实现。传感器信号经施密特触发器调理后输出到单片机 I/O 口。

方案比较:步进电机必须由双环脉冲信号、功率驱动电路等组成控制系统方可使用,控制复杂。小车车轮采用黑色橡胶构成,车轮内侧配有白色码盘,为此没必要增加额外的光电旋转编码器。通过分析,本系统采用方案 2。

（3）电机驱动模块设计与比较

方案 1:采用继电器对电动机的开或关进行控制,通过开关的切换对小车的速度进行调整。优点是电路比较简单,缺点是继电器的响应时间慢、机械结构易损坏、寿命较短可靠性不高。

方案 2:采用 L298N 双全桥驱动器构成的双直流电机驱动电路。该电路内置了控制逻辑、电荷泵、门驱动电路以及低导通电阻的 MOSFET 输出电路,适合用来控制感性直流负载,可以提供连续的 5A 电流,并且集成了过流保护、过热保护、欠压保护。

方案比较:基于上述理论分析,本系统拟订方案 2。

（4）通信模块设计与比较

方案 1:采用 ZigBee 无线通信模块。ZigBee 是一种用于控制和监视各种系统的低数据速率低功耗联网无线标准,在 2.4GHz ISM 频段支持 16 个 250Kb/s 信道。ZigBee 应用于环境控制系统、安全系统、工业传感器以及医疗监控系统。

方案 2：采用 NRF24L01 通信模块。NRF24L01 是一款新型单片射频收发器件，工作于 2.4～2.5GHz ISM 频段。它内置频率合成器、功率放大器、晶体振荡器、调制器等功能模块，功耗低，在以－6dBm 的功率发射时，工作电流只有 9mA；接收时，工作电流只有 12.3mA。它采用多种低功率工作模式（掉电模式和空闲模式），使节能设计更方便。

方案比较：ZigBee 无线通信模块体积过大，功耗较高，为节约小车的用电量，本系统采用方案 2。

（5）车辆检测模块设计与比较

方案 1：采用 CMOS 摄像头传感器，每秒输出 50 帧。采集图像后进行图像识别，识别小车。

方案 2：采用 US-100 超声波传感器模块结合 E18 红外光电开关壁障传感器。超声波传感器安装在小车前面，测量距离为 0～4.5m，用于测量前方是否有车辆，防止超车时撞上前面的小车，车体后面安装一个壁障传感器，检测距离 3～8cm 且可调，当后面小车距离比较近时，前面车辆加速，避免两车相撞。

方案比较：CMOS 摄像头传感器采集的图像数据量很大，图像处理算法复杂。通过比较，本系统采用方案 2。

（6）显示模块设计与比较

方案 1：使用 LCD12864 液晶显示屏显示菜单、时间和路程。LCD12864 液晶可以显示 4 行，每行 16 个中文字符，轻薄短小，低耗电量，无辐射危险。

方案 2：使用传统的数码管显示。数码管具有低能耗、低损耗、低压，易于维护，操作简单的特点。数码管采用 BCD 编码显示数字，程序编译容易，资源占用较少。

方案比较：由于本系统需要显示菜单、时间、距离等多种信息，采用数码管难以胜任。于是，本系统采用方案 1，并且将显示控制交由单片机 B 完成。

（7）按键模块设计与比较

方案 1：采用矩阵键盘。

方案 2：采用独立按键。

方案比较：矩阵键盘按键多，但编码复杂，独立按键操作简单。本系统只需要 K_1、K_2、K_3、K_4 四个按键，分别对应车速倍增、车速倍减、独立行走模式选择、超车模式选择，故采用方案 2。

（8）路况检测模块设计与比较

方案 1：摄像头传感器方案。摄像头传感器的优点是检测前瞻距离远，检测范围宽，检测道路参数多，占用 MCU 端口资源少；其缺点是电路相对设计复杂，检测信息更新速度慢，软件处理数据较多。

方案 2：ST178H 红外光电管传感器矩阵方案。红外光电管传感器的优点是电路设计相对简单，检测信息速度快，成本低；其缺点是道路参数检测精度低、种类少，检测前瞻距离短，耗电量大，占用 MCU 端口资源较多。

方案比较：本系统要求小车反应快，由于采用双单片机控制机制，MCU 的端口资源较多。综上分析,采用方案 2。

7.3.2　理论分析与计算

1. 小车车体分析与设计

小车赛道场地由 2 块细木工板(长 244cm,宽 122cm,厚度自选)拼接而成;车体(含附加物)的长度、宽度均不超过 40cm,高度不限;采用电池供电,不能外接电源。根据题目的要求,为了方便超车,小车的体积设计得不宜过大。为此,本小车尺寸设计为长 200mm,宽 160mm,高 100mm。采用锂电池供电;小车车轮用黑色橡胶构成,车轮直径 57mm,车轮内侧配有白色码盘;码盘将整个圆周均匀分为 8 份,每一份测量距离 $d = 57 \times \pi/8 \approx 22 (mm)$。小车外观如图 7-17 所示。

图 7-17　小车外观

2. 小车控制系统分析与设计

(1) 循迹系统设计

题目要求小车能够绕着赛道独立行驶一圈,并且能够在超车区实现轮流超车,且不发生碰撞和冲出赛道。为了防止小车冲出赛道和检测到各种标志线,本设计采用在车体前面加装 14 个 ST178H 红外光电管传感器,其中矩阵长度为 200mm,传感器之间的距离为 10mm,如图 7-18 所示。

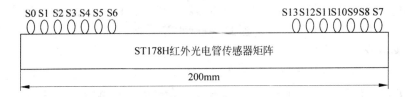

图 7-18　ST178H 红外光电管传感器矩阵

当 ST178H 红外光电管传感器探测到黑线时,输出为高电平,否则输出低电平。可利用该传感器的特性进行边界和标志线等检测。其中,S9、S8、S7 三个传感器用于直道控制小车右循迹。小车的动作与传感器的对应关系如表 7-6 所示。

表 7-6 右循迹状态—动作对应表

状态	传感器 S9	传感器 S8	传感器 S7	小车动作
1	0	0	0	右转(幅度大)
2	0	0	1	右转(幅度大)
3	0	1	0	直线行驶
4	0	1	1	右转(幅度小)
5	1	0	0	左传(幅度大)
6	1	0	1	—
7	1	1	0	左转(幅度小)
8	1	1	1	减速直线行驶

S10～S13 传感器用于起点/终点、转弯、超车区标志线检测。当 S10～S13 全部检测到黑线,表示检测到起点/终点、转弯、超车区标志线。传感器 S0～S2 用于左循迹,小车的动作和与传感器的对应关系如表 7-7 所示。

表 7-7 左循迹状态—动作对应表

状态	传感器 S2	传感器 S1	传感器 S0	小车动作
1	0	0	0	左转(幅度大)
2	0	0	1	左转(幅度大)
3	0	1	0	直线行驶
4	0	1	1	左转(幅度小)
5	1	0	0	右转(幅度大)
6	1	0	1	—
7	1	1	0	左转(幅度小)
8	1	1	1	减速直线行驶

传感器 S3～S6 用于转弯控制。当左转弯到 S3、S4 先后检测到黑线时,停止左转,变为直行;当右转弯到 S5、S6 先后检测到黑线时,则停止右转,变为直行。

(2)速度控制系统设计

速度检测采用 TCRT5000 传感器模块配合车轮的码盘实现,进行速度检测。车轮内侧配有白色码盘,码盘将整个圆周均匀分为 8 份,每一份测量距离 $d = 57 \times \pi/8 \approx 22$(mm)。通过计算单位时间内 TCRT5000 传感器模块检测到的脉冲数量,可计算出小车的速度和行驶的距离,然后采用 PI 控制算法对速度进行控制。当速度测量值与设定值的偏差在 ±5% 以内时,对车速进行闭环调节,小于 -5% 时切换到全加速模式,大于 5% 时切换到制动模式。速度以 PWM 模式控制,以节约电能。通过调整占空比,可调整小车速度。

(3)无线通信系统设计

小车之间采用 NRF24L01 模块双向通信。NRF24L01 通信模块数据传输率为

1Mb/s 或 2Mb/s；SPI 速率为 0～10Mb/s；125 个频道，与其他 NRF24 系列射频器件相兼容；供电电压为 1.9～3.6V，完全满足系统的要求。初始状态，前面的车在起点发送开车指令给后面的车，后面的车收到开车指令后，回复一条确认指令给前面的车，然后双车开始启动。在行驶过程中，两辆小车通过该模块互相通信，避免碰撞和控制相应速度。模块引脚如图 7-19 所示。

（4）壁障系统设计

壁障系统采用 US-100 超声波模块和 E18 红外光电开关壁障传感器相结合构成。US-100 超声波模块可实现 2～4.5m 的非接触测距功能，静态功能有 GPIO，串口多种通信方式，工作稳定可靠。在本系统中，超声波模块采用静态 GPIO 工作模式，当两辆车的距离低于 30cm 时，报警级别为中等；当距离小于 10cm 时，报警级别为高级，并将距离信息实时通知给另一辆小车和小车运行控制单片机 A。E18 红外光电开关壁障传感器调整测距为 5cm，当与后面的小车距离低于 5cm 时，E18 红外光电开关壁障传感器输出电压为高电平，前面小车紧急避让。E18 红外光电开关壁障传感器如图 7-20 所示。

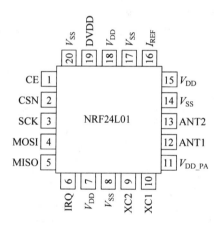

图 7-19　NRF24L01 引脚图　　　　图 7-20　E18 红外光电开关壁障传感器

7.3.3　电路与程序设计

1. 电路设计

（1）系统控制器电路设计

单片机接收从传感器检测电路输入的逻辑信号和脉冲信号，并将输入的信号进行处理运算，以控制电流或控制电压的形式输出给被控制的单元电路，完成各项任务要求。

单片机 A 外接路况检测传感器，单片机 B 外接显示电路、超声波电路、无线通信电路、壁障传感器电路以及 4 个独立按键。单片机 A 与 B 通过串口通信。为了方便单片机引脚的使用，将单片机的所有引脚用接口引出。具体电路如图 7-21 所示。单片机 A 的 P2.0～P2.3 接直流电机的 4 个引脚，用于控制电机运转。P0.0～P0.6 接传感器 S0～S6，P1.0～P1.6 接传感器 S7～S13。

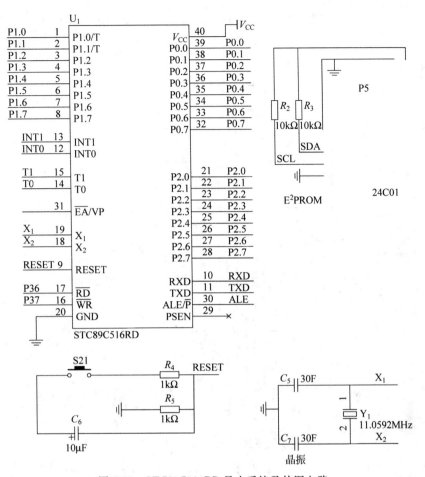

图 7-21　STC89C516RD 最小系统及外围电路

（2）直流电机驱动电路设计

采用 L298N 双全桥驱动器构成的双直流电机驱动电路原理图如图 7-22 所示。

（3）NRF240L01 无线通信模块电路设计

NRF240L01 无线通信模块电路图如图 7-23 所示。

（4）电源模块电路设计

电源模块要为单片机、传感器、舵机和驱动电机提供能源。因此需要提供多种电源，满足各个模块的要求。在本设计中，使用了 DC-DC 变换芯片 MC34063 以及低差压稳压器 LM2940。电源模块电路如图 7-24 所示。

（5）按键电路设计

电路中采用 4 个独立按键。当没有按键按下时，其输出为高电平；当有按键按下时，相应的端口输出为低电平。按键接线图如图 7-25 所示。

（6）显示电路设计

显示电路采用 LCD12864，连接电路如图 7-26 所示。单片机与 LCD12864 液晶采用串行连接方式，只占用了 P2 口的 P2.0、P2.1、P2.2 三个引脚，与并口连接相比大大节约了单片机的硬件资源。

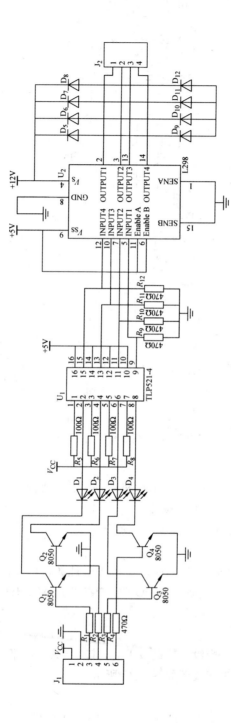

图 7-22　直流电机驱动电路

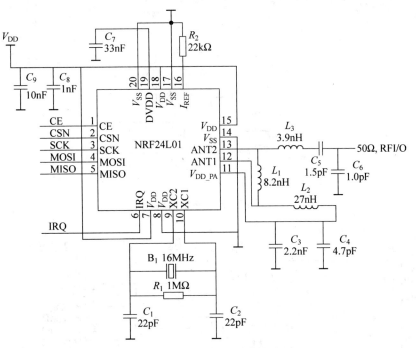

图 7-23　NRF240L01 无线通信模块电路图

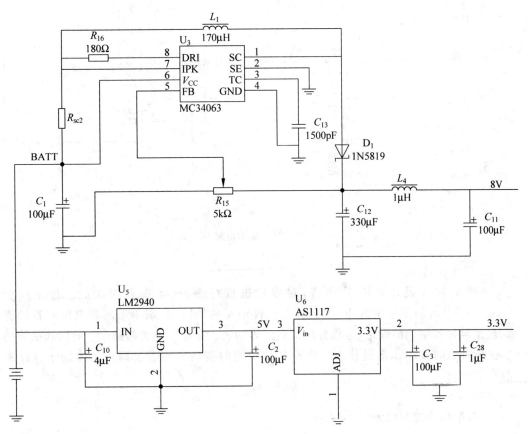

图 7-24　电源模块电路

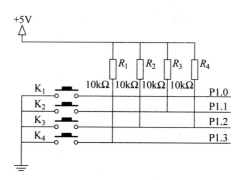

图 7-25　按键电路

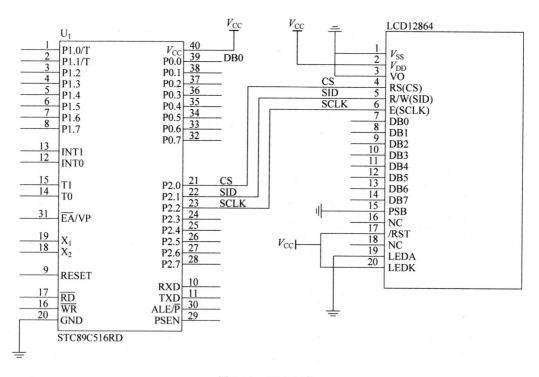

图 7-26　显示电路

2. 程序设计

系统的软件设计采用 C 语言,对单片机进行编程,实现各项功能。程序是在
Windows XP 环境下采用 Keil μVision 2 软件编写的,可以实现小车对光电传感器的查
询、输出脉冲占空比的设定、电机方向的确定等功能。主程序主要起到一个导向和决策功
能,决定什么时候小车该做什么。小车各种功能的实现主要通过调用具体的子程序来
完成。

（1）主程序

主程序程序流程图如图 7-27 所示。

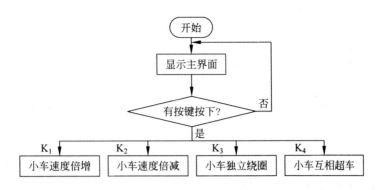

图 7-27　主程序流程图

（2）循迹子程序

循迹子程序分为右循迹子程序和左循迹子程序，主要通过查询传感器的状态，控制直流电机左、右轮的运作实现循迹。右循迹通过查询 S7～S9 的状态，左循迹通过查询 S0～S2 的状态。右循迹程序流程图如图 7-28 所示，左循迹程序流程图如图 7-29 所示。

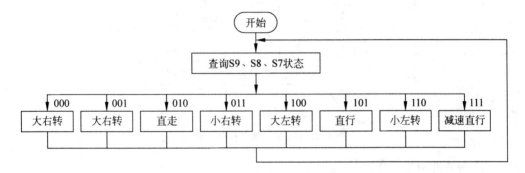

图 7-28　右循迹程序流程图

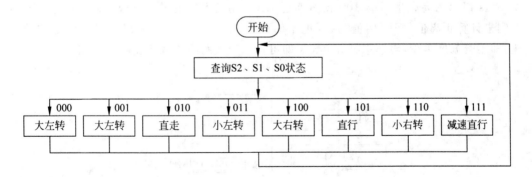

图 7-29　左循迹程序流程图

（3）显示子程序

LCD12864 液晶显示程序流程图如图 7-30 所示。

（4）按键检测子程序

当第一次检测到按键按下后，延时 10～20ms，再次检测按键是否按下。如果此时按

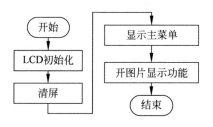

图 7-30　显示子程序

键还是处于按下状态,则确认有按键按下,并等待按键释放,否则取消此次检测结果。按键检测子程序流程图如图 7-31 所示。

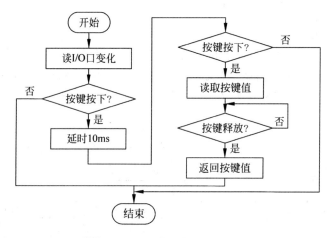

图 7-31　按键检测子程序流程图

（5）超声波测距子程序

US-100 超声波模块在电平触发模式下（GPIO 模式）只需要在 Trig/TX 引脚输入一个 $10\mu s$ 以上的高电平,US-100 便可通过 Echo 端输出高电平。可根据此高电平的持续时间来计算距离值,即距离值为（高电平时间×340m/s）/2。此距离值已经经过温度校正,即不管温度多少,声速选择 340m/s 即可。超声波测距子程序流程图如图 7-32 所示。

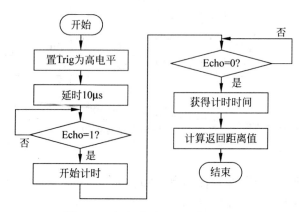

图 7-32　超声波测距子程序流程图

（6）超车子程序

超车子程序流程图如图 7-33 所示。当小车 A 检测到超车区域标志线时候，A 车通过无线发射模块向 B 车发送超车指令；B 车接到超车指令后减慢速度，A 车变为左循迹，切入超车区域，然后向前行驶；当行驶到边缘后变为右循迹，超越 B 车；超车完成后，A 车发送超车完成指令给 B 车，然后进入下一次循环，实现 B 车超越 A 车。

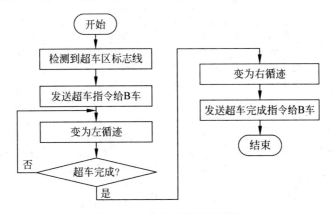

图 7-33　超车子程序流程图

7.3.4　测试方法与测试结果

为了确定系统与题目要求的符合程度，我们对系统中的关键部分进行了实际测试。

1. 测试仪器

测试使用的仪器设备如表 7-8 所示。

表 7-8　测试使用的仪器设备

序号	名称、型号、规格	数量	备　注
1	频率发生器：GFG-8216A	1	南京无线电仪器厂
2	UNI-T 数字万用表	1	胜利公司
3	直流电压源 DF1731SC2A	1	宁波中策电子有限公司
4	秒表（精度 0.01s）	1	

2. 指标测试

（1）光电检测部分测试

红外发射管的电流在 5～20mA 之间，电流大，发射的红外线强，但杂散反射光分量多，不易调整，检测误差大；电流小，工作可靠，检测头相对被检测的物体的距离范围窄，对于宽度为 2cm 的黑色条纹，电流在 5mA 左右就可以了。将检测头对准在白纸上，适当靠近或拉开与白纸间的距离，然后调整电位器 R_3，使得反相器输出为一个高电平。再用一张画有黑白相间条纹的线划过检测头，用示波器观察波形是否在高、低电平中跳变（白色条纹为高电平，黑色条纹为低电平）。若没有此现象，可慢慢调整电位器 R_3，直到满意为止。

（2）直流电机驱动测试

直流电机电机左、右轮驱动分别接 P2.3～P2.0(IN4：1)，通过单片机改变 P2.0～P2.3 输出电压，观察电机转速以及测量电机转动方向。测试结果如表 7-9 所示。

表 7-9　电机转动方向测试

输入信号 IN4：1	右电机状态	左电机状态	小车运动状态
0000	自由运动	自由运动	自由运动（和之前的运动状态有关）
0001	自由运动	正转	以右轮外某点为圆心做正向顺时针圆周运动
0010	自由运动	反转	以右轮外某点为圆心做反向逆时针圆周运动
0011	自由运动	刹车	刹车
0100	正转	自由运动	以左轮外某点为圆心做正向逆时针圆周运动
0101	正转	正转	前进
0110	正转	正转	原地逆时针旋转
0111	正转	刹车	以左轮为圆心做正向逆时针圆周运动
1000	反转	自由运动	以左轮外某点为圆心做反向顺时针圆周运动
1001	反转	正转	原地顺时针旋转
1010	反转	反转	倒退
1011	反转	刹车	以左轮为圆心做反向顺时针圆周运动
1100	刹车	自由运动	刹车
1101	刹车	正转	以右轮为圆心做正向顺时针圆周运动
1110	刹车	反转	以右轮为圆心做反向逆时针圆周运动
1111	刹车	刹车	紧急刹车

（3）小车独立行驶一圈测试

让小车独立行驶一圈，测试小车回到起点的时间，如表 7-10 所示。

表 7-10　小车入库测试

测试次数	能否完全回到起点	秒表所测时间/s	电动车显示时间/s	时间误差/%
1	能	23.6	23.8	0.7
2	能	26.8	26.1	0.1
3	能	27.1	27.5	0.14

（4）小车超车测试

A、B 两辆小车互相超车，测试所需要时间，如表 7-11 所示。

表 7-11　小车超车测试

测试次数	超车顺序	能否完全实现超车	秒表所测时间/s	电动车显示时间/s	时间误差/%
1	A 超 B	能	30.1	31.8	1
2	B 超 A	能	35.8	36.1	1.5
3	A 超 B	能	40.5	43.8	2

7.3.5　结论

本项目设计了一种基于双单片机控制 ST178H 红外光电管传感器矩阵方案导航的

智能小车巡线互相超车系统。通过实际测试,表明该系统基本满足了题目的要求。该系统设计巧妙,路况检测采用了一种独特的、具有创新性的处理方法,在速度处理方面,巧妙地利用了车轮本身自有特点,利用 PI 速度控制算法,使得小车行驶过程中始终保持一个合理的速度。在超车区,前车通过壁障传感器能够及时减慢速度,后车通过超声波检测,巧妙地驶入超车区,超越前车。该系统采用 NRF24L01 通信模块进行双车通信,使得彼此的速度达到最佳,而不会发生碰撞。但本设计方案也存在一些不足,比如在超车区,小车在没有完全驶入超车区便开始超越前车。

小结

1. 电动机是一种将机械能与电能进行转换的执行元件,简称电机。直流电机就是将直流电能转换为机械能的装置。

2. 电机的驱动电路为直流电机提供足够大的驱动电流,进而控制电机的正转和反转。直流电机不同,其驱动电流也不相同。直流电机驱动电路主要包括三极管电流放大驱动电路和电机专用驱动模块电路。

3. 传感器是能感受(或响应)规定的被测物理量,并按照一定规律转换成可用信号输出的器件或装置。传感器按测量对象参数分为光电传感器、超声波传感器、温度传感器、速度传感器、角度传感器等。

习题

一、填空题

1. 电动机是一种将_____与_____进行转换的执行元件,简称电机。直流电机就是将_____转换为_____的装置。

2. 直流电机驱动电路主要包括_____、_____。

3. 传感器是能感受(或响应)规定的被测物理量,并按照一定规律转换成_____的器件或装置。

4. 传感器按测量对象参数可分为_____、超声波传感器、_____、速度传感器、角度传感器等。

5. DS18B20 具有_____和_____两种供电方式。

二、简答题

1. 请简述 DS18B20 温度传感器的特点。

2. 请举出常见的传感器名称及应用领域。

3. 请简述直流电机的工作原理。

4. 请画出直流电机的常见驱动电路。

参 考 文 献

[1] 高建国. 单片机实战项目教程[M]. 武汉：华中科技大学出版社, 2010

[2] 金杰. 单片机技术应用项目教程[M]. 北京：电子工业出版社, 2010

[3] 张景璐. 51 单片机项目教程[M]. 北京：人民邮电出版社, 2009

[4] 张志良. 单片机原理与控制技术[M]. 2 版. 北京：机械工业出版社, 2008

[5] 谭浩强. C 程序设计[M]. 北京：清华大学出版社, 2010

[6] 黄维翼. 单片机应用与项目实践[M]. 北京：清华大学出版社, 2009

[7] 王爱民. 计算机应用基础[M]. 北京：高等教育出版社, 2009

[8] 温子祺, 刘志峰, 冼安胜. 51 单片机 C 语言创新教程[M]. 北京：北京航空航天大学出版社, 2010

[9] 王文海, 彭可, 周欢喜. 单片机应用与实践项目化教程[M]. 北京：化学工业出版社, 2010

[10] 黄维翼, 眭碧霞. 单片机应用与项目实践[M]. 北京：清华大学出版社, 2010

[11] 杜洋. 爱上单片机[M]. 北京：人民邮电出版社, 2010

[12] 杨欣, 王玉凤, 刘湘黔. 51 单片机应用从零开始[M]. 北京：清华大学出版社, 2008

[13] 宋戈, 黄鹤松, 员玉良. 51 单片机应用开发范例大全[M]. 北京：人民邮电出版社, 2010

[14] 孙焕铭, 赵会成, 王金. 51 单片机 C 程序应用实例详解[M]. 北京：北京航空航天大学出版社, 2011

[15] 周坚. 单片机轻松入门[M]. 北京：北京航空航天大学出版社, 2007

[16] 谢维成, 杨加国. 单片机原理与应用及 C51 程序设计[M]. 北京：清华大学出版社, 2009

[17] 张洪润, 刘秀英, 张亚凡. 单片机应用设计 200 例(上)[M]. 北京：北京航空航天大学出版社, 2006

[18] 杨欣, 莱·诺克斯, 王玉凤, 刘湘黔. 实例讲解 51 单片机完全学习与应用[M]. 北京：电子工业出版社, 2011

[19] 陆彬. 21 天学通单片机开发[M]. 北京：电子工业出版社, 2010

[20] 胡汉才. 单片机原理及接口技术[M]. 北京：清华大学出版社, 2010

[21] 彭伟. 单片机 C 语言程序设计 100 例：基于 AVR＋Proteus 仿真[M]. 北京：北京航空航天大学出版社, 2010